智能制造领域高素质技术技能型人才培养"十五五"系列教材

Jisuanji Sanwei Sheji —— SolidWorks 2024 Xiangmuhua Jiaocheng

计算机三维设计

——SolidWorks 2024项目化教程

主 编 ◎ 范瑜珍 徐淑云 戴 剑 张 荣

副主编 ◎ 陆龙福 刘慧梅 熊义君 刘喜庆

华中科技大学出版社
http://press.hust.edu.cn
中国·武汉

内 容 简 介

本书旨在培养学生运用计算机三维软件进行设计的能力,以适应现代工程设计的需求。本书以三维建模设计软件 SolidWorks 2024 版为基础,全面介绍了三维设计的理论基础、软件操作、实际应用和创新设计方法。本书内容包括草图绘制基础、零件建模、装配模型、绘制工程图纸和曲面拉伸与渲染。

通过本书的学习,读者能够掌握 SolidWorks 软件的使用方法,提高三维设计能力,并增强解决实际工程问题的能力。本书可以作为高等院校、职业技术学院相关专业的教材,也可以作为相关专业自学者和工程设计从业者的参考用书。

图书在版编目(CIP)数据

计算机三维设计:SolidWorks 2024 项目化教程 / 范瑜珍等主编. -- 武汉:华中科技大学出版社,2025. 5. -- ISBN 978-7-5772-1775-8

Ⅰ. TP391.72

中国国家版本馆 CIP 数据核字第 2025KC6586 号

计算机三维设计——SolidWorks 2024 项目化教程

Jisuanji Sanwei Sheji——SolidWorks 2024 Xiangmuhua Jiaocheng

范瑜珍　徐淑云
戴　剑　张　荣　主编

策划编辑:张　毅

责任编辑:杜筱娜

封面设计:王　琛

责任监印:朱　玢

出版发行:华中科技大学出版社(中国·武汉)　　电话:(027)81321913
　　　　　武汉市东湖新技术开发区华工科技园　　邮编:430223

录　排:武汉市洪山区佳年华文印部

印　刷:武汉科源印刷设计有限公司

开　本:787mm×1092mm　1/16

印　张:15.75

字　数:390 千字

版　次:2025 年 5 月第 1 版第 1 次印刷

定　价:59.80 元

在当今这个科技快速发展的时代,三维设计已成为工程设计领域的核心技术之一。三维设计不仅提高了设计效率,也极大地推动了工程设计的创新发展。本书是为了培养新时代工程设计人才而编写的,旨在通过系统的教学和实践,使学生掌握三维设计的基本理论、操作技能和创新方法。

随着"十四五"规划的实施和国家对科技创新的重视,三维设计教育的重要性越来越突显。本书正是在这样的大背景下应运而生,以满足现代工程设计对人才的需求。我们选择了 SolidWorks 2024 版本作为教学软件,原因是其功能强大、应用广泛,代表了当前三维设计领域的先进水平。

本书具有以下特色:

第一,全面性。本书从基础的草图绘制到复杂的三维模型建立,再到工程图纸的绘制,介绍了三维设计的全过程。

第二,实践性。本书通过丰富的案例分析,将理论与实践紧密结合,提高学生的实际操作能力。

第三,创新性。本书强调思政教育与专业教学的融合,培养学生的创新意识和社会责任感,激发学生服务于国家发展和社会进步的使命感。

第四,项目化。本书采用项目化教学结构,便于不同院校和自学者根据自身需求选择学习内容。

本书分为多个项目,包括理论基础、软件操作、实际应用、创新设计方法等。每个项目都有明确的学习目标、技能矩阵和能力目标,确保学生能够系统地学习和掌握所需技能。

本书可以作为高等院校、职业技术学院相关专业的教材,同时也可以作为相关专业自学者和工程设计从业者的参考用书。无论是三维设计的初学者还是有一定基础的专业人士,都能从本书中获得有价值的知识和技能。

关于本书的教学建议如下:

(1)理论与实践相结合:建议教师在教学过程中,注重理论与实践的结合,鼓励学生通过实际操作来深化理解相关知识点。

(2)案例驱动教学:利用书中的案例分析,引导学生解决实际问题,培养学生的问题解决能力。

(3)思政教育融合:在教学中融入思政元素,讨论设计软件在国家发展和社会进步中的作用,培养学生的职业道德和社会责任感。

在本书的编写过程中,我们得到了华中科技大学出版社的大力支持,以及众多同行和专家的宝贵意见,在此表示衷心感谢。

　　本书由范瑜珍、徐淑云、戴剑、张荣担任主编,陆龙福、刘慧梅、熊义君、刘喜庆担任副主编。具体编写分工如下:黄冈职业技术学院范瑜珍编写项目一、项目二,武汉金石兴机器人自动化工程有限公司徐淑云编写项目三,黄冈职业技术学院陆龙福编写项目四,黄冈职业技术学院戴剑编写项目五,武汉东湖学院张荣、刘慧梅、熊义君和郑州城市职业学院刘喜庆编写项目六。

　　最后,我们期待本书能够成为学生和相关专业从业者在三维设计学习道路上的良师益友,帮助他们在工程设计领域取得更大的成就。

编　者
2025 年 5 月

项目一　SolidWorks 软件介绍 ……………………………………………………… (1)

　项目思政 ……………………………………………………………………………… (2)

　项目小结 ……………………………………………………………………………… (26)

　技能训练 ……………………………………………………………………………… (27)

项目二　草图绘制基础 …………………………………………………………………… (29)

　项目思政 ……………………………………………………………………………… (30)

　任务一　草图绘制基础知识 ……………………………………………………… (30)

　任务二　绘制五角星 ………………………………………………………………… (46)

　任务三　二维图纸与直槽口 ……………………………………………………… (55)

　任务四　复杂草图绘制 ……………………………………………………………… (62)

　项目小结 ……………………………………………………………………………… (71)

　技能训练 ……………………………………………………………………………… (72)

项目三　零件建模 ………………………………………………………………………… (75)

　项目思政 ……………………………………………………………………………… (76)

　任务一　零件建模基础知识 ……………………………………………………… (77)

　任务二　五角星建模 ………………………………………………………………… (85)

　任务三　夹取式机械手设计 ……………………………………………………… (88)

　任务四　三维模型竞赛模拟题 ……………………………………………………… (117)

　项目小结 ……………………………………………………………………………… (130)

　技能训练 ……………………………………………………………………………… (131)

项目四　装配模型 ………………………………………………………………………… (134)

　项目思政 ……………………………………………………………………………… (135)

　任务一　装配模型基础知识 ……………………………………………………… (135)

　任务二　夹取式机械手设计 ……………………………………………………… (151)

　任务三　工业机器人安装法兰设计 ……………………………………………… (159)

任务四 典型多功能夹取手设计 ……………………………………… (165)

任务五 延长点火器 ……………………………………………………… (173)

项目小结 ………………………………………………………………… (175)

技能训练 ………………………………………………………………… (175)

项目五 绘制工程图纸 ………………………………………………………… (178)

项目思政 ………………………………………………………………… (179)

任务一 基础知识 ……………………………………………………… (179)

任务二 末端操作器连接板 …………………………………………… (190)

任务三 拓展练习——鼠标包装礼盒创意设计 ……………………… (212)

项目小结 ………………………………………………………………… (221)

技能训练 ………………………………………………………………… (222)

项目六 曲面拉伸与渲染 ……………………………………………………… (225)

项目思政 ………………………………………………………………… (226)

任务一 紧箍 …………………………………………………………… (227)

任务二 复杂模型建模 ………………………………………………… (238)

项目小结 ………………………………………………………………… (239)

技能训练 ………………………………………………………………… (240)

参考文献 ………………………………………………………………………… (243)

项目一

SolidWorks软件介绍

学习目标

(1) 了解并掌握 SolidWorks 软件在工程设计中的重要性和应用范围。

(2) 掌握 SolidWorks 软件的基本操作和界面导航。

(3) 学习使用 SolidWorks 软件进行三维 CAD 建模、装配设计、工程图生成和仿真分析。

(4) 培养使用 SolidWorks 软件解决实际工程问题的能力。

(5) 探索 SolidWorks 软件在机械设计、产品设计、模具设计等领域的应用。

(6) 在学习使用 SolidWorks 软件的过程中培养学生的职业道德和社会责任感。

(7) 学习如何通过 SolidWorks 软件进行创新设计,服务于国家发展和社会进步。

技能矩阵

	分类	批判性思考技能	沟通技能	合作技能	知识运用与分析技能	社会责任技能
技能技巧	工作场所环境	✓			✓	✓
	在失败中学习	✓			✓	✓
技能实践	技能练习	✓		✓	✓	✓
	团队合作	✓	✓	✓	✓	✓
	学习成为工程师		✓		✓	✓
案例	案例应用	✓			✓	✓

能力目标

(1) 掌握软件的基本操作:包括软件界面的导航、工具栏的使用和基本命令的执行。

(2) 掌握三维 CAD 建模技能:能够使用 SolidWorks 软件创建三维 CAD 模型。

(3) 培养创新意识:通过使用 SolidWorks 软件,培养创新意识,服务于国家发展和社会进步。

（4）了解 SolidWorks 软件在不同领域中的应用：包括机械设计、产品设计、模具设计和工程分析等。

项目思政

课程中的思政教育

（1）培养工匠精神与职业素养。

SolidWorks 软件作为一款专业的 CAD 设计工具，其操作具有精准性和复杂性，要求学生具备精益求精的工匠精神。本书通过实际案例，引导学生在学习软件操作的同时，培养严谨细致、一丝不苟的工作态度。例如，在零件建模和装配的实践中，强调对细节的关注和对质量的追求，帮助学生树立正确的职业价值观。

（2）激发爱国主义与科技报国情怀。

SolidWorks 在航空航天、汽车制造等高端制造业中应用广泛。本书通过介绍我国在这些领域取得的重大成就，如人形机器人、新能源汽车的崛起等，激发学生的民族自豪感和科技报国情怀。同时，结合软件的应用，让学生认识到自身所学知识对国家发展的贡献。

（3）培养团队协作与创新意识。

在 SolidWorks 的教学中，采用项目化教学模式，以小组合作的形式完成复杂的设计任务。这种方式不仅能够让学生掌握软件的高级功能，还能培养学生的团队协作能力和解决复杂问题的能力。例如，在齿轮泵的设计项目中，学生需要分工合作，完成零件建模、装配和仿真等任务，从而在实践中培养团队精神和创新能力。

（4）强化职业道德与社会责任。

教材结合实际案例，强调工程师在设计过程中应遵循的职业道德和社会责任。例如，在讲解产品设计时，引导学生思考如何在设计中兼顾环保、安全和可持续性，培养学生的社会责任感。同时，通过介绍行业规范和标准，帮助学生树立正确的职业操守。

（5）融入哲学思维与辩证思维。

在 SolidWorks 的教学中，教师可以引导学生通过软件操作体验哲学思想。例如，在设计过程中，学生需要不断比较不同设计方案的优劣，选择最优解，这有助于培养学生的辩证思维和创新意识。通过这种方式，学生不仅学会了软件操作，还提升了思维能力和综合素质。

（6）实践育人，增强学习成就感。

通过任务驱动的教学模式，学生在完成具体任务的过程中逐步掌握软件技能。例如，通过设计简单的机械零件，学生可以在实践中获得成就感，增强学习的动力。同时，这种实践育人的方式也有助于学生将理论知识与实际应用相结合，提升工程实践能力。

SolidWorks 是一款由达索系统(Dassault Systèmes)公司开发的三维计算机辅助设计(CAD)软件。它广泛应用于工程设计领域,包括机械设计、产品设计、模具设计、工程分析等。SolidWorks 软件以其强大的功能、易用性和灵活性而受到工程师和设计师的青睐。SolidWorks 软件的强大功能和易用性使其成为工程设计领域的瑰宝。

以下针对 SolidWorks 2024 软件展开介绍。

一、软件特性

SolidWorks 是一款功能强大的三维 CAD 软件,具有以下特性:

(1) 基于 Windows 开发,界面友好,易于学习和使用;

(2) 技术创新能力较强,每年推出多项新功能,保持行业领先地位;

(3) 强大的配置管理能力,支持在单一文档中派生不同设计;

(4) 支持大型装配体的设计和性能优化;

(5) 丰富的插件和扩展功能,能够通过 API(应用编程接口)进行软件的二次开发。

1. 功能特点

三维 CAD 建模:提供直观的三维建模工具,支持复杂形状的创建和编辑。

装配设计:允许设计和分析组件的装配关系,确保设计的可制造性和可装配性。

工程图:自动生成符合行业标准的详细工程图纸,包括尺寸、公差和注解。

仿真分析:集成了有限元分析(FEA)和运动仿真,帮助预测产品在实际使用中的表现。

钣金和焊接设计:专门针对钣金加工和焊接工艺提供设计工具,提高设计效率。

参数化设计:可以轻松修改设计,实现设计的快速迭代。

模拟分析:集成了多种模拟工具,如有限元分析(FEA)、计算流体动力学(CFD)等,帮助验证设计的性能。

技术优势:SolidWorks 以其高度集成的模块、定制化选项以及与其他软件的兼容性而著称,这些优势使其在设计领域保持领先地位。

2. 应用领域

1) 机械设计

SolidWorks 提供了丰富的机械设计工具,包括齿轮、轴承和凸轮等机械元件的设计;支持运动仿真,可以模拟机械系统的运动,分析其动态性能。

2) 产品设计

SolidWorks 提供了色彩、纹理和材料库,帮助设计师实现逼真的视觉效果。利用 SolidWorks 的曲面建模功能,设计师可以构建流线型外观并进行复杂的产品外观设计。

3) 模具设计

SolidWorks 提供了专门的模具设计工具,如模具分割、滑块和顶针布局,简化了模具设计流程;支持模具的可制造性分析,确保设计的模具可以高效生产。

4) 工程分析

SolidWorks 的结构分析工具可以帮助工程师评估零件在负载下的应力、应变和变形,热分析工具可以预测热传递和温度分布,对热敏感的设计至关重要;计算流体动力学(CFD)分析可以评估流体与设计的相互作用,适用于流体动力系统设计。

3. 群体

SolidWorks的易用性使其适合从初学者到专业工程师的各个层次的用户,即使是没有专业背景的人也能快速上手。

4. 学习资源

1)官方教程

SolidWorks官方提供了一系列详细的教程,包括基础操作、高级技巧和特定功能的指导。这些教程通常以视频、文档和交互式课程的形式呈现,适合不同学习风格的用户。SolidWorks官方教程是学习软件功能的重要途径。

2)社区论坛

SolidWorks社区论坛是一个宝贵的资源,用户可以在这里分享经验、提问和解答他人的问题。用户还可以在SolidWorks社区论坛中交流经验和技巧。

社区论坛涵盖了从新手问题到高级技术讨论的各种主题。SolidWorks社区论坛是一个活跃的交流平台。

3)认证培训

SolidWorks提供专业的认证培训课程,帮助用户提升技能。

SolidWorks软件不断更新和升级,以满足不断变化的工程设计需求,是工程设计领域中一个非常受欢迎的选择。SolidWorks的认证培训课程为用户提供了系统化的学习路径,还能在以下方面帮助用户:

(1)提升技能:通过专业培训,掌握更多高级功能。

(2)获得认证:完成培训并通过考试,获得SolidWorks认证证书,提升个人竞争力。

(3)同步升级:随着软件的更新和升级,认证培训帮助用户快速掌握新功能。

二、主流机械设计软件

虽然SolidWorks作为一款主流的机械设计软件,凭借其强大的功能、易用性和灵活性,引领着机械设计软件的发展潮流,为工程设计领域带来更多的创意和可能性,但是我们依然需要了解同类、同行的国内、国外的品牌软件。

1. AutoCAD

在数字化时代,AutoCAD作为机械设计软件的佼佼者,以其强大的功能和广泛的应用领域,成为工程师、设计师和制造商的首选。它不仅能够轻松应对二维绘图和三维建模,还提供了精确的绘图工具和丰富的符号库,帮助工程师快速准确地完成设计任务。AutoCAD的界面简洁直观,操作简单易懂,无论是新手还是资深设计师,都能快速上手,提高工作效率。AutoCAD软件界面如图1-1所示。

2. SolidWorks

SolidWorks是机械设计软件领域的领先者,它能够满足从三维建模到工程仿真以及产品数据管理的全方位设计需求。SolidWorks拥有迅速构建复杂零件和装配体的建模能力,而其仿真功能允许用户在设计阶段发现并解决问题,从而提升产品质量和设计效率。

SolidWorks无论用"自顶而下"的方法还是"自底而上"的方法进行装配设计,都将凭借其易用性而大幅度地提高设计效率。用户不仅用SolidWorks软件来解决一般的零部件设

图 1-1　AutoCAD 软件界面

计问题,还用 SolidWorks 软件处理系统级的大型装配设计问题,对大型装配体的上载速度的要求也越来越高。鉴于此,SolidWorks 公司的研发部门设法从不同的角度对大型装配体的上载速度进行改进,包括分布式数据的处理和图形压缩技术的运用,使得大型装配体的性能提高了几十倍。SolidWorks 软件界面如图 1-2 所示。

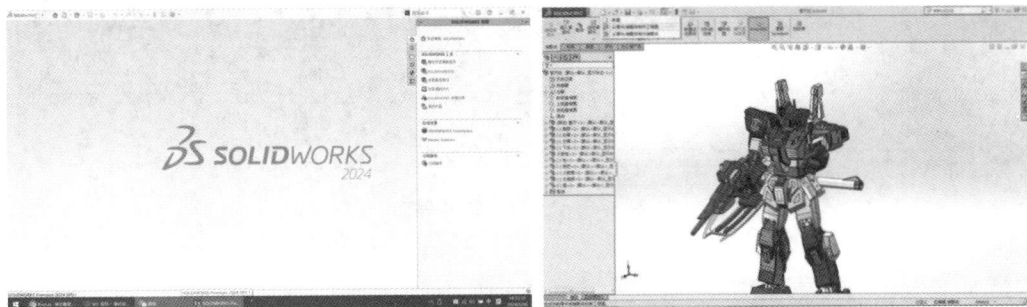

图 1-2　SolidWorks 软件界面

3. Unigraphics NX

Unigraphics NX(UG)是机械设计领域中不可或缺的主流软件,以其强大的建模和仿真功能,以及直观友好的界面,获得工程师和设计师的青睐。UG 的参数化建模技术允许用户快速进行复杂设计,并进行实时仿真与分析,极大地提高了工程设计的效率和精度。

在市场竞争中,UG 以其卓越的性能和稳定性,持续更新优化,保持行业领先地位。作为工程设计的利器和创新推动者,UG 会带来无限可能。作为机械设计软件的巨头,UG 凭借其强大的功能、广泛的应用范围和不断创新的精神,赢得了用户的青睐。我们期待 UG 在未来能够继续推动工程设计领域的进步和创新,带来更多惊喜和成就。Unigraphics NX 软件界面如图 1-3 所示。

4. CATIA

CATIA 是机械设计领域内广受关注的一款主流软件,以其强大功能和广泛应用而闻名。它在航空航天、汽车、船舶等行业中均有卓越表现,尤其是在产品设计、工程分析和制造方面。CATIA 的三维建模功能使用户能够轻松创建复杂零部件和装配体,实现高效产品设计。在航空航天领域,CATIA 用于飞机部件的精准建模和仿真分析;在汽车制造领域,其工程分析工具用于车身强度分析和碰撞模拟,确保汽车性能和安全。CATIA 软件界面如图 1-4 所示。

图1-3 Unigraphics NX 软件界面

图1-4 CATIA 软件界面

5. Pro/Engineer

Pro/Engineer(现已更名为 Creo)是美国 PTC 公司推出的一款三维 CAD 软件,以其全面的设计与工程分析功能,在机械设计领域中占据重要地位。它支持从概念设计到产品制造的全流程管理,广泛应用于航空航天、汽车制造、工程机械等多个领域。

Pro/Engineer 以其强大的功能和广泛的应用领域赢得了业界的认可。它在不同行业中展现出出色的性能和创新能力,为用户提供全面的设计解决方案。随着科技的发展和软件的持续优化,Pro/Engineer 有望在未来的机械设计领域中继续发挥重要作用,创造更多价值。Pro/Engineer 软件界面如图1-5所示。

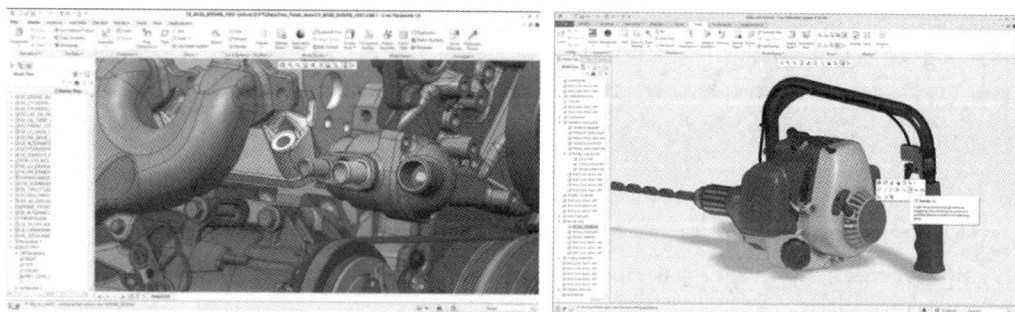

图1-5 Pro/Engineer 软件界面

6．Creo

Creo 是机械设计软件中的佼佼者，以其卓越的性能和功能成为工程师和设计师的首选。它强大的三维建模功能让设计过程更直观、高效，帮助设计师快速精确地绘制零件图，为产品制造和改进提供坚实基础。Creo 的仿真功能允许工程师全面评估设计方案，如进行车辆碰撞模拟，从而降低研发风险，确保产品质量和安全。

Creo 具有强大的建模、仿真和数据交互功能，并持续创新，成为设计师和工程师的得力助手。它在产品设计、仿真分析和团队协作方面展现出卓越性能和无限潜力，有望继续引领机械设计软件行业的发展，创造更多价值和可能性。Creo 软件界面如图 1-6 所示。

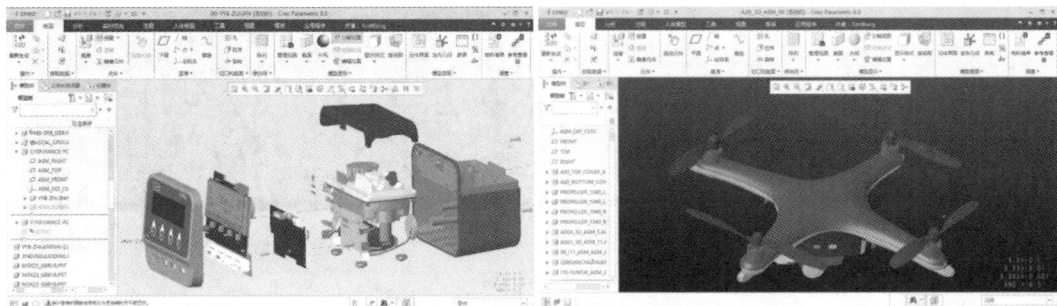

图 1-6　Creo 软件界面

7．Inventor

Autodesk 旗下的 Inventor 是机械设计软件中的主流，以其强大的功能和广泛的应用受到工程师和设计师的广泛关注。Inventor 具备强大的三维建模能力，能够快速构建复杂的零部件和装配体，实现立体设计。其仿真分析功能能够帮助用户在设计阶段发现问题并解决问题，提升设计准确性和效率。

Inventor 在汽车、航空航天、机械制造和工业设计等多个行业都有广泛应用。例如，在汽车行业，Inventor 用于设计零部件和进行碰撞分析；在航空航天领域，Inventor 用于飞机零部件设计和优化。Inventor 的友好界面和直观操作使得设计师能够快速上手，实现设计想法。软件不断更新升级，引入新技术和功能，保持创新性和竞争力。Inventor 软件界面如图 1-7 所示。

图 1-7　Inventor 软件界面

8. 国产中望 3D 软件

国产中望 3D 软件作为机械设计领域的重要工具,以其强大功能和广泛应用而受到关注。它具备卓越的三维建模能力、智能化设计工具和稳定高效的性能,在市场竞争中表现突出。中望 3D 在汽车、航空航天和工业制造等行业有广泛应用,助力工程师进行设计优化、结构设计仿真分析以及生产线规划。

作为国产软件,中望 3D 在国际市场展现出中国制造的实力和创新能力。它为用户提供全方位的设计解决方案。随着科技和市场的发展,中望 3D 有望继续引领机械设计领域的发展,助力工程师设计更优秀的作品。国产中望 3D 软件界面如图 1-8 所示。

图 1-8　国产中望 3D 软件界面

9. 其他

1）Geomagic Design X

Geomagic Design X(简称 DX 软件)是一款在数字化设计领域中备受瞩目的逆向工程软件。它提供强大的功能和友好的操作界面,使设计师能够高效地实现创作,同时为工程师提供精准的工具。DX 软件的核心功能包括快速创建精确三维模型、逆向工程、扫描数据处理和实体建模,极大地提升了设计效率和精度。

2）Mastercam

Mastercam 是数字制造领域的领军软件,以其卓越的性能和广泛应用而著称。它是一款专业的计算机辅助制造(CAM)软件,为数控机床提供编程和操作支持,帮助制造商提高生产效率和降低成本。Mastercam 支持多轴加工、高速切削、模具加工等,能够满足不同行业的加工需求,如航空航天和汽车制造。

三、软件特性分析

1. SolidWorks 软件的横向与纵向特性

1）横向扩展性

横向扩展性指的是软件能够适应不同领域和需求的能力。在 SolidWorks 中,横向扩展性主要体现在以下几个方面:

(1) 模块化设计:SolidWorks 提供了多种模块,用户可以根据自己的需求选择相应的模块进行安装。

(2) 插件支持:SolidWorks 支持第三方开发的插件,提高了软件的功能性和灵活性。

(3) API 接口:SolidWorks 提供了丰富的 API 接口,允许开发者进行二次开发,实现定制化功能。

2）纵向深入性

纵向深入性指的是软件在特定功能上的专业化和深入程度。在 SolidWorks 中，纵向深入性主要体现在以下几个方面：

（1）高级建模工具：SolidWorks 提供了高级建模工具，如曲面建模、复杂装配等，满足专业设计需求。

（2）仿真分析：SolidWorks 集成了多种仿真分析工具，如有限元分析、计算流体动力学分析等，帮助用户进行精确的工程分析。

（3）制造过程支持：SolidWorks 支持从设计到制造的整个流程，包括 CAM 编程、3D 打印等。

2. SolidWorks 软件与国内外软件特性对比分析

国内三维设计软件起步较晚，但发展迅速，具有以下特点：

（1）功能和性能方面可能还处于发展阶段，但部分软件已具备较强功能；

（2）整体性能和稳定性正在提升，逐渐满足特定行业需求。

国内三维设计软件的优点与缺点如表 1-1 和表 1-2 所示。

表 1-1 国内三维设计软件的优点

类别	优点描述
易用性	界面直观，操作简单，基于全 Windows 环境，容易上手
装配功能	装配功能强大，支持大型装配体的创建、编辑和管理，可进行零部件配合分析和碰撞检测
零部件库	提供丰富的标准零部件库，支持国内外标准件，节省设计时间
模拟分析	集成静力学、动力学、流体力学等多种模拟分析工具，可预测设计效果和性能
自动化功能	支持自动化生成工程图，包括视图创建、尺寸标注、物料清单等功能，节省人工查错时间
兼容性	与多种工程软件（如 CAM、PLM）无缝集成，支持多种三维文件格式

表 1-2 国内三维设计软件的缺点

类别	缺点描述
复杂曲面设计	在复杂曲面设计方面能力较弱，不如 Rhino 或 3ds Max
模具设计与数控加工	在复杂模具设计和高精度数控加工方面不如 UG 或 Pro/Engineer
模拟分析	对于高度复杂的模拟分析（如流体力学、结构力学），可能需要借助其他专业软件
硬件要求	随着模型复杂度的增加，对硬件配置要求越来越高

主流行业软件对比如表 1-3 所示。

国内外主流三维设计软件对比如下：

（1）SolidWorks 以其易用性、技术创新和功能全面在全球市场中占据领先地位；

（2）国外高端软件（如 UG 和 CATIA）在特定领域（如汽车、航空航天）有深入应用，但价格较高；

表 1-3 主流行业软件对比

特性	AutoCAD	SolidWorks	CATIA	Pro/Engineer (Creo)	Mastercam	Geomagic Design X	Solid Edge	中望 3D	Inventor
三维建模	✓	✓	✓	✓	✓	✓	✓	✓	✓
仿真分析	✓	✓	✓	✓	✓	—	✓	—	✓
易用性	高	高	中	中	高	高	高	中	高
行业应用	广泛	机械设计、航空航天	航空航天、汽车	机械、汽车、航空航天	数控加工	逆向工程	机械设计	制鞋业	工程设计
群体	广大设计师和工程师	工程师和设计师	工程师	工程师	制造商	设计师	工程师	制鞋企业	工程师
创新性	持续更新	引入 AI 技术	强大的三维建模功能	高级建模和仿真功能	先进的仿真和优化功能	逆向工程	持续创新	不断更新	界面友好
教育应用	广泛	广泛	广泛	广泛	—	数字化设计教学	学生教学	—	—
国际声誉	高	高	高	高	中	高	中	中	高
国际化/国产	国际化	国际化	国际化	国际化	国际化	国际化	国际化	国产	国际化

注:不同软件有其独特的功能和应用领域,表中的"仿真分析""易用性""创新性"等特性的评价具有一定的主观性,并且可能随着软件版本的更新而变化。此外,"行业应用"仅列出了部分代表性行业,实际应用更广泛。

(3)国内软件在性能和功能上正逐步提升,有望在未来实现更多突破;

(4)具体的软件特性和市场地位可能会随着技术发展和市场变化而有所变化。

四、技能大赛参赛软件分析

国内机械设计大赛参赛软件主要有 SolidWorks、AutoCAD、CATIA、Pro/Engineer(Creo)、UG、Solid Edge 等。

国外机械设计大赛参赛软件与国内大致相同,主要有 Siemens NX、Inventor、Rhino、Fusion 360 等,但国外赛事可能会更加注重创新性和复杂性。

1. 国内机械设计大赛参赛软件

1)软件种类与特点

国内机械设计大赛中使用的软件种类多样,涵盖了从二维绘图到三维建模、仿真分析等多个领域。

中望机械 CAD 教育版:专为教育领域设计的软件,支持机械设计的基本绘图功能,广泛应用于本科及高职教育。

中望 3D 教育版:提供三维建模、装配和渲染等功能,适合进行复杂机械结构的设计和展示。

2)软件的应用场景

这些软件在机械设计大赛中的应用场景广泛,包括但不限于以下方面:

（1）概念设计：利用二维和三维软件快速表达设计思路。

（2）详细设计：进行零件和装配体的详细设计，确保设计的可行性和精确性。

（3）仿真分析：使用专业软件进行力学、热力学等仿真分析，优化设计。

（4）创新实践：鼓励学生利用软件进行创新设计，解决实际问题。

2．国外机械设计大赛参赛软件

1）软件种类与特点

国外机械设计大赛使用的软件同样具有多样性，并且往往代表了行业内的先进技术和标准。

Autodesk Moldflow：作为 Autodesk 公司的一部分，具有塑料产品的制造模拟功能，帮助设计师优化设计。

AutoCAD：广泛使用的二维绘图软件，支持多种工程图纸的创建和编辑。

Pro/Engineer：由 PTC 公司开发，提供参数化三维设计，广泛应用于机械设计和分析。

SolidWorks：达索系统公司的产品，以友好的界面和强大的功能在教育和工业设计领域流行。

Unigraphics NX（UG）：Siemens PLM Software 公司的产品，提供全面的数字化产品开发解决方案。

2）软件的应用场景

国外机械设计大赛中软件的应用场景同样广泛，主要包括以下方面。

（1）设计创新：软件支持设计师进行创新性的概念设计和迭代。

（2）性能分析：利用仿真软件进行结构、流体、热等多物理场的性能分析。

（3）快速原型：快速生成原型，进行设计验证和功能测试。

（4）团队协作：软件支持团队成员之间的协作设计，提高工作效率。

3）软件对教育的影响

国外机械设计大赛对教育产生了深远的影响，主要体现在以下方面。

（1）技术前沿：学生能够接触到行业最前沿的设计工具和技术。

（2）实践能力：通过操作软件，学生的实际操作能力和问题解决能力得到提升。

（3）国际视野：参加国际大赛，使用国际通用软件，有助于学生拓展国际视野。

4）软件的发展趋势

国外机械设计软件的发展趋势体现在以下方面。

（1）集成化：软件趋向于集成更多功能，如 CAD/CAM/CAE 一体化，提供一站式解决方案。

（2）智能化：引入人工智能技术，提高设计智能化水平，如自动设计建议和优化。

（3）可持续性：软件在设计过程中考虑环境影响，支持绿色设计和可持续制造。

（4）云技术应用：软件服务向云端迁移，提供更好的数据管理、存储和协作功能。

五、SolidWorks 软件

1．界面布局

SolidWorks 的主界面通常包括菜单栏、工具栏、特征管理树、图形区域和属性管理器，如图 1-9 所示。

图 1-9　界面布局

1）菜单栏

菜单栏位于界面顶部，包含文件、编辑、视图、插入、工具、窗口和帮助等菜单项，用于访问软件的各种功能，如图 1-10 所示。

图 1-10　菜单栏

2）工具栏

工具栏可以自定义，提供了快速访问常用命令的方式。

（1）特征。

工具栏包括拉伸、旋转、扫描、放样等工具，可以基于草图创建三维实体，如图 1-11 所示。

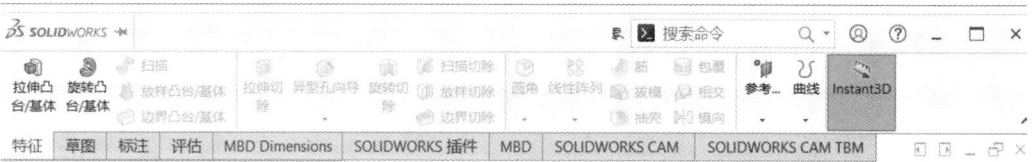

图 1-11　工具栏

（2）草图。

SolidWorks 提供了丰富的草图工具，用于创建二维草图，这些草图是三维模型的基础，如图 1-12 所示。

（3）评估。

评估工具的操作步骤如下：

① 打开 SolidWorks 软件,并打开需要评估的零件或装配体。

② 在菜单栏中选择"工具"→"评估"。

③ 在弹出的下拉菜单中选择需要的评估工具,如"质量属性"或"表面积"。

④ 在弹出的对话框中选择需要评估的对象,例如整个装配体或单个零件。

⑤ 点击"计算"按钮,等待计算完成。

⑥ 计算完成后,可以在对话框中查看评估结果。

在 SolidWorks 软件中,评估是一个非常重要的工具,它可以帮助用户快速计算零件或装配体的质量属性、表面积、体积、重心等参数,如图 1-13 所示。以下是一些关于 SolidWorks 零件模型中的评估功能的详细信息。

图 1-12　草图工具显示模式

图 1-13　评估工具显示模式

① 质量属性:评估工具可以计算零件或装配体的质量,这是基于所选材料的密度和几何体的体积来计算的,如图 1-14 所示。

② 表面积:评估工具可以评估零件或装配体的表面积,这在设计过程中用于确定涂层、热处理或其他表面相关工艺的需求。

③ 体积:评估工具还可以计算零件的体积,这在液体容器设计或空间规划中非常有用。

④ 重心位置:评估工具可以确定零件或装配体的重心位置,这对于平衡分析和装配体的稳定性分析至关重要。

⑤ 测量(检查实体):评估工具还包括检查实体的功能,以确保模型的几何体正确无误,如图 1-15 所示。

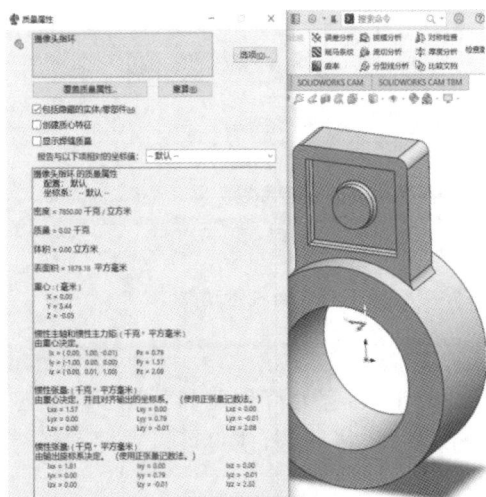

图 1-14　质量属性

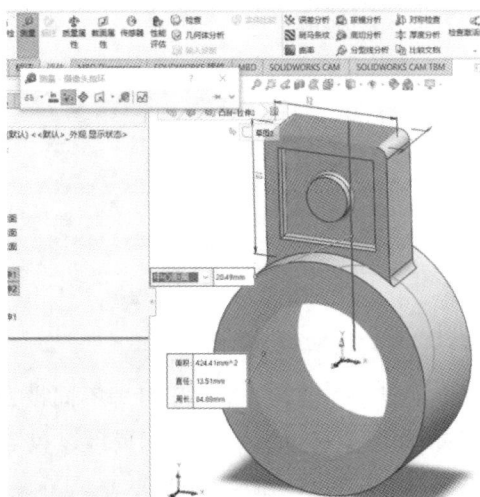

图 1-15　测量

（4）装配工具。

装配工具用于将多个零件组合成一个装配体，可以进行运动模拟和干涉检查。装配体工具栏如图 1-16 所示。以下是与装配工具相关的功能。

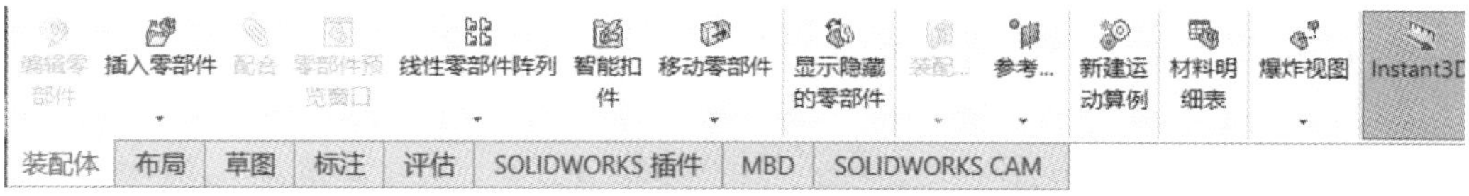

图 1-16　装配体工具栏

① 焊接工具：专门用于创建焊接件和焊接接头。

② 钣金工具：用于设计和展开钣金零件。

③ 模拟工具：包括有限元分析和流体动力学分析，用于评估设计的性能。

④ 图纸工具：用于从三维模型生成二维工程图纸，包括尺寸、注释和细节视图。

⑤ 库特征：提供了一系列标准件和常用零件库，可以快速插入设计中。

⑥ 插件和扩展：SolidWorks 支持多种插件和扩展，以增强其功能。

3）特征管理树

特征管理树是一个关键的界面组件，用于组织和管理模型中的所有特征。特征管理树提供了一个树状结构，显示了模型中所有特征的层次和依赖关系，如图 1-17 所示。

（1）属性管理器。

属性管理器是一个动态的界面元素，它根据正在执行的操作或正在编辑的特征显示相关的属性和选项，如图 1-18 所示。属性管理器允许输入参数、选择配置选项并应用特定的设置。

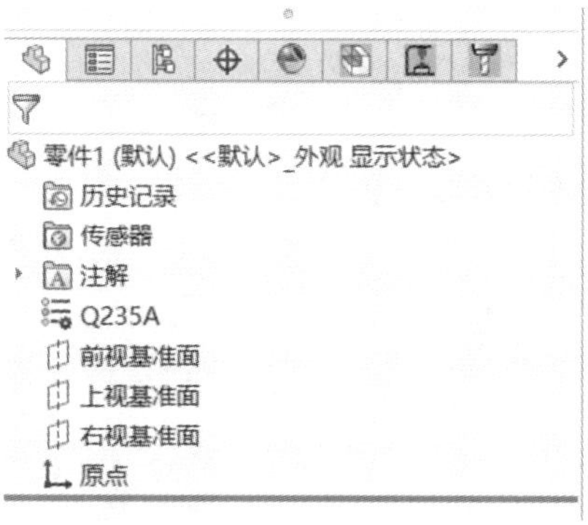

图 1-17　特征管理树

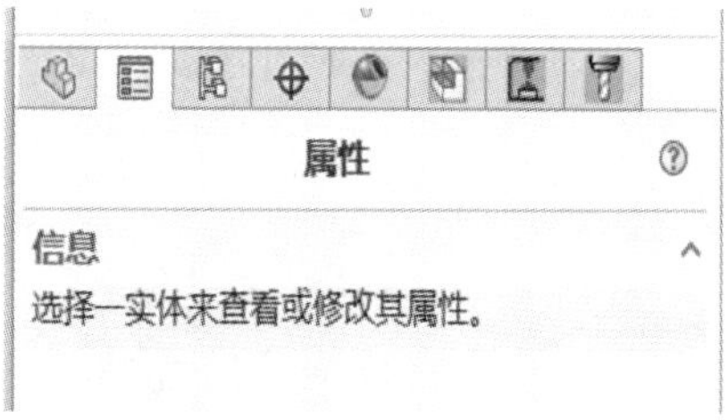

图 1-18　属性管理器

（2）配置管理器。

配置管理器是一个用于管理不同设计变量和条件的工具，它允许创建和管理多个模型配置，如图 1-19 所示。这些配置可以包含不同的尺寸、材料、特征等，使得可以在同一个模型文件中探索不同的设计选项。

（3）显示管理器。

在 SolidWorks 中，显示管理器是一个用于控制模型和图形视图显示设置的工具，它允许调整模型的显示方式,包括颜色、透明度、线条样式等属性,如图 1-20 所示。以下是一些与显示管理器相关的功能。

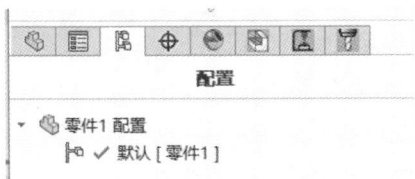

图 1-19　配置管理器

图 1-20　显示管理器

① 颜色设置:可以为模型的不同部分指定不同的颜色,以区分不同的特征或组件。

② 透明度:调整模型或特定特征的透明度,以便更好地查看内部结构或隐藏某些部分。

③ 线条样式:改变模型的线条样式,例如实线、虚线或点画线,用于表示不同的设计意图或特征。

④ 反射:调整模型的反射属性,模拟不同光照条件下的外观。

⑤ 阴影:应用阴影效果,增加模型的立体感,如图 1-21 所示。

⑥ 环境贴图:应用环境贴图,模拟模型在特定环境中的反射和光照效果,如图 1-22 所示。

图 1-21　阴影

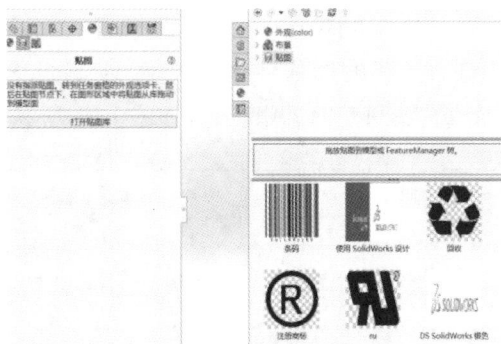

图 1-22　环境贴图

⑦ 视图状态:保存和应用不同的视图状态,快速切换模型的显示方式,如图 1-23 所示。

⑧ 显示模式:选择不同的显示模式,如线框、隐藏线、带边着色等,如图 1-24 所示。

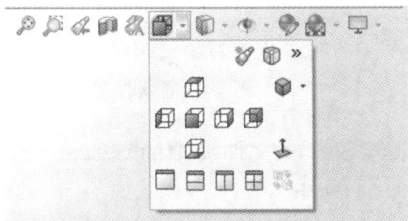

图 1-23　视图状态

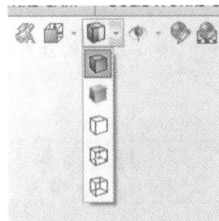

图 1-24　显示模式

⑨ 视图定向:控制视图的方向和角度,以便从不同视角观察模型。

⑩ 图层控制:使用图层来组织和管理模型的不同部分,可以快速显示或隐藏整个图层。

⑪ 视图模板：应用预定义的视图模板，快速设置模型的显示风格。

⑫ 性能优化：调整显示设置以优化性能，特别是在处理大型或复杂的模型时。

4）图形区域

图形区域是主要的工作区，用于创建、编辑和查看三维模型，如图1-25所示。

图形区域是SolidWorks的核心交互界面，它不仅是用户操作的主要场所，也是设计思路转化为实际模型的关键区域。无论是简单的零件设计，还是复杂的装配体构建，图形区域都提供了强大的工具和灵活的操作方式，帮助用户实现设计目标。

图 1-25　图形区域

在图形区域中，用户可以通过多种视图模式（如等轴测视图、正视图、剖视图等）查看模型，利用特征工具栏进行创建和编辑操作，同时通过状态栏实时了解当前的操作状态。图形区域为用户提供了一个直观且高效的设计环境。

2. 安装步骤

（1）对SolidWorks软件压缩包进行解压，解压后的界面如图1-26所示。

（2）打开破解软件中的文件夹_SolidSQUAD_，复制文件夹SolidWorks_Flexnet_Server，粘贴到C盘的根目录，如图1-27所示。

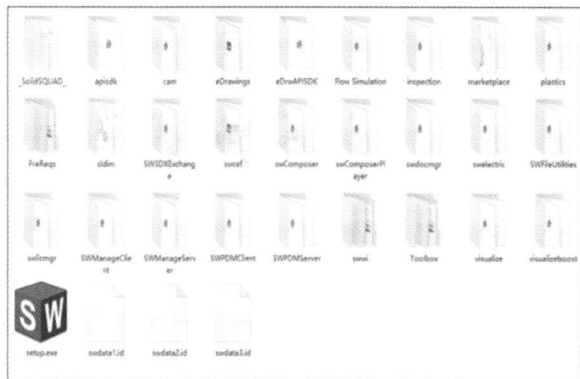

图 1-26　解压后的界面

图 1-27　SolidWorks_Flexnet_Server 复制位置

（3）以管理员权限运行SolidWorks_Flexnet_ Server文件夹中的Server_install.bat，弹出Server_install.bat对话框，如图1-28所示。

（4）双击运行_SolidSQUAD_文件夹内的sw2024_network_serials_licensing文件，如图1-29所示。

① 弹出"注册表编辑器"对话框，选择"是"，如图1-30所示。

② 选择加入注册表后，在弹出的对话框中点击"确定"，如图1-31所示。

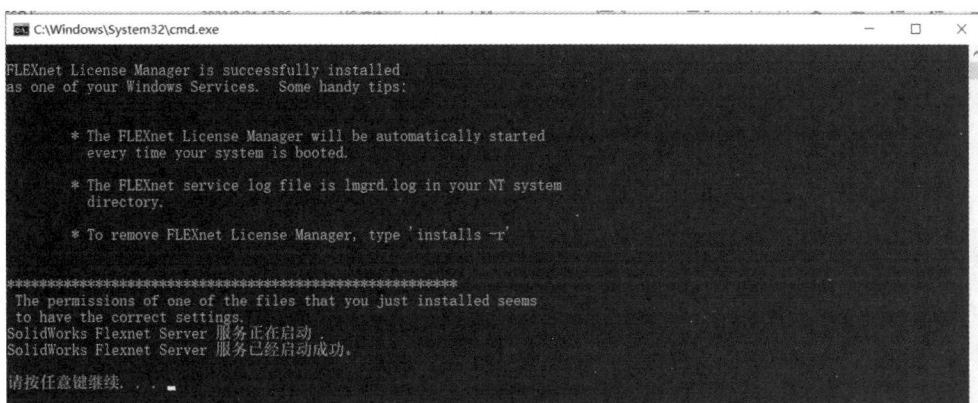

图 1-28　Server_install.bat 对话框

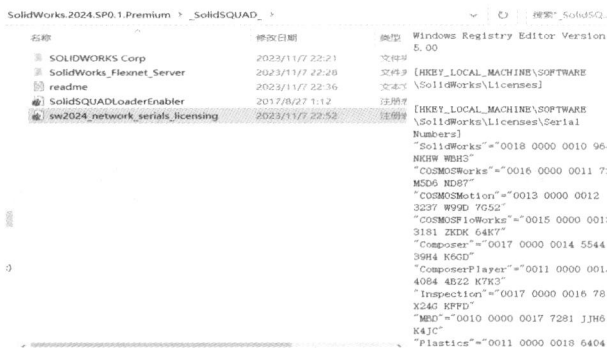

图 1-29　sw2024_network_serials_licensing 文件

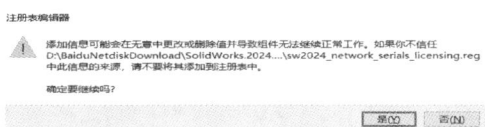

图 1-30　"注册表编辑器"对话框

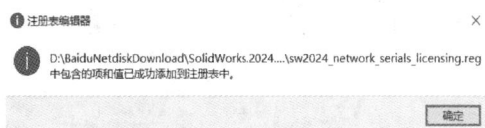

图 1-31　确认加入注册表

(5) 在 SolidWorks 安装包中找到 setup 图标,双击进行安装,在弹出的对话框中选择"确定",如图 1-32、图 1-33 所示。

(6) 按照软件提示进行设置,点击"下一步",如图 1-34~图 1-36 所示。

(7) 弹出提示对话框,断网后,选择"取消",如图 1-37、图 1-38 所示。

(8) 系统默认的安装位置为 C 盘,用户也可以自行选择软件安装位置,比如 D 盘。在弹出的对话框中选择"是"及"确定",如图 1-39~图 1-41 所示。

SolidWorks.2024.SP0.1.Premium › SolidWorks.2024.SP0.1.Premium › SolidWorks.2024.SP0.1.Premium.DVD ›

| apisdk | cam | eDrawings | eDrwAPIS DK | Flow Simulation | inspection | marketplace | plastics | PreReqs |

| sldim | SW3DXExchange | swcef | swComposer | swComposerPlayer | swdocmgr | swelectric | SWFileUtilities | swlicmgr |

| SWManageClient | SWManageServer | SWPDMClient | SWPDMServer | swwi | Toolbox | visualize | visualizeboost | setup |

swdata1.id   swdata2.id   swdata3.id

图 1-32   setup 图标

图 1-33   安装导向

图 1-34   安装界面

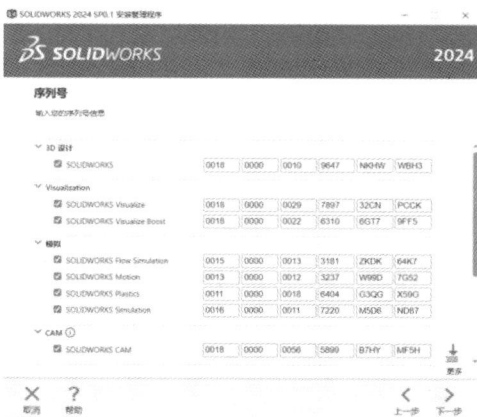

图 1-35   序列号

图 1-36   安装连接

图 1-37　断网对话框

图 1-38　选择"取消"

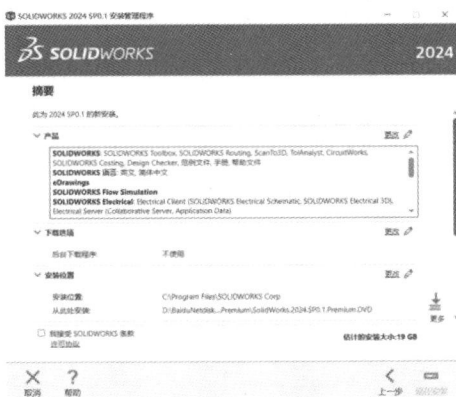

图 1-39　更改软件安装位置

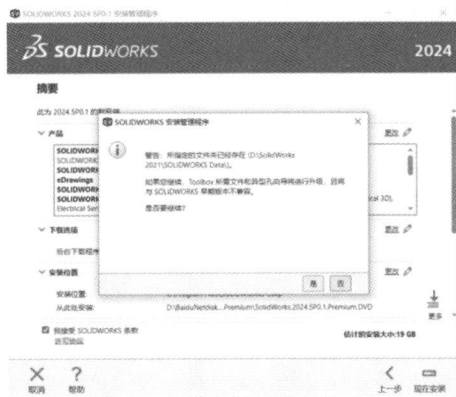

图 1-40　确认对话框 1

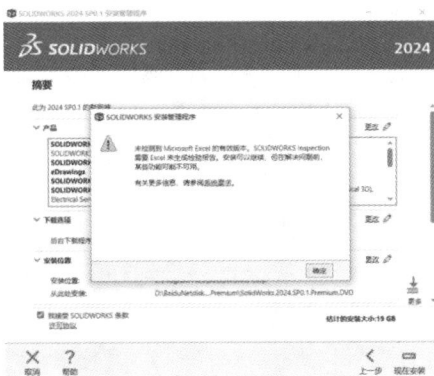

图 1-41　确认对话框 2

（9）等待安装完成，如图 1-42、图 1-43 所示。

（10）打开文件夹 SOLIDWORKS Corp，选中其中所有文件夹，粘贴到安装目录内，如图
1-44、图 1-45 所示。

（11）双击破解注册表 SolidSQUADLoaderEnabler，在弹出的对话框中点击"确定"，如
图 1-46 所示。

图 1-42 产品安装

图 1-43 安装完成

图 1-44 SOLIDWORKS Corp 文件夹

图 1-45 选中文件夹

图 1-46 注册表

（12）软件安装完成，如图 1-47、图 1-48 所示。

图 1-47 软件界面 1

图 1-48 软件界面 2

六、赛项概要与工具

1. 赛项概要

CAD机械设计项目是世界技能大赛及中国职业技能大赛的重要竞赛项目,旨在考察选手在机械设计领域的综合能力。选手需要运用计算机辅助设计软件(SolidWorks、CAD)、3D打印机、三维扫描仪及手工测量工具,完成零件和产品的建模、工程制图、工艺方案设计、逆向建模与手工测绘等工作。

参赛选手需要具备的能力如表1-4所示。

表1-4　参赛选手需要具备的能力一览表

知识和技能描述		权重
1	工作安排和管理	15%
基本知识	个人必须知道和理解: (1)计算机辅助设计技术在制造业中的各种应用目的和用途; (2)目前国际上公认的工业制造和设计标准(ISO标准); (3)目前由行业使用并认可的标准(如3D打印或扫描); (4)数学、物理和几何的相关理论和应用; (5)技术术语和符号; (6)技术上和设计上的问题及挑战,起到提供创新性和创造性解决办法的作用	理论
工作能力	个人应该做到: (1)始终应用ISO标准和当前业界使用且认可的标准; (2)将数学、物理、几何知识全面地运用到CAD项目中; (3)识别并正确选择标准部件和符号库; (4)提交CAD图纸时正确使用和诠释技术术语及所用符号; (5)掌握与同事、客户和其他相关专业人员间有效的沟通和交流技巧,以确保CAD应用符合要求; (6)能够提供个性化设计服务,并应用创新性和创造性的解决方案; (7)满足客户提出的要求,在设计阶段将需求的产品可视化	实操
2	材料、软件和硬件	20%
基本知识	个人必须知道和理解: (1)计算机的操作系统,能够正确地使用和管理计算机文件和软件; (2)在CAD应用过程中所需用到的外围设备; (3)设计软件中的特定的专业技术操作; (4)设计模型(手板)的加工过程; (5)了解设计软件的局限性,设计数据的格式和分辨率; (6)了解测量工具的工作原理; (7)三维打印机、三维扫描仪、绘图仪和激光打印机的使用	理论
工作能力	个人应该做到: (1)启动设备电源并激活指定的建模软件; (2)设置和检查外围设备,如键盘、鼠标、3D打印机、3D扫描仪、绘图仪和打印机;	

知识和技能描述		权重
工作能力	(3)使用计算机操作系统和专业软件熟练创建、管理并存储文件,选择正确的建模和绘图模块; (4)使用不同技术来访问和使用 CAD 软件,例如用鼠标、菜单或工具栏; (5)能够设定 CAD 设计软件、3D 打印切片软件的参数; (6)有效地规划制作过程,熟练使用手工和自动测量工具,熟练使用 3D 打印机、绘图仪打印并输出作品	实操
3	三维建模和创建三维动画	35%
基本知识	个人必须知道和理解: (1)如何编程以便对软件进行参数设置; (2)计算机操作系统,以便使用和管理计算机上的文件和软件; (3)机械系统及其功能; (4)工程图纸标注规则; (5)如何装配一个产品; (6)如何以图像、动画等方式展示设计	理论
工作能力	个人应该做到: (1)零件建模,优化构件实体形状; (2)使用标准件; (3)使用参数化的零件族; (4)确定材料特性(密度)、颜色和纹理; (5)能够应用模具功能来建立模具类产品的模型; (6)由零件 3D 模型制造装配体; (7)构建实体、钣金桁架、面体模型的装配体(包括子装配体); (8)浏览基本信息以便高效率地规划工作; (9)从多种 CAD 数据文件获取信息来建立新的模型; (10)建模并装配项目涉及的各个基本零件; (11)按照要求,把已经建好模型的零件装配到子装配体中; (12)会利用图像粘贴功能,比如按要求将徽标粘贴于图像上; (13)创建与系统操作相关的功能,该系统是采用行业编程设计的; (14)生成动画,以展示不同零件如何工作或怎么被装配到一起; (15)保存成果以备将来使用	实操
4	生成渲染效果的图片(二维的)	5%
基本知识	个人应该知道: 如何用灯光、场景、材质、纹理、贴图等方法生成设计对象的渲染图像	理论
工作能力	个人应该完成: (1)存储并标记图像以备将来查找使用; (2)理解模型、图纸和产品制造信息(PMI)并将其准确地用于计算机生成的图像; (3)创建零件和装配体渲染图像; (4)调整光、着色、背景和拍摄的角度,以突出关键特征图像; (5)使用相机视角功能更好地展示产品; (6)打印用于表达的渲染图像	实操

	知识和技能描述	权重
5	工程制图和测量	25%
基本知识	个人必须知道和理解： (1)符合 ISO/GB 标准和书面说明的工程图； (2)符合 ISO/GB 标准的基本尺寸和公差，以及几何尺寸及其公差； (3)工程制图规则和当下最新的 ISO/GB 标准； (4)说明书、表格、标准列表和产品目录的使用	理论
工作能力	个人应该完成： (1)基于 ISO/GB 标准配合书面说明，生成工程图； (2)在 ISO/GB 标准下，运用标注基本尺寸和公差、几何尺寸和公差的标准来标注尺寸； (3)利用工程制图规则和当下最新的 ISO/GB 标准来管控这些规则； (4)使用设计手册、表格、标准列表和产品目录； (5)插入书面信息，例如注释引出序号和零件明细表，这些注释类型都应符合 ISO/GB 标准； (6)创建二维/三维零件图和装配图； (7)创建爆炸等轴测视图	实操

2. 工具的使用

将 SolidWorks 软件与表 1-5 所示的工具结合使用，增强动手能力。

表 1-5 选手自带工具清单表

序号	名称	数量	技术规格
1	数字卡尺	每位选手 1 把	0～200 mm
2	数字偏置中心线卡尺	每位选手 1 把	10～160 mm
3	通用量角器	每位选手 1 把	—
4	半径规	每位选手 1 套	0.4～25 mm
5	外公制螺纹规	每位选手 1 套	0.35～6 mm
6	螺纹塞规	每位选手 1 套	M3～M12
7	金属直尺	每位选手 1 把	0～300 mm
8	数显深度卡尺	每位选手 1 把	0～150 mm
9	粗糙度对比块	每位选手 1 套	—

1）数字卡尺

数字卡尺用于测量物体的内外径、深度和高度等，精度高，操作简便。在设计过程中，它可以用来验证零件的实际尺寸是否符合设计规格，如图 1-49 所示。

2）数字偏置中心线卡尺

数字偏置中心线卡尺适用于测量中心距、孔距等，特别是在需要高精度测量的场合，如图 1-50 所示。在 SolidWorks 中设计对称结构时，可以用来确保实际测量值与设计值一致。

图 1-49　数字卡尺

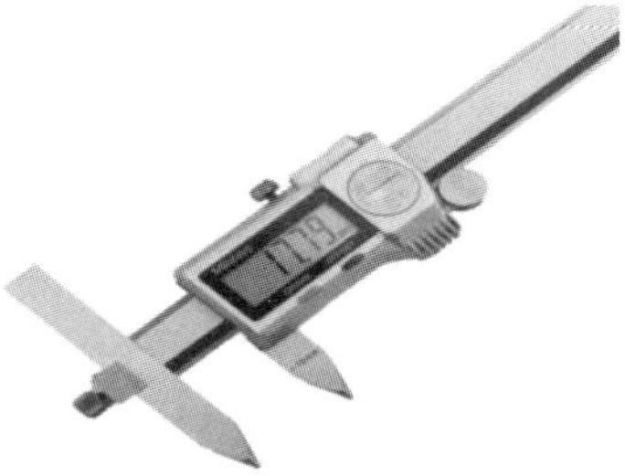

图 1-50　数字偏置中心线卡尺

3）通用量角器

通用量角器用于测量角度，可以用于验证 SolidWorks 中设计的零件角度是否准确，或者在装配过程中检查零件的相对位置，如图 1-51 所示。

4）半径规

半径规用于测量半径尺寸，适用于圆弧、曲线等形状的测量，如图 1-52 所示。在 SolidWorks 中设计圆弧或曲线时，它可以用来确保设计的半径尺寸的正确性。

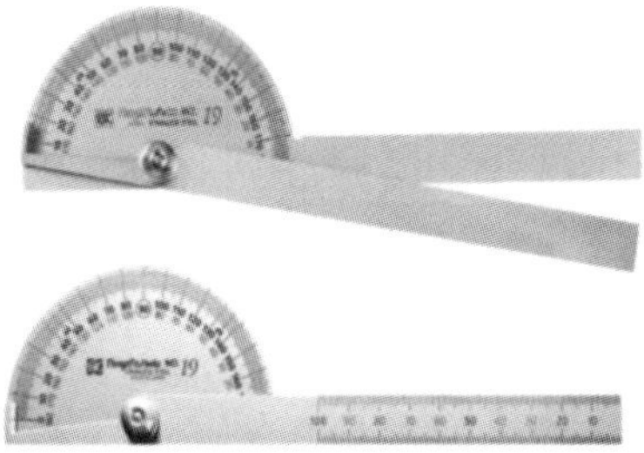

图 1-51　通用量角器

图 1-52　半径规

5）外公制螺纹规

外公制螺纹规用于测量外螺纹的尺寸，确保螺纹的规格符合设计要求，如图 1-53 所示。在 SolidWorks 中设计螺纹时，选手可以利用这些工具来验证螺纹的精度。

6）螺纹塞规

螺纹塞规用于检查内螺纹的尺寸和质量，如图 1-54 所示。在 SolidWorks 中设计内螺纹时，这些工具可以帮助检查设计是否符合实际加工标准。

图 1-53　外公制螺纹规

图 1-54　螺纹塞规

7）金属直尺

金属直尺用于直线测量,适用于检查零件的长度、宽度等尺寸。在 SolidWorks 中进行尺寸标注和设计校验时,它可以用来确保设计的直线尺寸的准确性。

8）数显深度卡尺

数显深度卡尺用于测量深度和台阶尺寸,具有数字显示功能,提高了测量的精度和便捷性,如图 1-55 所示。在 SolidWorks 中设计具有深度特征的零件时,这些工具可以用于验证设计深度。

9）粗糙度对比块

粗糙度对比块用于评估和比较表面粗糙度,确保零件的表面质量符合设计要求,如图 1-56 所示。在 SolidWorks 中进行表面粗糙度分析时,可以用来验证设计的表面处理是否满足工艺标准。

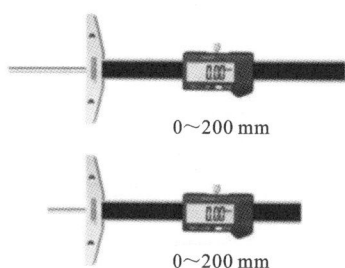

图 1-55 数显深度卡尺

图 1-56 粗糙度对比块

七、初学者和资深用户的区别

在工程应用中,初学者和资深用户在使用 SolidWorks 新建零件和进行装配体设计时,会表现出一些明显的区别,以下是一些关键点。

1）理解深度

初学者:可能需要更多时间来理解零件和装配体的区别,以及它们在设计中的不同应用。例如,初学者可能不清楚在什么情况下应该使用零件,什么情况下应该使用装配体,以及如何利用装配体来管理复杂的组件关系。

资深用户:不仅理解零件和装配体的概念,而且知道如何利用 SolidWorks 的高级功能,如配置、系列零件设计表和特征识别,来优化设计流程和重用设计元素。

（1）特征使用。

初学者:可能只使用基本的特征,如拉伸、旋转等,对高级特征的使用不够熟练。

资深用户:熟练使用各种特征,包括复杂曲面、扫掠、放样等,并知道何时使用它们。

（2）装配策略。

初学者:可能没有明确的装配策略,随意添加组件,导致装配体管理混乱。

资深用户:有清晰的装配策略,知道如何使用装配约束和组件顺序来管理复杂的装配体。

（3）性能优化。

初学者:可能没有意识到大型装配体对软件性能的影响,导致软件运行缓慢。

资深用户:知道如何优化装配体的性能,例如使用轻量化模型、压缩特征和简化表示。

2)操作熟练度

初学者:可能需要依赖教程或帮助文档来找到所需的命令和工具,这会减缓设计速度。随着对软件的熟悉,初学者可以逐渐减少对这些资源的依赖。

资深用户:能够熟练使用快捷键、自定义工具栏和命令管理器,快速访问常用的命令和工具,从而大幅度提高工作效率。

3)设计方法

初学者:可能在设计过程中缺乏清晰的方向,容易陷入细节而忽视整体设计目标。试错方法虽然有助于学习,但可能会导致设计周期延长和资源浪费。

资深用户:采用结构化的设计方法,如参数化设计、模块化设计和面向制造的设计(DFM),确保设计的可制造性、可维护性和成本效益。

4)问题解决能力

初学者:在遇到设计问题时,可能不知道如何利用 SolidWorks 的功能来解决,或者如何有效地寻求帮助。

资深用户:具备强大的问题解决能力,知道如何使用 SolidWorks 的诊断工具、错误检查和设计验证功能来识别和修复设计问题。

项目小结

知识归纳:

(1) SolidWorks 软件概述:SolidWorks 是一款三维 CAD 软件,广泛应用于工程设计领域。该软件以其强大的功能、易用性和灵活性获得工程师青睐。

(2) 功能特点与应用领域:提供了从三维建模到工程分析的全方位设计工具;可应用于机械设计、产品设计、模具设计和工程分析等多个领域。

(3) 适用群体与学习资源:适合从初学者到专业工程师的各个层次;提供官方教程、社区论坛和认证培训。

(4) 国内外软件对比分析:国外软件如 UG、CATIA 在特定领域有深入应用,但价格较高;国内软件虽然起步晚,但在性能和功能上正逐步提升。

(5) 思政融合:探讨设计软件在培养工程师职业道德和责任感方面的作用;了解设计软件如何服务于国家发展和社会进步。

复习和讨论问题:

(1) SolidWorks 软件的核心功能有哪些?它们在工程设计中扮演着怎样的角色?

(2) 思政融合在设计软件教学中的重要性体现在哪里?请结合设计软件在培养工程师职业道德和责任感方面的作用进行讨论。

(3) 设计软件如何帮助设计师进行精确模拟和分析?这些技术如何促进行业创新?

(4) 国产软件在"中国制造 2025"计划中发挥了哪些关键作用?它们是如何帮助企业提高研发效率和生产自动化水平的?

(5) SolidWorks 软件的用户群体有哪些特点?不同层次的用户如何有效地利用 SolidWorks 进行学习和工作?

技能训练

一、任务布置与要求

1. 任务布置

确保每位小组成员都清楚软件安装的必要性以及在课程学习中的作用。

2. 任务要求

除了能够顺利安装和正常使用软件外,还应熟悉软件界面、掌握软件的基本功能等。

二、任务实施与记录

1. 任务实施

确定小组分工,每位成员都应有明确的责任和任务。

制订详细的安装计划,包括时间安排、所需资源和可能遇到的问题。

2. 任务单

任务单应包括任务描述、实施步骤、遇到的问题及解决方案、成员贡献等,如表1-6所示。

三、成果提交与展示

各小组组长应准备展示材料,如 PPT 或演示文稿,以清晰展示安装过程和学习成果。

展示过程中,应鼓励小组成员之间进行互动和讨论。

四、任务评价与分析

教师的评价应涵盖安装过程的合理性、软件使用的熟练度以及团队合作的效果。

副组长应记录评价要点,供小组后续讨论和改进。

五、课后巩固与提高

围绕"国产三维软件的未来发展"主题,学生们可以进行以下活动:调研当前市场上的国产三维设计软件,分析其优缺点;讨论和预测技术发展趋势,如人工智能、云计算等在三维设计软件中的应用。

(1)扩展活动。

组织一次小组间的交流会,让各小组分享他们的安装经验和学习心得。

设立一个"最佳创意奖",以表彰在课后任务中表现突出的小组。

邀请行业专家开展讲座,为学生提供行业视角的见解和指导。

(2)具体要求。

视频格式:MP4。

提交时间:一周内。

提交方式:将视频上传至本班班级群、超星学习平台或微助教平台。

表1-6　任务单

任务名称		小组编号	
日期		时间	
组长		副组长	
小组成员			

任务讨论及方案说明

存在问题与解决措施

成果形式与规格说明

完成任务（评价）得分	

任务完成情况分析

优点	不足

项目二

草图绘制基础

学习目标

(1) 了解新建与保存草图的基本操作。

(2) 掌握绘制多边形的步骤和技巧。

(3) 理解在草图中绘制与剪裁实体线段与圆的区别。

(4) 学会绘制与修改圆周草图阵列与线性草图阵列的方法。

(5) 掌握增加与修改几何约束的技巧。

(6) 理解标注尺寸与修改尺寸的重要性并掌握操作方法。

(7) 掌握线段与圆的设置方法。

技能矩阵

技能分类	技能细节	掌握程度
基本操作	新建与保存草图	了解并能够独立操作
绘制图形	绘制圆、三角形、正方形、五边形、五角星	能够根据典型图形进行绘制
草图工具使用	使用线条、圆形、多边形等草图工具	掌握基本使用技巧
几何约束应用	应用平行、垂直、相切等几何约束	会进行线段的几何约束设置
尺寸标注与修改	智能尺寸标注与修改	掌握尺寸的标注与修改方法
阵列特征应用	绘制并修改圆周草图阵列与线性草图阵列	能够应用阵列特征进行绘制
线段修改	裁剪、延伸线段	会使用裁剪、延伸工具进行修改
复杂图形绘制	绘制直槽口、圆弧、曲线等	会绘制典型复杂图形
问题解决能力	解决草图绘制过程中的问题	能够分析问题并找到解决方案

能力目标

（1）能够绘制基本几何图形，如圆、三角形、正方形、五边形和五角星。

（2）会绘制典型图形，如直槽口、圆弧、曲线。

（3）熟练使用草图工具进行图形绘制，如直槽口、圆弧和曲线等。

（4）能够对线段进行几何约束，如设置平行、垂直和相切等关系。

（5）掌握裁剪和延伸线段，以满足设计需求。

（6）能够使用智能尺寸工具进行标注，并根据需要修改尺寸。

（7）掌握圆周草图阵列与线性草图阵列的绘制与修改操作，以创建重复的几何图形。

（8）理解几何约束的重要性，并能够增加和修改约束以确保设计的准确性。

（9）能够设置线段和圆的属性，如长度、半径等。

项目思政

滴水穿石非一日之功

目标坚定，正如"滴水穿石"需要明确的目标，个人或国家的发展也需要有清晰的目标和方向。在思政教育中，让学生明白树立远大理想和目标是至关重要的。

在思政教育中，这句话常用来鼓励人们要有坚定的信念和顽强的毅力，面对困难和挑战时不轻言放弃。它强调的是长期的努力和坚持，而不是一时的激情和冲动。不是力量大，而是功夫深。通过不断的积累和努力，最终可以达到目标，实现梦想。

总的来说，"滴水穿石非一日之功"这句话蕴含着深刻的哲理和人生智慧，对于个人的成长和社会的发展都有着重要的启示和指导意义。

任务一　草图绘制基础知识

一、草图模块

1. 草图工具栏

草图工具栏是SolidWorks中用于绘制和编辑草图的关键区域。它包含了所有基本绘图工具（如直线、圆、矩形等）和高级绘图工具（如多边形、椭圆和样条曲线等）。草图工具栏如图2-1所示，草图工具名称见表2-1。

2. 尺寸

尺寸标注是SolidWorks中至关重要的功能，它直接影响设计的细节和准确性。

1）尺寸标注在SolidWorks中的作用

尺寸标注不仅展示了模型的尺寸，还具有以下作用。

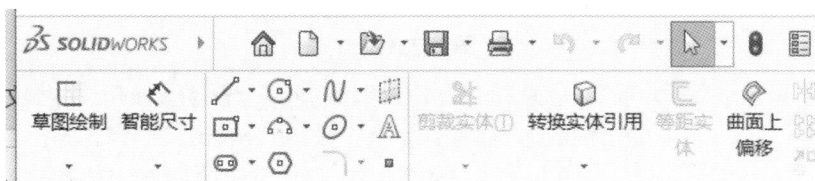

图 2-1　草图工具栏

表 2-1　草图工具名称

工具名称	描述
直线	用于绘制直线段,可以通过指定起点和终点来创建直线
圆	用于绘制圆形,可以选择圆心和半径来定义圆的大小和位置
矩形	快速绘制矩形,可以指定对角线的两个顶点来确定矩形的尺寸和位置
多边形	绘制正多边形,需要指定中心点和边数来创建规则的多边形
圆弧	绘制圆弧,可以通过指定圆心、半径和起始角度来绘制一段圆弧
椭圆	绘制椭圆,需要指定两个焦点来定义椭圆的长轴和短轴
样条曲线	绘制自由曲线,通过控制点来定义曲线的形状和弯曲程度
点	放置点,可以作为其他图形的参考或辅助点,用于辅助设计和定位
剪裁	用于删除草图中不需要的部分,可以通过选择并删除来精简草图
延伸	将草图实体延伸至另一实体或指定边界,用于扩展草图实体达到所需长度或形状
添加关系	如水平、垂直、相切等,用于定义草图实体之间的几何关系,确保设计的正确性
尺寸标注	为草图实体添加尺寸,确保设计精度,控制草图实体的大小和位置

(1)设计意图传达:尺寸标注清晰地传达了设计者的意图,确保制造和工程团队对产品规格有准确的理解。

(2)精确控制:通过尺寸标注,设计师可以精确控制模型的每个特征,确保设计满足特定的工程要求。

(3)修改与迭代:在设计过程中,尺寸标注允许快速修改和迭代,以适应设计需求的变化。

2)尺寸标注对设计精度的影响

尺寸标注对设计精度有着决定性的影响,主要体现在以下方面。

(1)避免歧义:准确的尺寸标注避免了制造过程中的误解和错误,减少了返工情况并降低了废品率。

(2)符合标准:遵循行业标准的尺寸标注有助于确保设计的通用性和兼容性。

(3)质量控制:在生产过程中,尺寸标注是质量控制的关键,确保产品符合设计规格和性能要求。

(4)智能尺寸:显示并允许修改草图实体的长度、角度等尺寸信息。智能尺寸下拉菜单

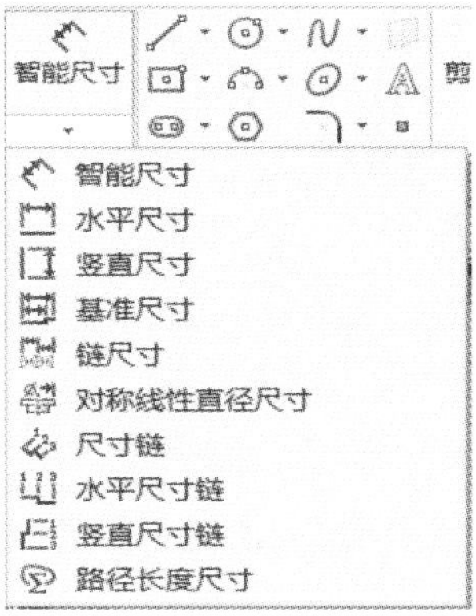

图 2-2　智能尺寸下拉菜单

如图 2-2 所示。

3. 草图状态栏

草图状态栏位于 SolidWorks 界面的底部,显示当前草图的状态,如是否完全定义、是否有错误或警告等。

(1)完全定义:表示草图中的所有实体都已经正确地约束,没有多余的自由度。

(2)错误和警告:指出草图中存在的问题,如重叠的实体、无效的尺寸等。

熟悉这些界面组件,可以更有效地使用 SolidWorks 进行草图绘制。接下来,我们将深入探讨草图绘制的基本原则和常用命令。

二、草图绘制基本原则

1. 草图约束

(1)几何关系:使用水平、垂直、平行、相切等几何约束来确保草图中的元素按照设计意图正确放置。这些关系帮助定义元素之间的相对位置和方向。

(2)尺寸约束:通过添加具体的尺寸值来定义草图中元素的大小。尺寸约束是确保设计满足特定规格的关键。

(3)避免过定义和欠定义。

① 过定义:草图中的元素如果被过多的约束所限制,将无法进行某些修改,这可能导致设计灵活性降低。

② 欠定义:如果草图中的元素没有足够的约束,它们的位置和大小将不确定,这会影响模型的准确性。

2. 封闭草图

草图的完整性和准确性对于后续的模型构建至关重要。以下是一些确保草图质量的要点。

(1)检查草图状态:利用 SolidWorks 提供的草图状态栏来检查草图是否完全定义。草图状态栏会显示草图是否完全定义、过定义或欠定义。

(2)使用对称性:对称性是一种强大的工具,可以在草图中创建对称元素,减少所需的约束数量,简化设计过程。

(3)利用关联尺寸:关联尺寸允许草图中的尺寸与其他草图元素或模型参数关联,从而在设计变更时自动更新。

(4)逐步构建草图:建议分阶段构建草图,先从主要的几何形状和关键尺寸开始,然后逐步细化,这有助于保持设计的组织性和清晰性。

封闭草图示例如图 2-3、图 2-4 所示。

遵循这些基本原则,可以创建出既准确又易于修改的草图,为后续的三维建模打下坚实的基础。接下来,我们将通过具体的示例来演示如何利用这些原则进行草图绘制。

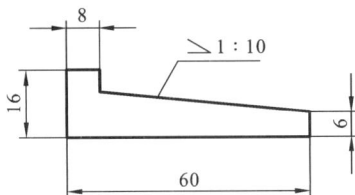

图 2-3　封闭草图 1

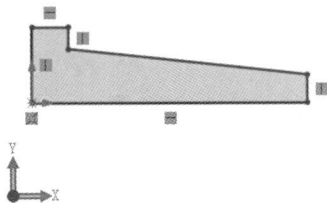

图 2-4　封闭草图 2

三、常用草图命令和操作

在 SolidWorks 软件中,草图工具栏中的绘图工具可以通过表格形式呈现。SolidWorks 草图工具及描述见表 2-2。

表 2-2　SolidWorks 草图工具及描述

工具组	工具名称	功能描述
基本形状	直线	绘制直线段
	圆	绘制圆形
	矩形	绘制矩形
高级形状	多边形	绘制具有固定边数的多边形
	椭圆	绘制完整椭圆形状
	样条曲线	绘制平滑曲线
编辑工具	剪裁	删除草图中不需要的部分

1. 直线

直线是草图中最基本的三个元素之一,而中心线则常用于表示对称结构或作为参考。

直线命令:选择直线工具,点击草图平面上的一点作为起点,移动鼠标到期望的终点位置,再次点击以完成直线的绘制。

中心线命令:中心线工具用于创建表示对称轴的线条,其绘制方法与直线相同,但中心线通常不参与尺寸计算。

绘制直线是 SolidWorks 草图模块中最基本的操作之一。

直线和中心线命令如图 2-5 所示,直线和中心线的草图绘制如图 2-6 所示。

2. 圆与非圆

圆形和椭圆形是常用的闭合图形,它们在机械设计中扮演着重要角色。

圆形命令:使用圆工具时,首先要确定圆心位置,然后移动鼠标并点击以确定圆的半径。绘制圆形的步骤如下:

(1) 在草图工具栏中选择圆工具,如图 2-7 所示。

(2) 点击草图平面上一点作为圆的圆心。

(3) 移动鼠标并点击以确定圆的半径,或者输入半径值,绘制好的圆如图 2-8 所示。

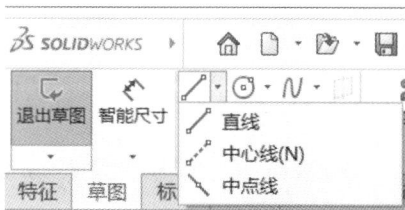

图 2-5　直线和中心线命令

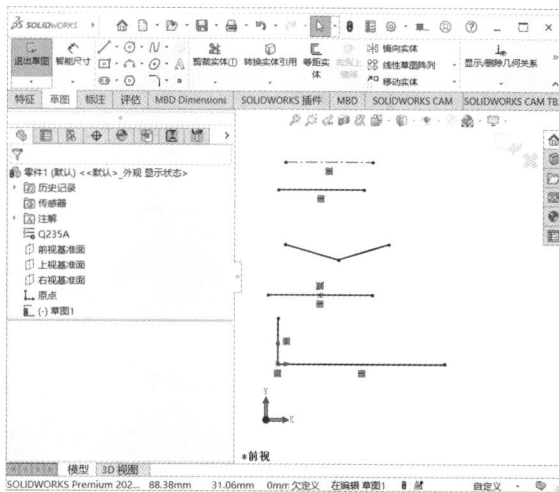

图 2-6　直线和中心线的草图绘制

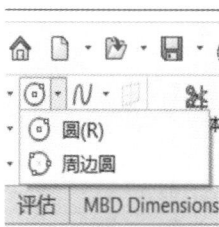

图 2-7　圆形命令

图 2-8　圆的草图绘制

圆形的绘制可以结合对称性原则,简化设计过程。

圆弧命令和草图绘制分别如图 2-9、图 2-10 所示。

图 2-9　圆弧命令

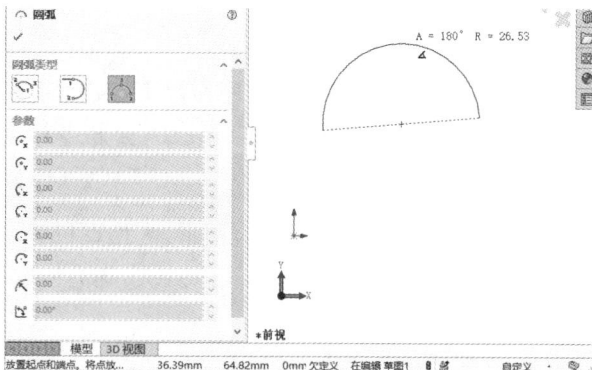

图 2-10　圆弧的草图绘制

椭圆形命令如图 2-11 所示,绘制椭圆形时,需要确定椭圆形的两个轴的长度,也可以通过指定两个焦点来创建椭圆形。

椭圆形的绘制步骤如下:选择椭圆工具,点击并确定两个焦点的位置,从而创建椭圆形。椭圆的草图绘制如图 2-12 所示。

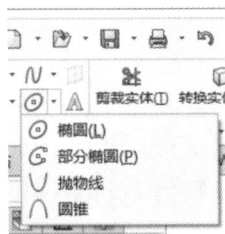

图 2-11　椭圆形命令

图 2-12　椭圆的草图绘制

3. 四边形和多边形

矩形(四边形)和多边形是基本的多边形草图元素,它们在构建规则形状时非常有用。

矩形命令如图 2-13 所示。绘制矩形时,点击以确定矩形的一个角,然后移动鼠标并点击以确定对角线的长度。

绘制多边形时,需要指定边数以及每条边的长度或角度。

1)矩形的绘制步骤

(1)在草图工具栏中选择矩形工具。

(2)点击草图平面上一点作为矩形的一个角。

(3)移动鼠标并点击以确定矩形的对角线长度。矩形的草图绘制如图 2-14 所示。

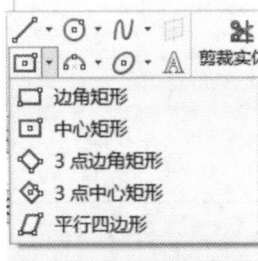

图 2-13　矩形命令

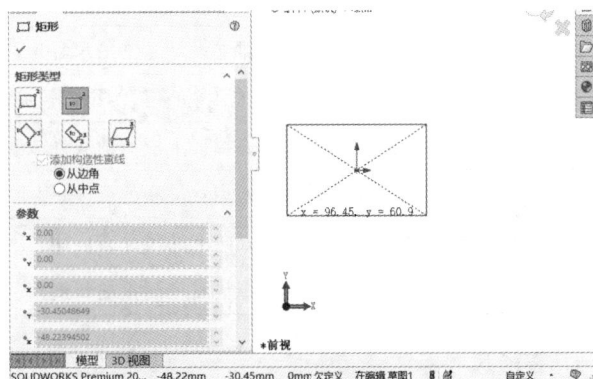

图 2-14　矩形的草图绘制

(4)可以通过添加尺寸约束来控制矩形的大小和位置,保证设计精度。

2)多边形的绘制步骤

选择多边形工具,输入边数,然后依次点击以确定每条边的位置或长度。多边形绘制说明如图 2-15 所示，多边形的草图绘制如图 2-16 所示。

图 2-15　多边形绘制说明

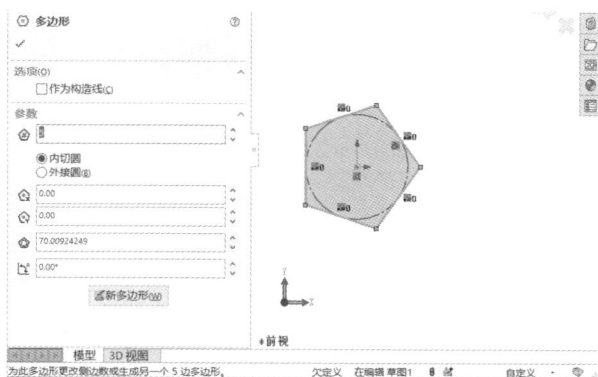

图 2-16　多边形的草图绘制

设计师掌握这些基本的草图命令和操作，可以更加灵活和高效地使用 SolidWorks 进行机械设计。这些命令是构建复杂草图的基础，也是实现精确设计意图的关键步骤。

设计师通过学习以上这些基础草图绘制，可以逐步掌握 SolidWorks 草图模块的使用方法，为更复杂的机械设计打下基础。

四、标注尺寸

让我们一起探索如何通过精确的尺寸标注来提升设计质量。接下来，我们将深入了解不同类型的尺寸标注方法，并在实际案例中使用它们。标注尺寸工具如表 2-3 所示。

表 2-3　标注尺寸工具

尺寸类型	描述
智能尺寸	自动检测并应用最合适的尺寸标注
水平尺寸	标注对象的水平距离
竖直尺寸	标注对象的竖直距离
基准尺寸	用于建立设计基准的尺寸标注
链尺寸	一系列尺寸的组合，用于控制一组特征的相对位置和大小
对称线性与直径尺寸	在对称特征上应用的线性或直径尺寸标注
尺寸链	一系列相互关联的尺寸，用于控制复杂几何形状的精确尺寸
水平尺寸链/竖直尺寸链	特定方向上的尺寸链应用
路径长度尺寸	沿着特定路径测量的长度尺寸

1. 智能尺寸标注

尺寸标注是确保设计精确传达给制造团队的关键步骤。在 SolidWorks 中，智能尺寸标注是一种高效的工具，可以帮助设计师快速且准确地完成标注任务。智能尺寸及尺寸标注分别如图 2-17、图 2-18 所示。

1）智能尺寸的工作原理

智能尺寸利用 SolidWorks 的智能技术，自动识别并应用最合适的尺寸标注。智能尺寸

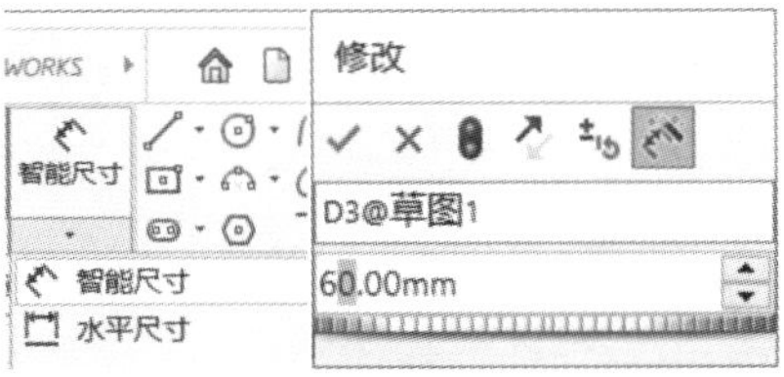

图 2-17　智能尺寸

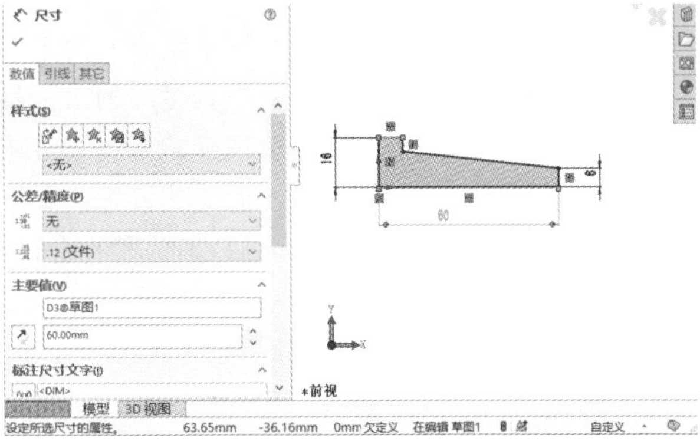

图 2-18　尺寸标注

的工作原理如下。

自动识别:当选择模型的边缘或表面时,智能尺寸会分析选定的几何特征,并推荐最合适的尺寸类型。

动态更新:在设计过程中,如果模型发生变化,智能尺寸会自动更新以反映这些变化,确保尺寸标注始终保持最新状态。

友好:智能尺寸简化了尺寸标注过程,减少了手动输入的需求,从而降低了出错的可能性。

2)使用智能尺寸进行快速标注

使用智能尺寸进行快速标注的步骤如下。

(1)选择特征:选择需要标注的模型特征,如边缘、表面或圆弧。

(2)激活智能尺寸:点击智能尺寸工具,通常可以通过点击工具栏上的相应图标或使用快捷键激活。

(3)应用尺寸:智能尺寸会自动推荐尺寸类型和位置。如果推荐合适,则点击以应用尺寸;如果需要调整,则可以手动修改尺寸的位置和类型。

(4)微调尺寸:如果需要,可以对尺寸进行微调,以确保它完全符合设计要求。

(5)检查和验证:完成尺寸标注后,检查尺寸是否准确无误,并验证它们是否符合设计规格。

智能尺寸的高效性在于它的自动化和智能化,这大大减少了设计时间,并提高了标注的准确性。通过使用智能尺寸,设计师可以专注于设计的创造性方面,同时确保技术细节得到妥善处理。

2. 水平尺寸与竖直尺寸标注

1)水平尺寸标注的应用场景

在 SolidWorks 中,水平尺寸标注用于测量并标注模型中特征的水平距离。需要沿着水平方向标注尺寸,例如,平行于 X 轴的两个平面或两条线之间的距离。要创建水平尺寸,则需要使用智能尺寸工具来选择两个平行于 X 轴的几何特征,SolidWorks 会自动创建一个水平尺寸。如果需要调整水平尺寸,则可以直接点击尺寸值并输入新的数值,或者使用修改尺寸命令进行更精确的调整。

水平尺寸的标注步骤如下。

（1）选择参照：确定需要标注水平距离的两个参照点，如两个平面或两条线。

（2）激活水平尺寸：选择尺寸工具栏中的水平尺寸图标或使用快捷键。

（3）定义尺寸：点击或拖动以选择参照点，SolidWorks 将自动创建水平尺寸。

（4）调整尺寸：如需调整尺寸的具体位置或属性，则可以点击尺寸并进行修改。

（5）确认尺寸：完成尺寸标注后，确保其符合设计要求，并进行必要的验证。

水平尺寸标注如图 2-19 所示。

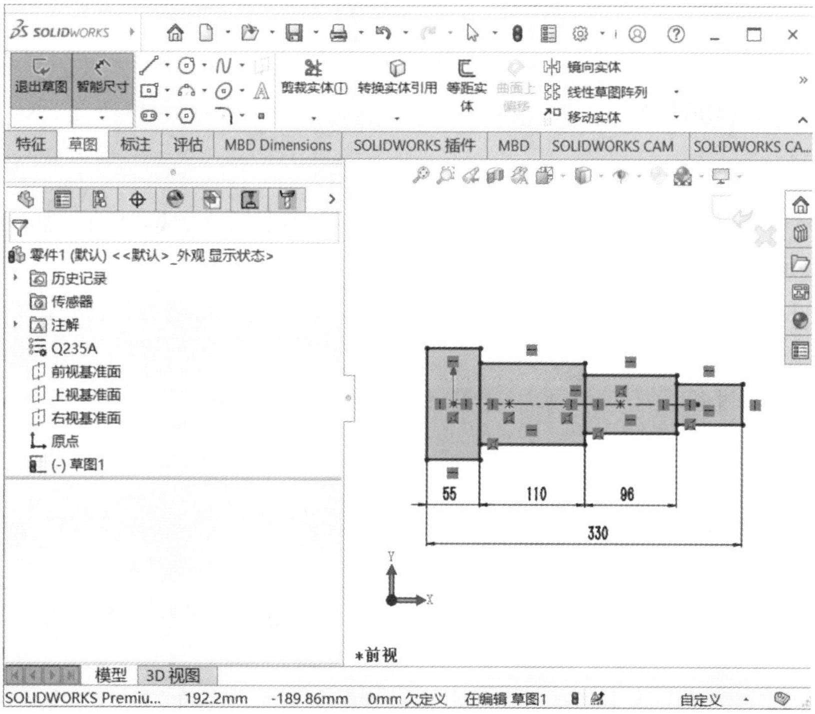

图 2-19　水平尺寸标注

2）竖直尺寸标注的应用场景

竖直尺寸是沿着竖直方向标注的尺寸，用于测量并标注模型中特征的竖直距离，例如，平行于 Y 轴的两个平面或两条线之间的距离。创建竖直尺寸的方法与创建水平尺寸类似，使用智能尺寸工具选择两个平行于 Y 轴的几何特征。同样，通过点击尺寸值或使用修改尺寸命令来调整竖直尺寸。

竖直尺寸的标注步骤如下。

（1）选择参照：确定需要标注竖直距离的参照点或表面。

（2）激活竖直尺寸：通过工具栏选择竖直尺寸工具或使用快捷键。

（3）创建尺寸：点击参照点或表面以创建竖直尺寸。

（4）尺寸编辑：如果需要，可以编辑尺寸的位置、属性或值，以确保其准确性。

（5）尺寸验证：完成标注后，检查尺寸是否正确，并验证其是否满足设计规范。

竖直尺寸标注如图 2-20 所示。

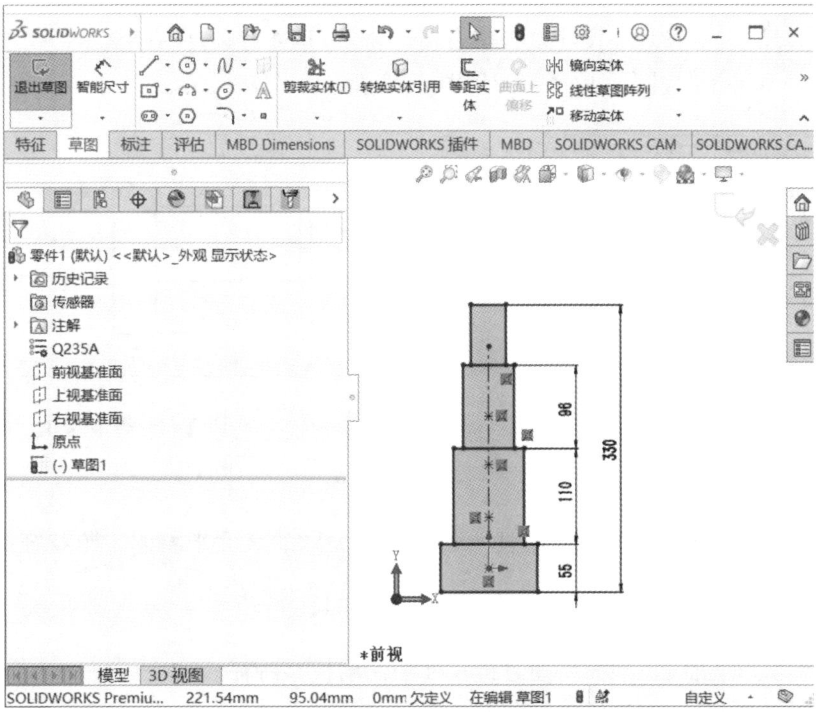

图 2-20　竖直尺寸标注

通过合理应用水平尺寸和竖直尺寸标注,设计师可以确保模型的精确表达,满足工程和制造的严格要求。掌握这些尺寸标注方法,将大大提高设计工作的效率和质量。

3) 通用尺寸操作

对齐:尺寸可以设置为水平或竖直对齐,以满足不同的设计需求。

样式:SolidWorks 允许自定义尺寸的样式,包括字体大小、颜色等。

关联性:SolidWorks 的尺寸具有关联性,当模型的几何特征改变时,相关的尺寸会自动更新。

3. 基准尺寸与链尺寸

1) 基准尺寸的设置与重要性

基准尺寸是设计中的关键,它为整个模型提供了一个参考框架,确保所有其他尺寸都与之对齐。

基准面选择:基准尺寸通常从选择一个或多个基准面开始,这些面作为设计中所有其他尺寸的起点。

尺寸放置:在基准面上放置尺寸,这些尺寸定义了模型的主要尺寸和形状。

重要性:基准尺寸有助于维持设计的一致性和准确性,是进行详细设计和制造的基础。

设置基准尺寸的步骤如下:

(1) 确定基准面:选择模型中的关键面作为基准面,通常是对称面或主要装配面。

(2) 添加尺寸:在基准面上添加关键尺寸,如长度、宽度或高度。

(3) 确保对齐:确保所有基准尺寸正确对齐,并且彼此之间的关系清晰。

（4）使用构造线：利用构造线辅助尺寸放置，确保尺寸的准确性和一致性。

（5）检查尺寸：检查基准尺寸是否符合设计要求，并进行必要的调整。

尺寸标注和基准尺寸分别如图 2-21、图 2-22 所示。

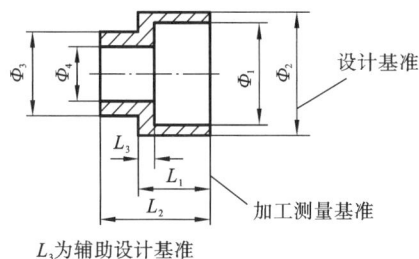

图 2-21　尺寸标注

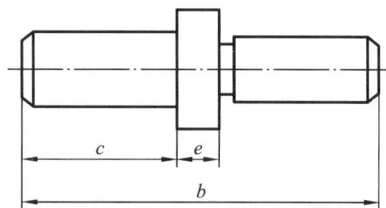

图 2-22　基准尺寸

2）链尺寸的构建与应用

链尺寸是一种尺寸标注技术，通过一系列相互关联的尺寸来控制一组特征的相对位置和大小。

构建链尺寸的步骤如下：

（1）确定关联特征：识别需要通过链尺寸控制的模型特征。

（2）添加基础尺寸：首先添加控制整体布局的基础尺寸。

（3）逐步添加尺寸：逐步添加其他尺寸，确保它们与基础尺寸形成关联。

（4）检查尺寸关系：检查链尺寸中的每个尺寸，确保它们之间的关系正确无误。

（5）使用尺寸链管理：利用 SolidWorks 的尺寸链管理工具来监控和调整尺寸关系。

链尺寸的构建需要仔细规划和精确执行，以确保设计满足功能和制造要求。通过合理应用链尺寸，设计师可以在复杂的设计中实现高度的控制和精确性。链尺寸如图 2-23、图 2-24 所示。

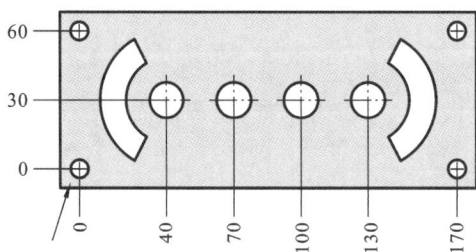

图 2-23　链尺寸 1

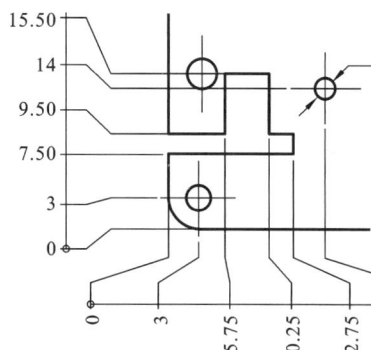

图 2-24　链尺寸 2

4. 对称线性尺寸与对称直径尺寸标注

1）对称线性尺寸的标注方法

在 SolidWorks 中，对称线性尺寸标注是一种特殊的尺寸标注方式，它用于标注对称特征上的距离，确保设计的对称性和平衡性。对称线性尺寸如图 2-25 所示。

标注对称线性尺寸的步骤如下。

（1）识别对称轴：确定模型的对称轴或对称面。

（2）选择尺寸起点：在对称轴或对称面上选择尺寸的起点。

（3）定义尺寸范围：沿着对称轴或对称面定义尺寸的范围，确保尺寸的对称性。

（4）尺寸属性设置：设置尺寸的属性，如单位、精度等，以满足设计要求。

（5）验证对称性：完成尺寸标注后，检查尺寸是否对称，确保设计符合预期。

2）对称直径尺寸的标注方法

对称直径尺寸标注用于标注具有对称特征的直径，如圆孔或圆盘的直径，保证特征的精确性和一致性。对称直径尺寸如图 2-26 所示。

标注对称直径尺寸的步骤如下：

（1）确定圆特征：找到模型中需要标注的对称圆特征。

（2）选择圆心：点击圆的中心点，作为尺寸标注的基准。

（3）创建直径尺寸：使用直径尺寸工具，从圆心向外拖动以创建直径尺寸。

（4）调整尺寸位置：如果需要，可以调整尺寸标签的位置，以提高图纸的可读性。

（5）检查尺寸精度：完成尺寸标注后，确保尺寸的精度符合设计和制造标准。

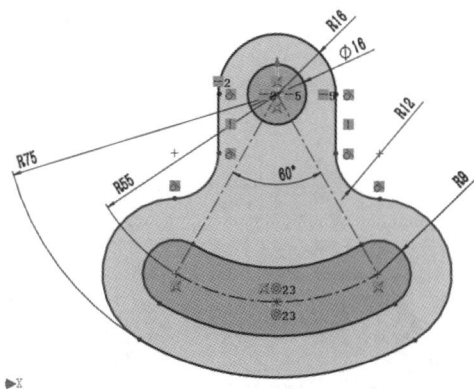

图 2-25 对称线性尺寸

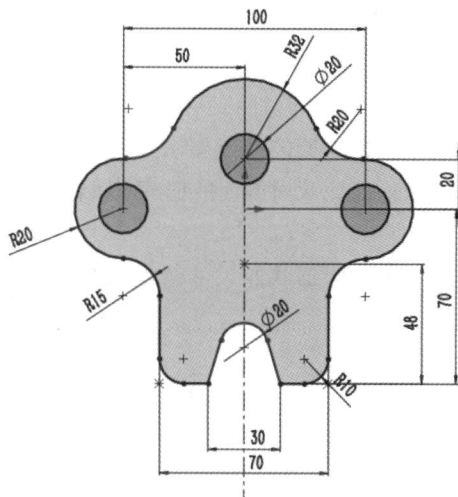

图 2-26 对称直径尺寸

对称线性尺寸和对称直径尺寸标注是确保设计对称性的重要工具，通过精确的尺寸控制，设计师可以设计出既美观又实用的产品。

5. 尺寸链的应用

尺寸链是一种高级的尺寸标注技术，它允许设计师通过一系列相互关联的尺寸来精确控制模型的复杂几何形状。

1）尺寸链的构建

尺寸链的构建是一个系统化的过程，它要求设计师对模型的每个特征都有深入的理解。构建尺寸链的步骤如下。

（1）分析模型特征：分析模型的几何特征，确定哪些特征需要通过尺寸链进行控制。

（2）确定尺寸链起点：选择一个或多个特征作为尺寸链的起点，通常是模型中最大的或最基础的特征。

（3）逐步添加尺寸：按照设计的逻辑顺序，逐步添加其他尺寸，确保每个尺寸都与前一个尺寸相关联。

（4）使用尺寸链工具：利用 SolidWorks 提供的尺寸链工具来管理和调整尺寸关系。

（5）检查和调整：在尺寸链构建完成后，检查每个尺寸的准确性，并根据需要进行调整。

2）控制复杂几何形状的尺寸链

在控制复杂几何形状时，尺寸链的应用尤为重要，它可以确保设计的精确性和功能性。

复杂几何特征：对于具有复杂几何特征的模型，如复杂的曲面或多体零件，尺寸链可以提供更精细的控制。

尺寸链的动态管理：设计师在设计过程中，可以动态地管理和调整尺寸链，以适应模型的变更。

精确控制装配：在装配体设计中，尺寸链可以精确控制各个部件的相对位置和运动。

控制复杂几何形状的尺寸链步骤如下。

（1）识别复杂特征：识别模型中需要特别控制的复杂几何特征。

（2）构建尺寸链框架：构建一个尺寸链框架，以包含所有相关的复杂特征。

（3）细化尺寸关系：细化尺寸链中的每个尺寸，确保它们能够精确控制复杂特征的形状和位置。

（4）模拟和验证：使用 SolidWorks 的模拟功能来验证尺寸链的效果，确保设计满足预期的性能要求。

（5）优化尺寸链：根据模拟结果，优化尺寸链，以提高设计的效率和可靠性。

扫码看视频

复杂几何形状的尺寸链如图 2-27 所示。

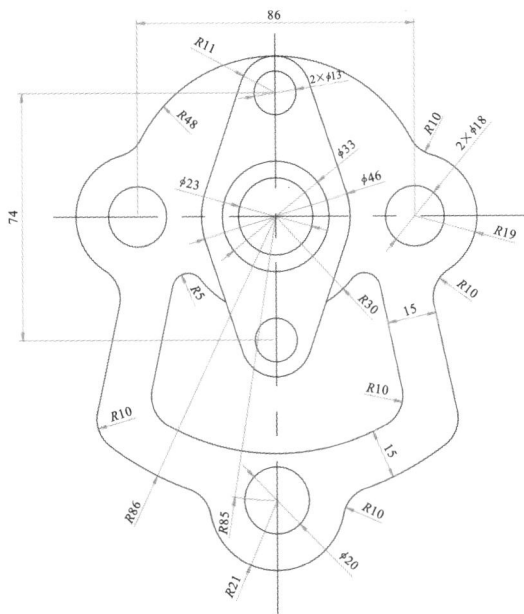

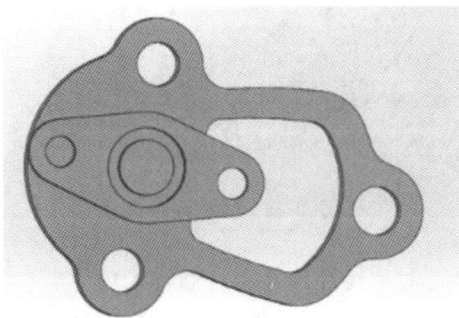

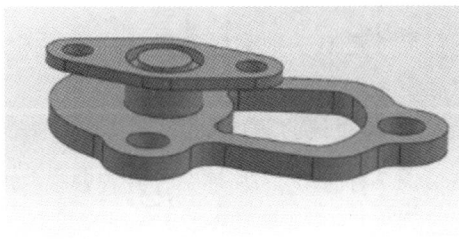

图 2-27　复杂几何形状的尺寸链

尺寸链的应用是 SolidWorks 中一项强大的功能,它使得设计师能够精确地控制模型的每一个细节,从而创造出高质量的设计作品。

6. 特定方向的尺寸链

尺寸链技术在特定方向上的应用,如水平方向和竖直方向,为设计师提供了精确控制模型在特定平面内布局的能力。特定方向的尺寸链如图 2-28 所示。

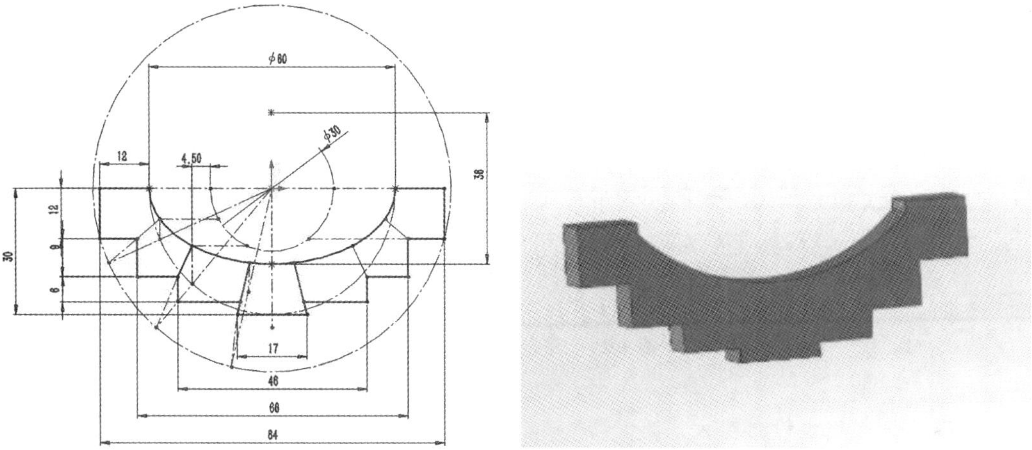

图 2-28 特定方向的尺寸链

1)水平尺寸链的应用

水平尺寸链在设计中用于确保部件或特征在水平方向上的精确对齐和布局。

构建水平尺寸链的步骤如下。

(1)确定基准:选择一个基准面或基准线作为水平尺寸链的起点。

(2)添加线性尺寸:沿着水平方向添加线性尺寸,确保每个尺寸都与基准对齐。

(3)关联尺寸:确保尺寸链中的尺寸相互关联,形成一个连续的尺寸网络。

(4)使用尺寸链工具:利用 SolidWorks 的尺寸链工具来管理和调整尺寸链。

(5)验证布局:完成尺寸链构建后,验证部件或特征的水平布局是否符合设计要求。

2)竖直尺寸链的应用

竖直尺寸链用于控制模型在竖直方向上的精确位置和对齐。

构建竖直尺寸链的步骤如下。

(1)确定基准:选择一个基准面或基准线作为竖直尺寸链的起点。

(2)添加线性尺寸:沿着竖直方向添加线性尺寸,确保每个尺寸都与基准对齐。

(3)关联尺寸:确保尺寸链中的尺寸相互关联,形成一个连续的尺寸网络。

(4)使用尺寸链工具:利用 SolidWorks 的尺寸链工具来管理和调整尺寸链。

(5)验证高度:完成尺寸链构建后,验证部件或特征的竖直高度是否符合设计要求。

通过在特定方向上应用尺寸链,设计师可以确保模型在该方向上的精确布局,满足工程和制造的严格要求。

7. 路径长度尺寸标注

路径长度尺寸标注是 SolidWorks 中一种特殊的尺寸标注方法,它允许设计师沿着模型的特定路径测量并标注长度。路径长度尺寸标注如图 2-29 所示。

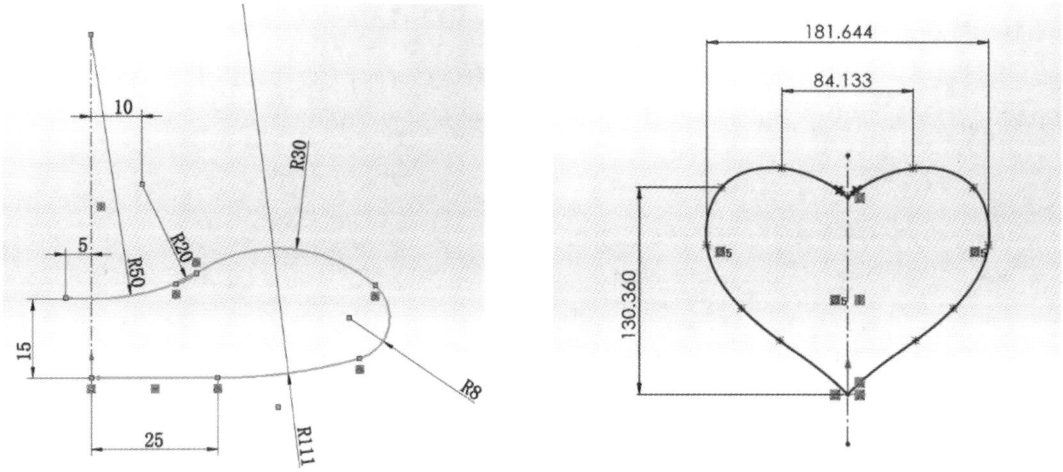

图 2-29　路径长度尺寸标注

1）路径长度尺寸的测量方法

路径长度尺寸的测量方法涉及沿着模型的曲线或边缘进行长度的测量。

测量路径长度的步骤如下。

（1）选择曲线或边缘：选择模型中需要测量的曲线或边缘。

（2）指定起点：在曲线或边缘上点击以指定测量的起点。

（3）指定终点：继续沿着曲线或边缘点击，以指定测量的终点。

（4）创建尺寸：SolidWorks 将自动计算并显示两点之间的路径长度。

（5）调整尺寸属性：如果需要，可以调整尺寸的显示格式、单位或精度。

2）路径长度尺寸在设计中的应用

路径长度尺寸在设计中的应用非常广泛，特别是在需要精确控制曲线或边缘长度的场景中。

应用路径长度尺寸的步骤如下。

（1）识别设计需求：确定设计中需要使用路径长度尺寸标注的区域。

（2）选择测量对象：选择需要测量长度的曲线、边缘或路径。

（3）应用路径长度尺寸：使用路径长度尺寸工具，沿着选定的路径创建尺寸。

（4）微调尺寸：如果需要，可以对尺寸进行微调，以确保它完全符合设计要求。

（5）验证尺寸：完成尺寸标注后，检查尺寸是否准确无误，并验证它们是否符合设计规格。

路径长度尺寸标注为设计师提供了一种灵活的方法来测量和控制模型中的曲线和边缘长度，从而在复杂的设计场景中实现精确控制。

五、草图绘制技巧和高级工具

常见的草图编辑与修改技巧如表 2-4 所示。

表 2-4　常见的草图编辑与修改技巧

序号	技巧名称	描述	应用方法
1	尺寸调整	快速修改草图中的尺寸以适应设计需求	选择尺寸标注,直接输入新数值或使用鼠标进行拖动调整
2	几何约束添加	确保草图元素之间的关系正确,如垂直、平行、相切等	选择草图元素,使用工具栏中的约束工具添加相应的几何关系
3	草图元素复制	复制草图中的元素以加快绘制过程	选择草图元素,使用复制(Ctrl+C)和粘贴(Ctrl+V)命令
4	草图元素镜像	快速创建对称元素	选择草图元素,使用镜像工具,并选择镜像线
5	草图元素旋转	将草图元素旋转到特定角度	选择草图元素,使用旋转工具并指定旋转中心和角度
6	草图元素修剪	移除草图中不需要的部分	使用修剪工具选择草图元素的多余部分并移除
7	草图元素延伸	延伸草图元素直到它们接触到其他元素或边界	使用延伸工具选择草图元素,并拖动到接触点
8	草图元素等距	将草图元素偏移指定距离	使用等距工具选择草图元素,并输入偏移距离或使用鼠标拖动
9	使用方程式	通过方程式控制草图尺寸之间的数学关系	在属性管理器中输入方程式,如 $d_1=d_2+10$,以实现尺寸的动态关联
10	草图检查	确保草图完全定义且没有错误	使用草图检查工具来识别欠定义的元素和过定义的元素
11	草图参数化	通过参数控制草图的尺寸和形状,实现快速迭代	定义草图尺寸为参数,并使用这些参数在特征建模中控制零件的尺寸
12	草图图层管理	使用图层来组织草图元素,便于管理和选择	将草图元素分配到不同的图层,并使用图层属性控制它们的显示或锁定状态
13	草图快照	创建草图的静态图像,用于检查或展示	使用草图快照工具捕捉当前草图的视图,并将其作为参考或添加到装配体中
14	草图阵列	通过阵列复制草图元素,创建重复的模式或结构	选择草图元素,使用线性或圆周阵列工具,并指定阵列的数量和间距
15	草图拖动	通过拖动来动态修改草图元素,探索不同设计配置	进入拖动模式,选择草图元素并移动,实时查看设计变化
16	草图关联性	利用草图的关联性,通过修改一个元素自动更新其他相关元素	确保草图元素之间的依赖关系,如通过复制或阵列创建的元素,修改原始元素将自动更新其他元素

1. 草图编辑与修改

编辑草图、修改草图是机械设计过程中不可或缺的技能,以下是一些常用的编辑技巧。

修改尺寸：双击草图中的尺寸或在属性管理器中选择尺寸，可以修改其数值，从而改变草图实体的大小或位置。

移动和复制：使用"移动"工具可以拖动草图实体到新的位置，使用"复制"工具可以在保持原草图实体不变的情况下创建副本。

修剪和延伸：使用"修剪"工具可以删除草图实体的选定部分，使用"延伸"工具可以延长草图实体至指定边界。

使用草图工具：如"等距"工具可以快速创建平行线或偏移线，而"圆角"和"倒角"工具可以为草图实体添加圆角或倒角。

2. 草图的阵列和镜像

阵列和镜像是提高草图绘制效率的高级功能，允许快速复制草图实体或创建对称草图。

线性阵列：通过指定数量和间距，沿直线方向复制草图实体。

圆周阵列：围绕中心点，沿圆周方向复制草图实体。

镜像：通过指定镜像线，创建草图实体的对称副本。

◀ 任务二　绘制五角星 ▶

SolidWorks 作为一款先进的三维设计软件，在技术教育和工业应用中的普及对于国家发展具有多方面的积极影响，主要表现在以下方面。

培养高端人才：通过学习 SolidWorks，学生能够掌握高端的三维设计技能，成为符合行业需求的高素质技术人才。

促进产业升级：SolidWorks 等工具的应用有助于提升产品设计的质量和效率，推动传统制造业向智能制造转型，加速产业升级。

增强国际竞争力：掌握先进技术能够提升国内产品在国际市场上的竞争力，进而推动国家经济全球化发展。

激发创新精神：技术学习不仅仅是对现有知识的学习，更是培养创新思维的关键路径，鼓励学生在学习过程中进行自主创新，为国家的科技进步贡献新思路。

通过这些方面，我们可以看到，SolidWorks 等技术工具的学习不仅是个人技能提升的途径，更是国家发展策略的一部分，对于培养创新能力、推动产业进步、实现可持续发展具有重要作用。

绘制五角星，不仅能够使学生熟悉 SolidWorks 的操作界面和工具，还能够培养学生精确绘图和设计的能力，为后续完成更高级的设计任务奠定基础。

根据给出的草图或者概念图，进行五角星草图的绘制。五角星如图 2-30 所示。

训练：五角星草图绘制，直径 50 mm，利用圆与线段均分 5 等份，结合圆周阵列特征，延伸/裁切线段进行修改。

1. 启动 SolidWorks 并创建新草图

（1）打开 SolidWorks 软件。

（2）选择"新建"以创建一个新文档——零件，如图 2-31、图 2-32 所示。

图 2-30　五角星

（3）在模型界面内,点击命令栏中的"草图",然后选择"编辑草图"以打开草图环境。

图 2-31　"新建 SOLIDWORKS 文件"对话框

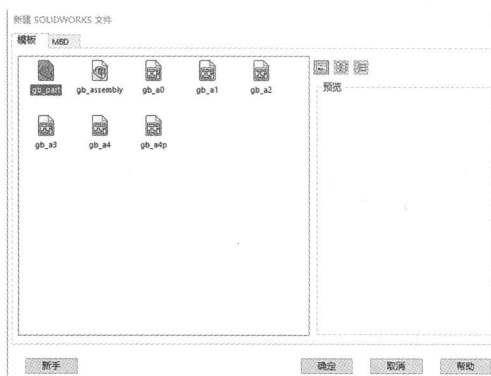

图 2-32　新建零件界面

2. 绘制圆

点击"草图"→"草图绘制"→"基准面特征",从而选择一个基准面为实体生成草图。草图绘制基准选择如图 2-33 所示,圆形绘制如图 2-34 所示。

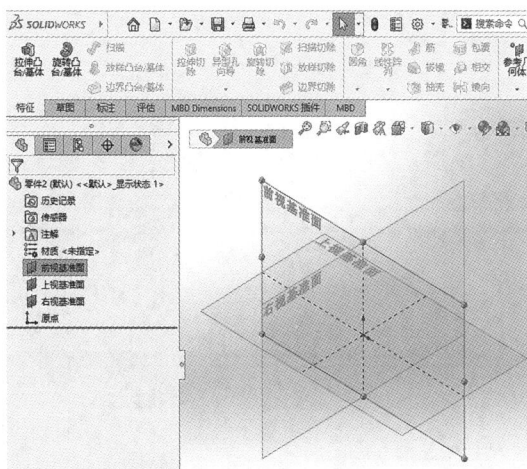

图 2-33　草图绘制基准选择

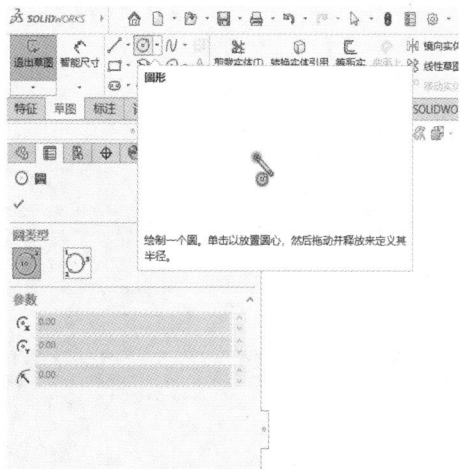

图 2-34　圆形绘制

草图基准选择小技巧:草图绘制过程中优先选择给定的圆心绘制时,会自动进行圆心约束。左侧特征管理树中多重选择具有显示和隐藏状态组合的功能。

修改尺寸方法 1（见图 2-35）：在左侧特征管理树中，在参数的半径一栏中重新输入 25 mm，点击绿色的"√"（或者敲击键盘上的"回车键"）。

图 2-35　修改尺寸方法 1

修改尺寸方法 2（见图 2-36）：点击"智能尺寸"，鼠标靠近圆边界，选中并标注尺寸。然后在尺寸对话框内输入 50 mm，可以用鼠标选择绿色的"√"来确定，还可以直接敲击键盘上的回车键来确定。修改尺寸完成。

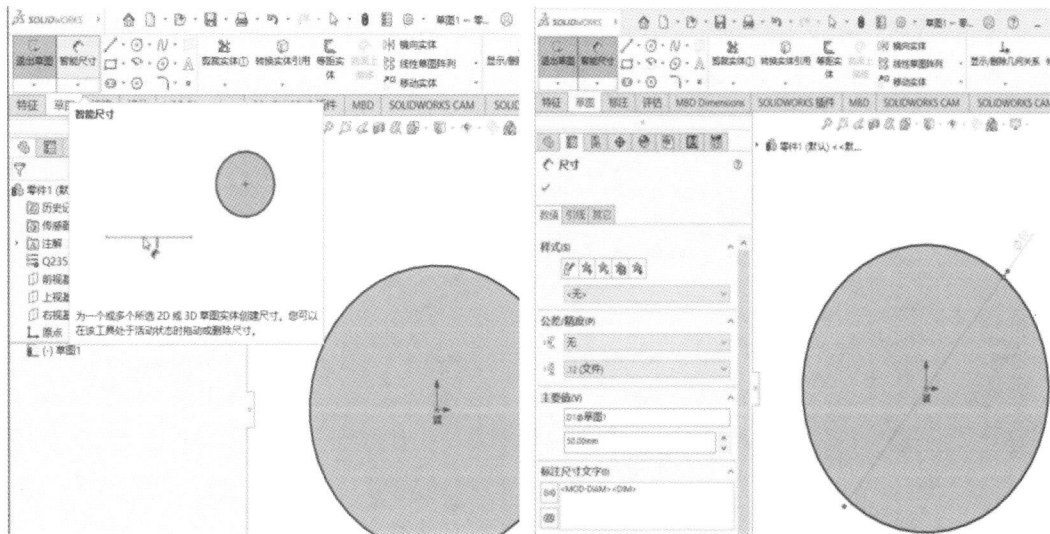

图 2-36　修改尺寸方法 2

3. 绘制多边形

SolidWorks 软件可以绘制三角形、正方形、五角形、六边形、七边形，甚至十边形等多边形草图,根据设置的参数自动呈现等边草图图形。

1) 选择多边形工具

在草图工具栏中,找到并点击"多边形"工具(通常在草图工具栏的"形状"部分,或者在草图环境中按"多边形"按钮)。

2) 设置多边形参数

我们需要在多边形属性管理器中输入多边形的边数,这决定了多边形的形状,如 3 边为三角形、4 边为正方形等。在弹出的多边形属性管理器中,输入多边形的边数,内切于圆或外接于圆;建议优先选择默认原点作为圆心,这样可以方便地进行圆心约束。

在草图中运用旋转多边形,先在左侧特征管理树中修改设置,改成五边形,默认内切圆。建议优先选择默认原点,进行圆心约束。选中默认圆心,与圆重合。多边形参数设置如图 2-37 所示,内切圆如图 2-38 所示。

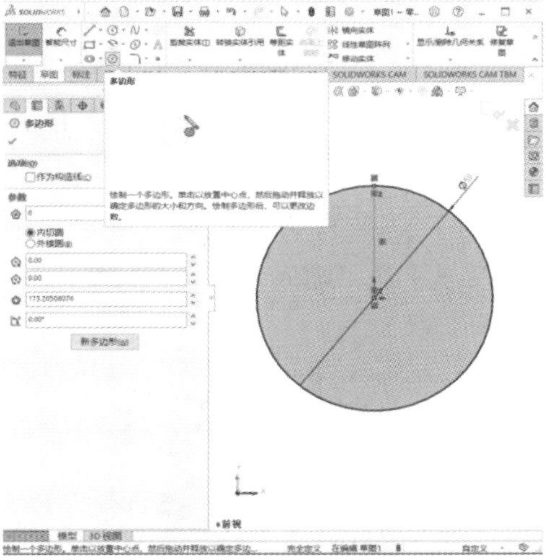

图 2-37　多边形参数设置

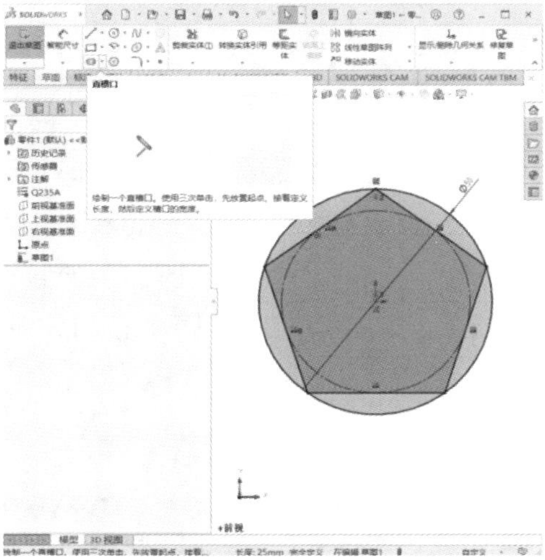

图 2-38　内切圆

3) 绘制多边形

在草图工作区域中,单击以确定多边形的中心点或一个顶点。

拖动鼠标绘制多边形的一条边,并根据需要调整多边形的大小和位置。

释放鼠标按钮以完成多边形的绘制。

如果需要旋转多边形,可以在特征管理树中修改设置。例如,将默认的六边形改为五边形,并设置为内切圆。

在草图中,可以通过选择多边形并使用旋转工具来将多边形旋转到所需的角度。

4) 调整多边形

如果需要调整多边形的大小或位置,可以使用"智能尺寸"工具来添加尺寸约束,或者使用"等距"工具来调整多边形与草图中其他对象的距离。

使用"剪裁"或"延伸"工具来修改多边形的边。

4. 直线连接

运用直线将五角星连接起来。直线和直线连接运用分别如图 2-39、图 2-40 所示。

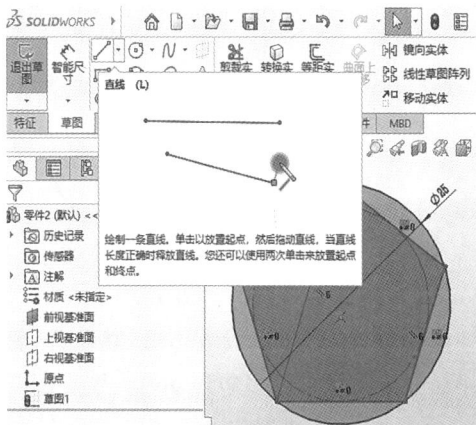

图 2-39　直线

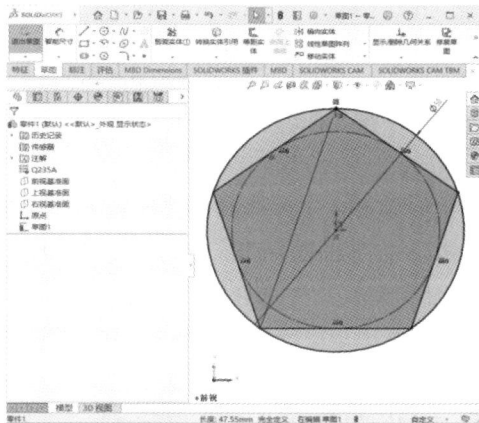

图 2-40　直线连接运用

图 2-41　阵列图标

5. 圆形阵列

选择"线性草图阵列"图标右侧的下箭头▼,选中"圆周草图阵列",如图 2-41 所示。

设置参数:点。

以初始圆心为旋转点,在实列数处输入 5,要阵列的实体为选中的线条。圆周草图和圆周草图阵列分别如图 2-42、图 2-43 所示。

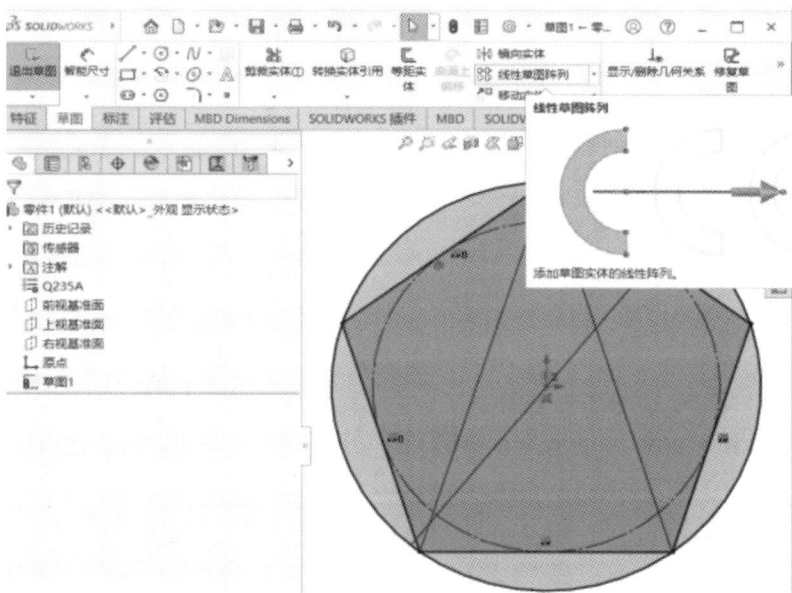

图 2-42　圆周草图

6. 剪裁实体

在草图模式下,使用鼠标选择想要剪裁的草图元素。可以使用"Shift"键来选择多个元素。

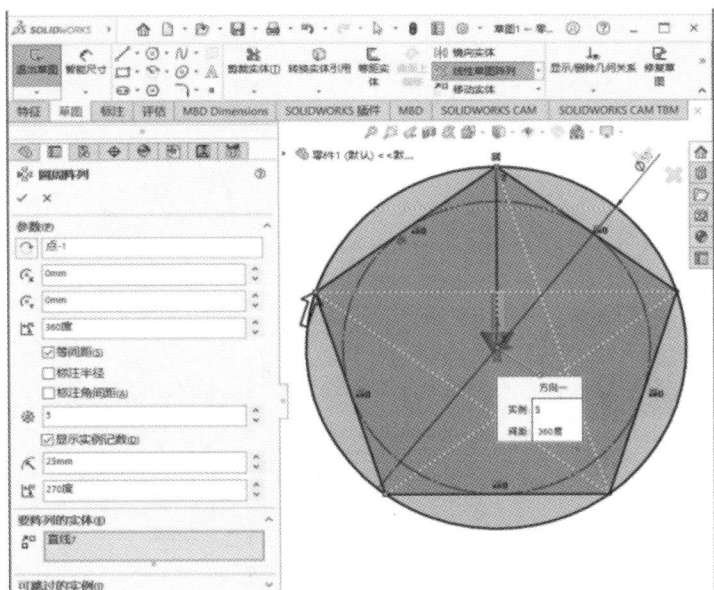

图 2-43　圆周草图阵列

剪裁工具的使用方法如下。

（1）点击工具栏中的"剪裁实体"工具，或者在草图工具栏中选择"剪裁实体"，如图 2-44 所示。

（2）选择剪裁边界。草图中的直线、圆弧、曲线或任何其他形状都可以作为剪裁边界。

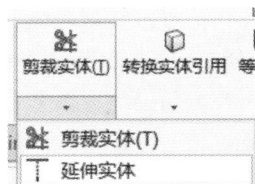

图 2-44　"裁剪实体"工具

（3）在剪裁过程中，需要提前判断需要去除的线段，然后进行旋转剪裁，直至剪裁到最近端。

剪裁五角星和剪裁后的五角星分别如图 2-45、图 2-46 所示。

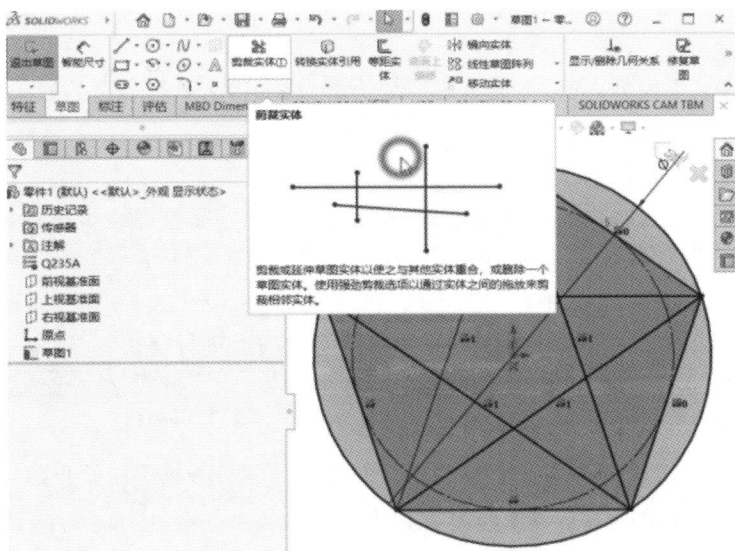

图 2-45　剪裁五角星

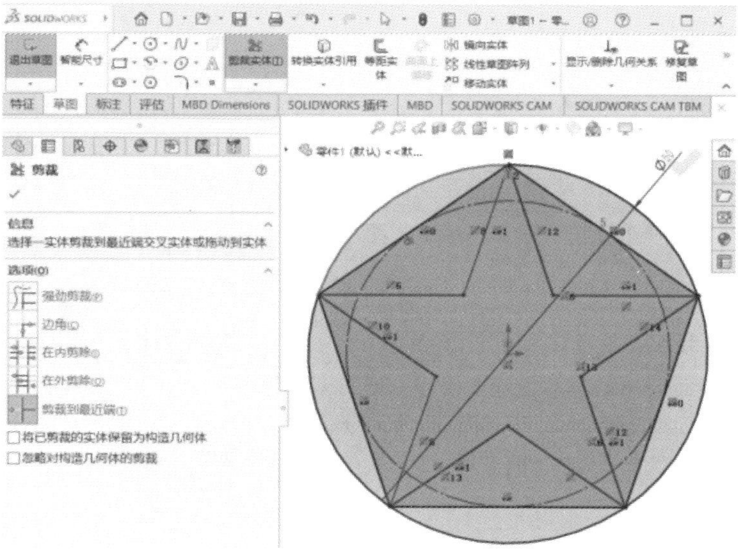

图 2-46　剪裁后的五角星

剪裁操作如下。

（1）点击并拖动鼠标以选择要剪裁的区域。通常，需要从剪裁边界的一侧开始，然后拖动鼠标到另一侧，形成一个封闭的区域。

（2）如果想要剪裁掉整个选中的元素，而不仅仅是部分区域，则需要确保剪裁操作覆盖整个元素。

（3）确认剪裁：完成剪裁区域的选择后，点击鼠标右键或按下键盘上的回车键来确认剪裁操作。

（4）检查结果：剪裁完成后，检查草图以确保它符合设计意图。如果需要，可以撤销操作并重新剪裁。

鼠标点击过快容易造成误剪裁，可以通过延伸实体来恢复线段，再重新剪裁。

7. 线性设置

在草图生成三维模型之前，当五角星形状绘制完成后，必须将多余的线条更改为构造线（点画线）或者将其删除。

1）更改线性

点中需要更改为构造线的线段或者圆，然后在左侧的特征管理树中找到相应的选项，并勾选"作为构造线"，如图 2-47 所示。

2）删除

点中需要删除的圆，会弹出对话框，在弹出的对话框中进行确认。

3）完成草图绘制

调整五边形的大小和位置，确保满足设计要求。

完成设置后，点击属性管理器中的"确定"按钮或在草图区域空白处单击，以完成五角星的绘制。删除多余线条后的五角星如图 2-48 所示。

8. 保存

保存草图：完成草图编辑后，保存草图。

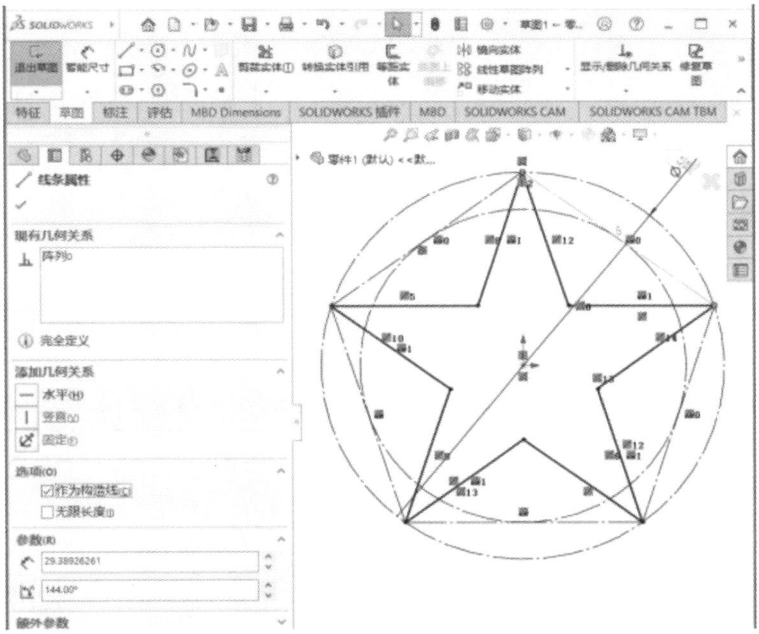

图 2-47　作为构造线

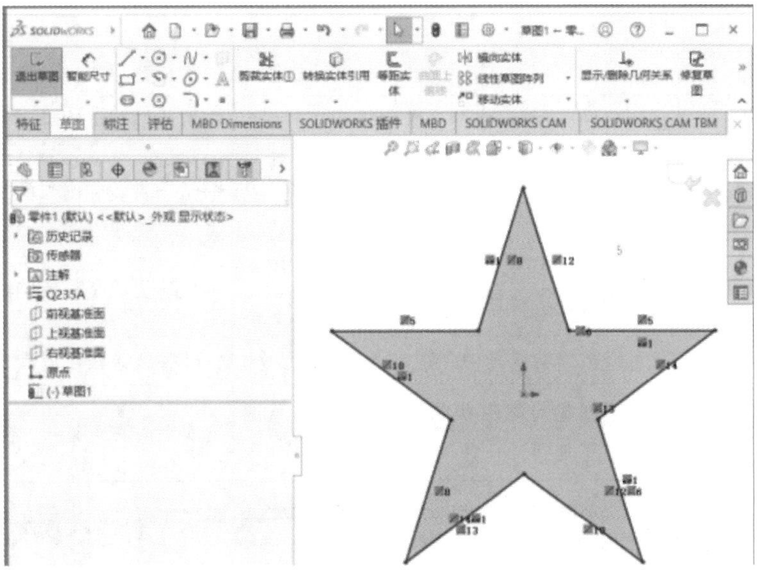

图 2-48　删除多余线条后的五角星

　　退出草图模式:完成草图编辑后,退出草图模式,以便进行下一步的建模或设计工作。点击"退出草图",保存图形。SolidWorks 2024 与 SolidWorks 2023 图标的区别如表 2-5 所示。

9. 草图工具

　　在 SolidWorks 中,草图是三维建模的基础,而线条是构成草图的基本元素之一。草图中的线条可以有不同的属性,这些属性决定了线条在草图中的行为和特性。草图线条属性如表 2-6 所示。

表 2-5　SolidWorks 2024 与 SolidWorks 2023 图标的区别

工具	SolidWorks 2023	SolidWorks 2024	区别
打开			箭头颜色(SolidWorks 2023 为绿色,SolidWorks 2024 为蓝色)
打开工程图			箭头颜色(SolidWorks 2023 为绿色,SolidWorks 2024 为蓝色)
保存			移除了标签行并进行了现代化改造

表 2-6　草图线条属性

序号	线条类型	描述	特点或用途
1	直线	基本的线条类型,可以是水平的、垂直的或任意角度的	构成草图的基本元素,用于创建直线段
2	中心线	表示对称或作为参考,通常为虚线	辅助设计,区分实体线
3	构造线	辅助设计的线条,不会在最终模型中显示	帮助进行尺寸标注和几何关系定义
4	样条曲线	通过控制点定义的平滑曲线,用于复杂曲线形状	创建自由形状曲线
5	圆弧	圆形的一部分,用于创建圆或椭圆边缘	构成圆形或椭圆形状的一部分
6	椭圆	创建椭圆形状,由两个轴定义	形成椭圆形边缘和轮廓
7	多段线	由直线段和圆弧段组成,用于创建复杂折线形状	结合直线和圆弧的复合线条
8	等距线	与草图中其他线条等距离的线条,用于创建平行线或偏移线	快速生成平行或偏移的线条
9	修剪/延伸线	可以被修剪或延伸到特定点或线的线条	调整线条长度以满足设计需求
10	镜像线	用于创建对称形状的线条,快速将草图的一半复制到另一半	实现对称设计
11	曲线链	由一系列曲线组成的连续曲线,用于创建复杂曲线路径	形成连续的曲线路径
12	螺旋线/涡旋线	创建螺旋形状的线条,用于特定设计需求,如弹簧或螺旋结构	形成螺旋或涡旋形状
13	文本	在草图中添加文本信息,如学号、名字,作为参考元素	提供额外的参考信息或标识

　　为了熟练掌握多边形的绘制,建议进行多次练习,尝试不同的边数和布局选项,以及不同的约束和尺寸设置。

10. 举一反三的应用

在 SolidWorks 中,举一反三的应用可以帮助我们将基本技能扩展到更广泛的设计领域。

1) 绘制其他多边形

通过更改边数参数来绘制各种正多边形,如七边形、九边形等,这有助于加深对不同边数多边形特性的理解并提升绘制技巧。

通过绘制不同边数的多边形,我们可以探索多边形的几何特性,如内角、外角和周长等。

2) 创建复杂图案

阵列工具的使用不局限于五角星,可以应用于任何草图元素,包括自定义形状和文字,以创建重复或对称的图案。

圆周阵列可以围绕一个中心点复制图形,形成环形或螺旋状的图案,适用于装饰性设计和某些工程应用。

3) 设计对称结构

对称性原理在机械设计中非常重要,可以用于创建平衡和负载均匀分布的零件,如对称轴承、对称齿轮等。

利用 SolidWorks 的对称线和镜像功能,可以在一个草图或模型的基础上快速创建对称结构。

11. 问题思考

(1) 草图工具的使用熟练度:在绘制五角星的过程中,你如何评估自己对 SolidWorks 草图工具的熟练度? 哪些工具你觉得使用起来有困难?

(2) 几何约束的应用:描述在绘制五角星时,你是如何应用水平、垂直、等长等几何约束的。这些约束对于确保五角星对称性和准确性的重要性是什么?

(3) 参数化设计的理解:通过五角星的绘制,你如何理解参数化设计的概念? 请举例说明如何使用尺寸和关系来控制设计。

(4) 对称性在设计中的作用:讨论在五角星绘制中,对称性如何帮助简化设计过程,并举例说明对称性在其他设计场景中的应用。

(5) 三维建模技术的提升:绘制五角星如何帮助你提升三维建模技术? 在将二维草图转换为三维模型时,你学到了哪些新技能?

◆◆◆ 任务三　二维图纸与直槽口 ◆◆◆

通过 SolidWorks 软件,学生可以深入了解飞船的设计原理,体验科技创造的过程,并从中体会到国家发展和个人成长的重要性。

1. 分析图纸

在 SolidWorks 软件中,分析图纸是一个重要的步骤,它可以帮助设计者评估和优化设计。以下是一些基本的分析方法和步骤。

1）尺寸标注

尺寸标注应涵盖所有必要的几何特征，包括直径、半径、角度等，以及任何重要的装配尺寸。

尺寸应按照一定的逻辑顺序进行标注，以便于制造和检验。

2）公差分析

公差标注应根据功能要求和制造工艺进行合理分配，避免过紧或过松的公差影响装配和性能。

应考虑累积公差对最终装配的影响，并进行适当的公差叠加分析。

进行这些分析时，选择合适的 SolidWorks 模块，例如使用 SolidWorks Simulation 进行应力分析，使用 SolidWorks Motion 进行运动分析。根据设计阶段来选择合适的工具，如在概念设计阶段使用草图工具，在详细设计阶段使用参数化建模工具。

结合软件草图绘制特征，依据图纸在草图中进行绘制（适用于"工匠杯"竞赛训练模型），具体如图 2-49～图 2-51 所示。

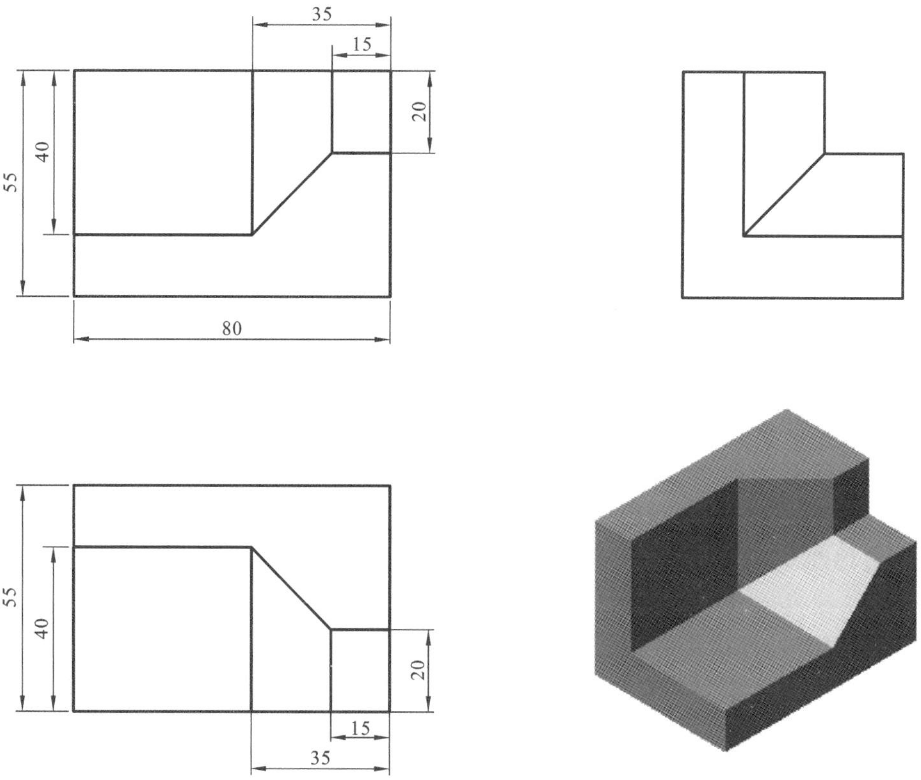

图 2-49　简单零件

2. 图形分解

在 SolidWorks 中，图形分解通常指的是将一个复杂的三维模型分解成更小的、更易于管理和修改的部分。这个过程可以通过多种方式实现，常见的图形分解方法如表 2-7 所示。

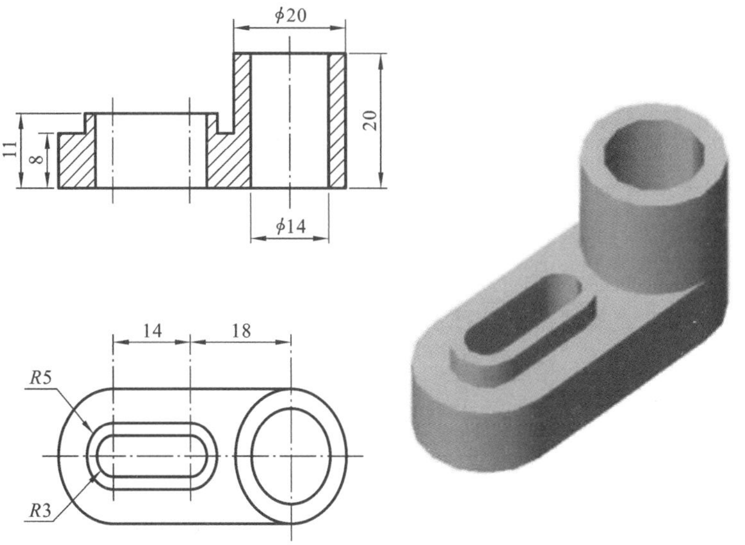

图 2-50　零件 1

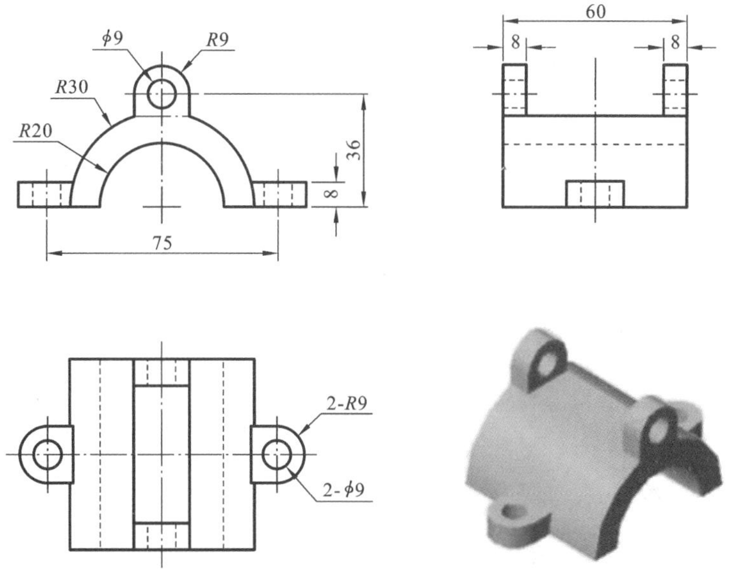

图 2-51　零件 2

表 2-7　常见的图形分解方法

序号	操作名称	描述	用途或效果
1	特征操作	通过特征管理树选择和编辑模型中的特征	分解和修改模型
2	分割体	使用 Split 命令将实体模型分割成多个部分	准备装配或分析
3	移动/复制体	使用 Move/Copy Body 功能将模型的一部分移动或复制到新位置	实现模型分解
4	装配体	在装配环境中插入模型的不同部分,并使用装配约束定义关系	组合组件形成装配体

序号	操作名称	描述	用途或效果
5	草图工具	使用如 Split Line 等草图工具在草图中创建分割线	指导模型的切割或分解
6	断开/重接	使用工具断开模型部分并重新连接,改变模型结构	调整模型结构
7	删除面	使用 Delete Face 命令删除模型的特定面或特征	改变模型结构
8	替换面	使用 Replace Face 命令用新面替换现有面	修改或分解模型
9	镜像/阵列	使用 Mirror 或 Pattern 特征复制并进一步编辑模型部分	快速创建对称或重复的结构
10	包络/包裹	使用 Envelope 或 Wrap 特征创建模型部分的包络体或包裹体	实现模型的分解或特定部分的创建

请注意,具体的操作步骤可能会因 SolidWorks 的版本及具体需求不同而有所不同。以下对图形分解步骤进行介绍。

1)绘制图 2-49 所示的简单零件草图

(1)启动 SolidWorks 并开始新草图。

打开 SolidWorks 软件,创建一个新的零件或打开一个现有文件。

双击特征管理树中的"草图 1"或其他草图名称,进入草图编辑模式。

(2)选择草图基准面。

确定草图基准面,通常情况下是上视图或其他合适的视图。选择草图基准面如图 2-52 所示。

扫码看视频

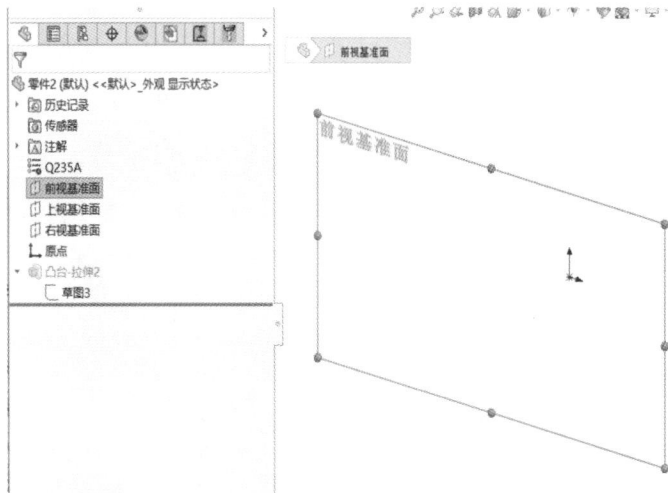

图 2-52 选择草图基准面

(3)绘制基本形状。

进入草图绘制界面(见图 2-53),使用"直线"工具或"矩形"工具绘制近似直角梯形的基本轮廓。绘制草图如图 2-54 所示。

(4)调整参数。

点击智能尺寸标注,以满足设计要求。智能尺寸标注如图 2-55 所示。

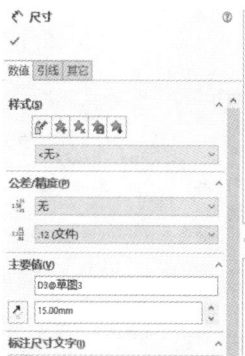

图 2-53 进入草图绘制界面

图 2-54 绘制草图

（5）完成草图绘制。

确认所有尺寸已正确绘制并满足设计规范后，即完成草图绘制，如图 2-56 所示。退出草图模式。

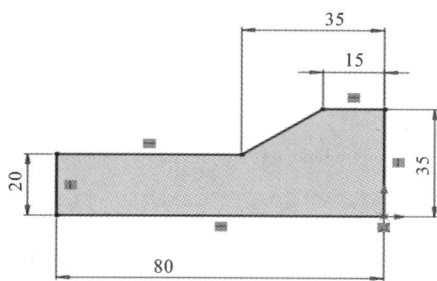

图 2-55 智能尺寸标注

图 2-56 完成草图绘制

（6）选择左侧设计树中的草图，退出草图绘制界面（见图 2-57）。然后选择特征栏中的第一个特征——凸台-拉伸（见图 2-58），在视图定向中选择等轴测，方便观察。

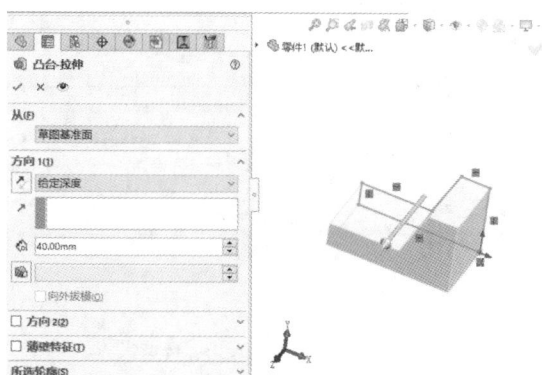

图 2-57 退出草图绘制界面（灰色）

图 2-58 凸台-拉伸

2）绘制多个直槽口

通常需要使用草图工具栏中的相关工具，如直线、矩形、槽口等。绘制直槽口的基本步骤如下。

（1）启动 SolidWorks 并开始新草图。

打开 SolidWorks 软件，创建一个新的零件或打开一个现有文件。

双击特征管理树中的"草图 1"或其他草图名称，进入草图编辑模式。

（2）选择草图基准面。

确定草图基准面，通常情况下是上视图或其他合适的视图。草图基准面如图 2-59所示。

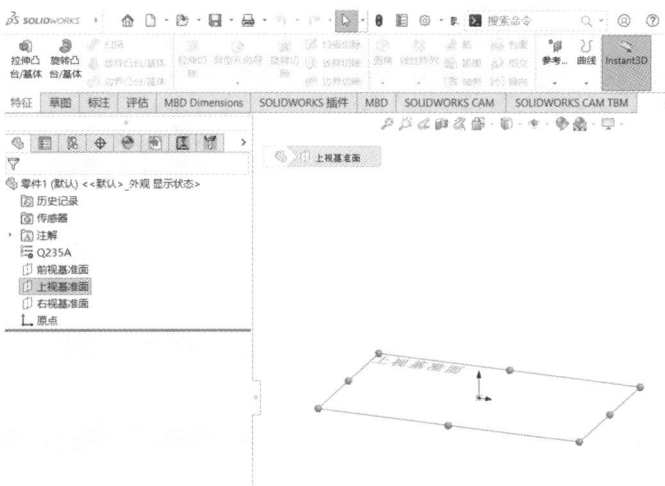

扫码看视频

图 2-59　草图基准面

（3）添加槽口特征。

在草图工具栏中选择"直槽口"工具（见图 2-60），该工具通常位于草图实体工具中。

图 2-60　"直槽口"工具

选择槽口的起始点(原点)和终点,绘制出直槽口后,再设置槽口的长度和宽度。绘制直槽口和调整直槽口尺寸分别如图 2-61、图 2-62 所示。

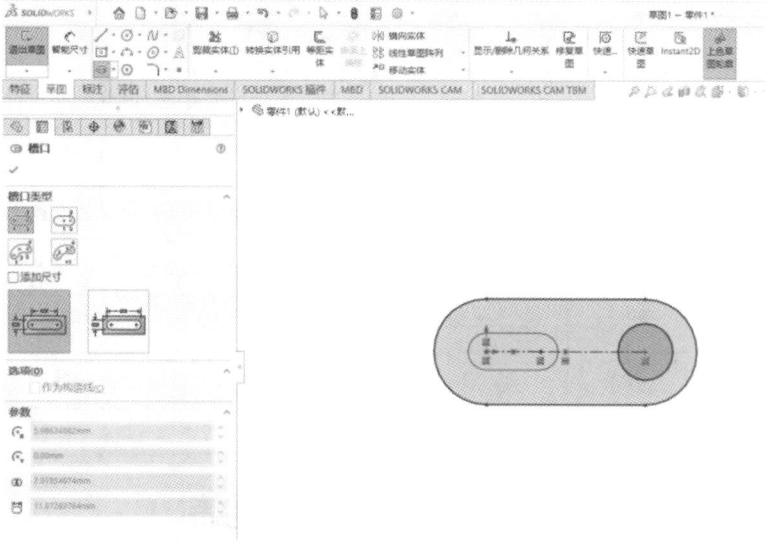

图 2-61　绘制直槽口

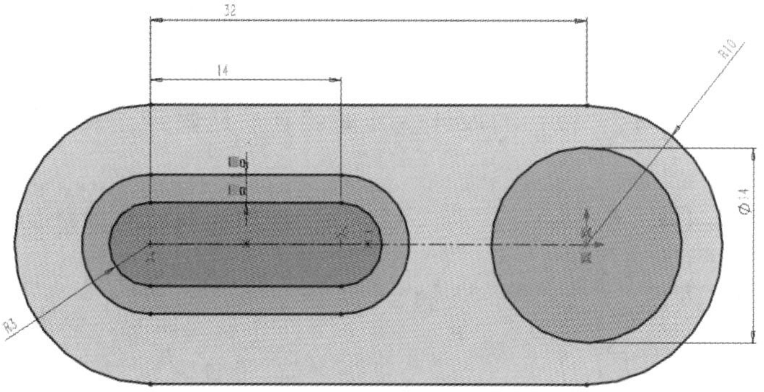

图 2-62　调整直槽口尺寸

应注意,可以使用"智能尺寸"和"等距"等工具来确保槽口之间的间距正确。

3. 问题归纳与自我测评

1) 问题归纳

(1) 草图平面选择问题:如何确定合适的草图基准面,例如上视图或其他视图。

(2) 基本形状绘制问题:使用直线或矩形工具绘制基本形状时,如何确保形状符合设计要求。

(3) 尺寸标注问题:如何使用智能尺寸标注工具确保所有尺寸准确且满足设计规范。

(4) 参数调整问题:在设计过程中如何调整尺寸参数以满足特定的设计要求。

(5) 槽口特征添加问题:如何使用直槽口工具添加槽口特征,并设置正确的长度和宽度尺寸。

2）自我测评

自我测评表如表 2-8 所示。

表 2-8　自我测评表

技能领域	掌握程度	自我评分	掌握情况描述
尺寸标注与分析	熟练	4	能够准确进行尺寸标注，理解尺寸对设计的影响
公差分析	熟练	4	熟悉公差的概念，能够合理应用公差以满足制造标准
干涉检查	熟练	4	熟练使用干涉检查工具，确保装配体无干涉问题
图形分解技术	熟练	3	熟练掌握多种图形分解方法，需提高效率和创新应用
特征操作与编辑	熟练	4	能够高效进行特征操作和编辑，满足设计需求
直槽口绘制与调整	熟练	3	熟练绘制直槽口，需进一步提升精确度和灵活性

◀ 任务四　复杂草图绘制 ▶

一、W 形锚钩

W 形锚钩(见图 2-63)是一种特殊设计的锚固装置，通常用于工程领域中，尤其是在混凝土结构和岩石锚固中。这种锚钩的设计使其能够有效地固定在预定位置，提供强大的抓握力，且稳定性较好。

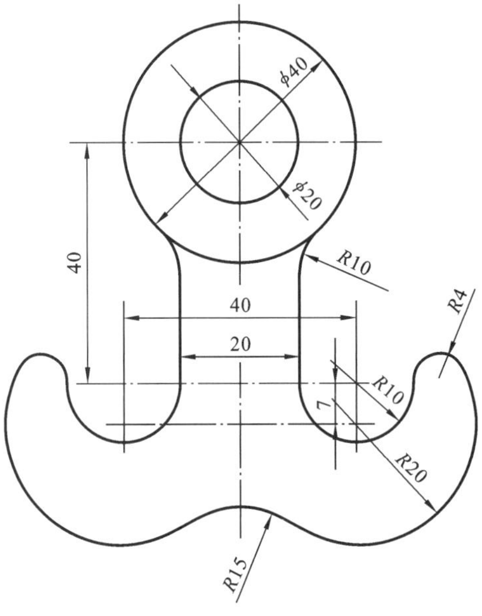

图 2-63　W 形锚钩

1. 草图的创建与理解

草图是 SolidWorks 设计过程的基石，它定义了零件和装配体的几何形状和尺寸。在创建草图之前，设计者需要明确草图的目的和预期用途。例如，一个零件的草图将决定其制造方式和功能特性，而一个装配体的草图则需要考虑各个组件之间的相互关系和运动。

草图的基本操作包括创建、保存和关闭。创建草图时，设计者可以利用 SolidWorks 提供的丰富工具，如"矩形""圆形""多边形"等，快速绘制基本形状。保存草图是设计过程中的重要环节，它确保了设计的连续性和完整性。关闭草图则允许设计者在不同阶段之间切换，同时保持设计的组织性和清晰性。基准面和圆分别如图 2-64、图 2-65 所示。

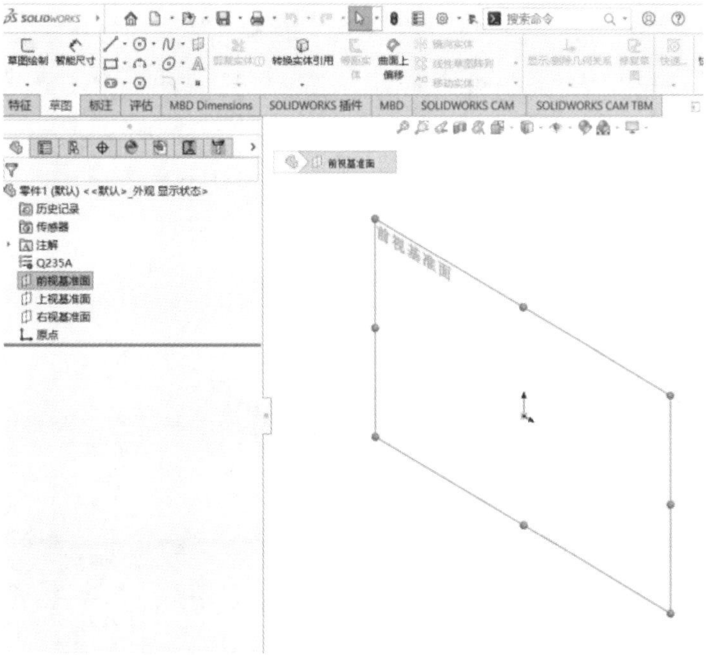

图 2-64　基准面

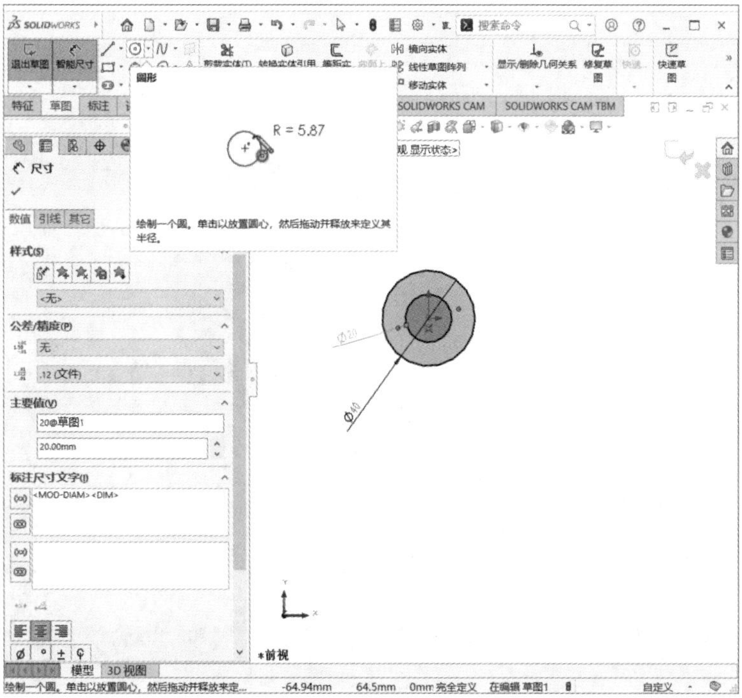

图 2-65　圆

2. 草图绘制基础

基本草图工具的使用是设计者表达设计意图的基本手段。直线、圆形和矩形等基本形状是构成复杂几何形状的元素。设计者需要熟练掌握这些工具的使用方法,包括它们的特性和限制。例如,使用"直线"工具时,设计者可以创建无限长的直线或有限长的线段,如图 2-66 所示。而"圆形"工具则允许创建具有特定半径或直径的圆或圆弧,如图 2-67 所示。

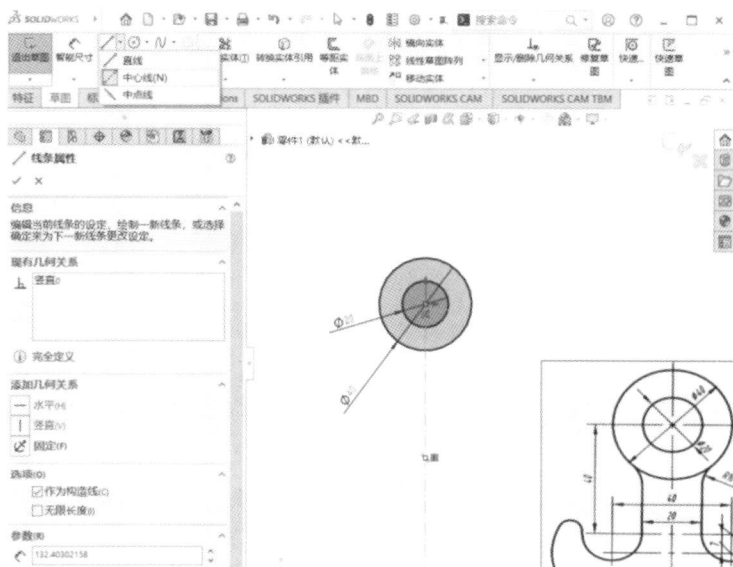

图 2-66　构造线

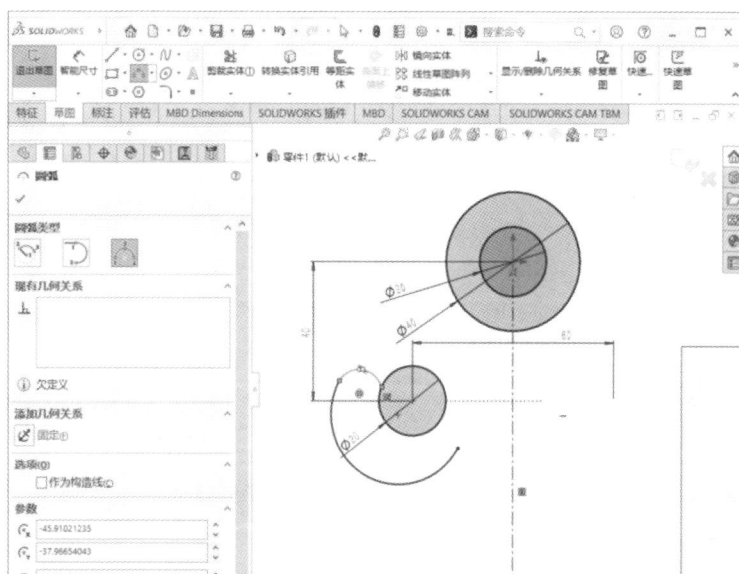

图 2-67　构造圆弧

3. 复杂几何形状的构建

在构建复杂几何形状时,高级草图工具的使用变得尤为重要。样条曲线是一种灵活的工具,它允许设计者创建平滑的自由形状曲线,这些曲线可以模拟自然界中的有机形态或复杂的工业设计。椭圆工具则提供了创建椭圆形状的能力,这些形状在电子设备和汽车行业中很常见。

4. 智能约束的应用

智能约束是 SolidWorks 中用于自动维护草图几何关系的一组工具。这些约束包括"垂直"(见图 2-68)、"平行"、"相切"(见图 2-69)和"对称"等,它们确保了设计的准确性和稳定性。例如,当设计者需要确保两条线段始终保持垂直关系时,可以应用"垂直"约束。

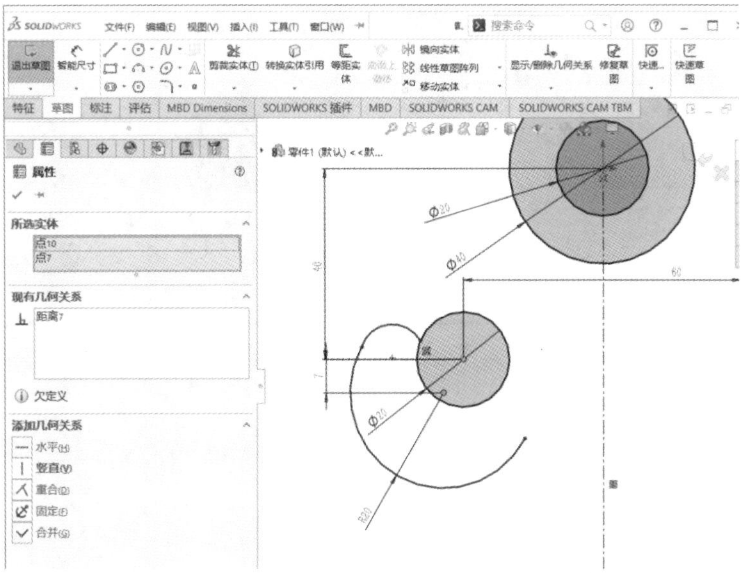

图 2-68　智能约束:垂直

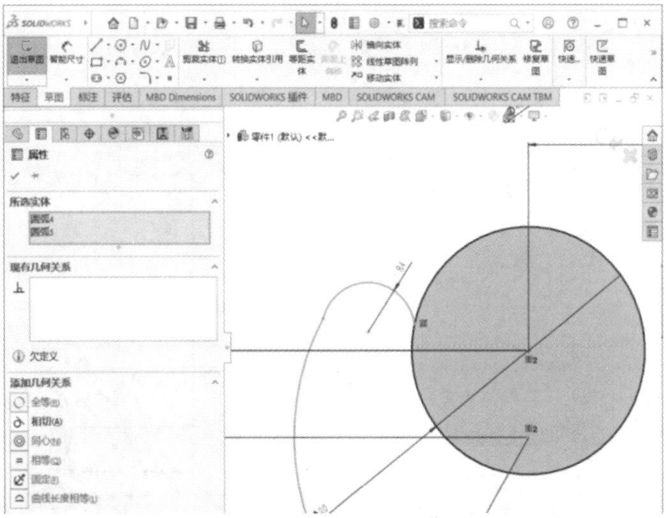

图 2-69　智能约束:相切

动态修改功能允许设计者在草图模式下实时调整草图的尺寸和形状。这种功能特别适用于在设计过程中进行快速迭代和测试不同的设计方案。例如,设计者可以通过拖动草图元素或调整尺寸值来快速评估不同设计选项的影响。

5. 复杂草图的修建:剪裁/延伸

1) 剪裁(剪切)

在草图工具栏中找到"剪裁"工具并点击,或者在命令管理器中选择"工具",然后选择"剪裁",以剪切多余的线段,如图 2-70 所示。

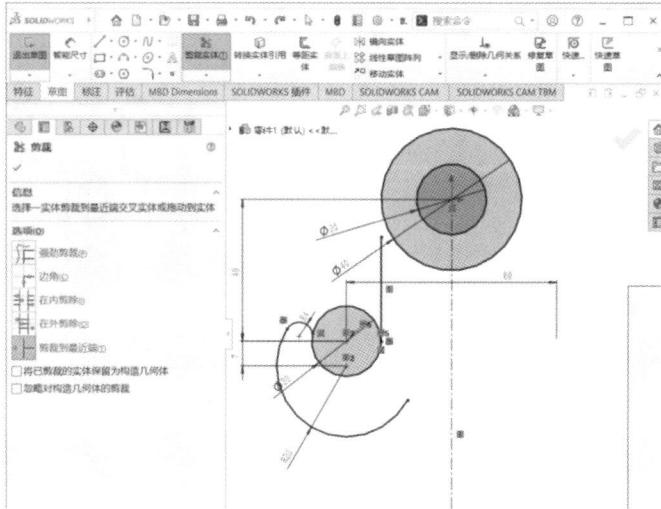

图 2-70   剪裁

剪裁选项(见图 2-71)如下。

图 2-71   剪裁选项

强劲剪裁(P):选择要修剪的实体,点击草图中需要修剪的线或曲线。

边角(C):选择修剪边界,点击草图中将用作修剪边界的线或曲线。这可以是直线、圆弧、样条曲线等。

在内剪除（I）：使用扩展修剪，如果需要修剪多个部分，可以使用"扩展修剪"选项。这允许用户一次性修剪多个不需要的区域。

在外剪除（O）：使用反向修剪，如果想要保留被修剪的部分而不是删除它们，可以使用"反向修剪"选项。

剪裁到最近端（T）：如果草图非常复杂，可以使用本功能，这将允许用户快速修剪到草图中最近的点或边界。

剪裁后的效果如图 2-72 所示。

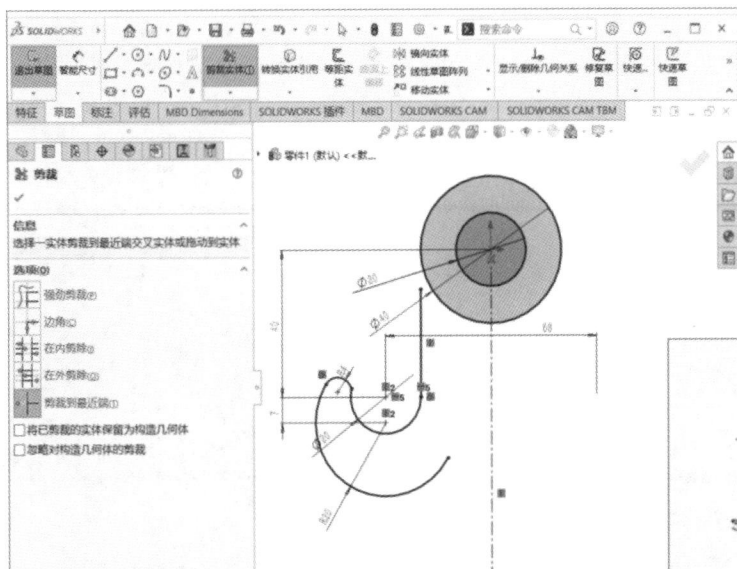

图 2-72 剪裁后的效果

2）延伸

选择延伸工具：在草图工具栏中找到"延伸"工具并点击，或者在命令管理器中选择"工具"，然后选择"延伸"。

选择要延伸的实体：点击草图中想要延伸的线或曲线。

选择延伸到的对象：选择草图中另外的线、圆、弧或其他几何体，作为延伸的终点。

延伸后的效果如图 2-73 所示。

6. 高级草图操作

草图阵列功能是 SolidWorks 中的一项高级工具，它允许设计者通过定义一个基本的草图元素和相应的阵列参数，快速生成重复的几何形状或特征。线性阵列和圆周阵列是两种常见的阵列类型，它们分别用于沿直线路径和围绕中心点复制草图元素。

草图镜像功能允许设计者快速创建草图的对称副本。这种功能特别适用于需要进行对称设计的情况，如汽车轮毂或飞机翼肋。草图镜像功能可以帮助设计者节省时间并减少错误。草图镜像如图 2-74 所示。

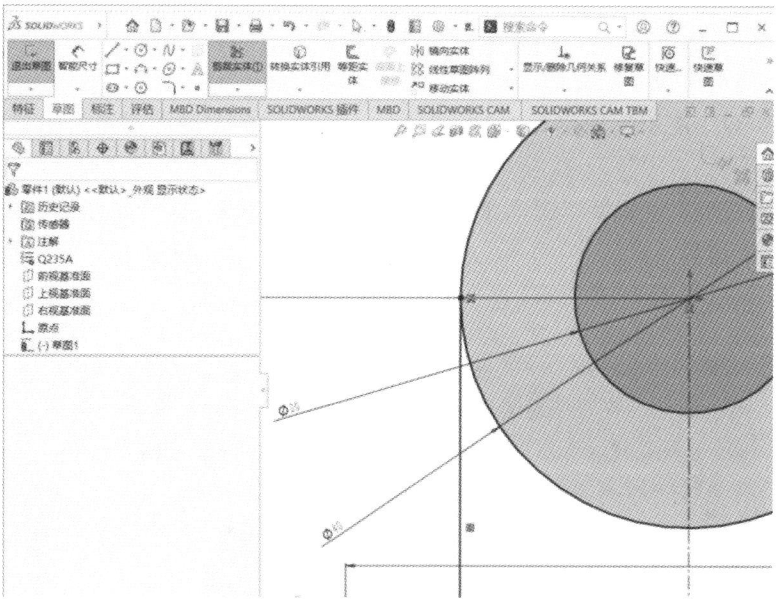

图 2-73　延伸后的效果

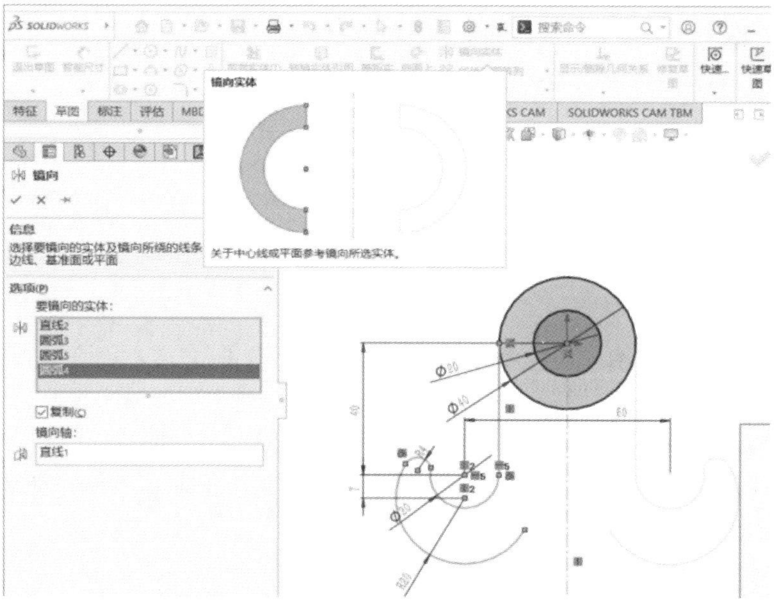

图 2-74　草图镜像

7. 复杂草图的检查与验证

尺寸检查是确保草图准确性的关键步骤。设计者需要验证所有尺寸标注是否正确无误,以及是否符合设计要求。在 SolidWorks 中,可以使用"检查草图"(Check Sketch)功能来自动检测尺寸标注的问题。当草图按照尺寸绘制完成时(见图 2-75),进行检查,发现草图绘制与提供的尺寸不匹配(见图 2-76)。核对各项后,发现如果需要与图纸中的尺寸匹配,则需

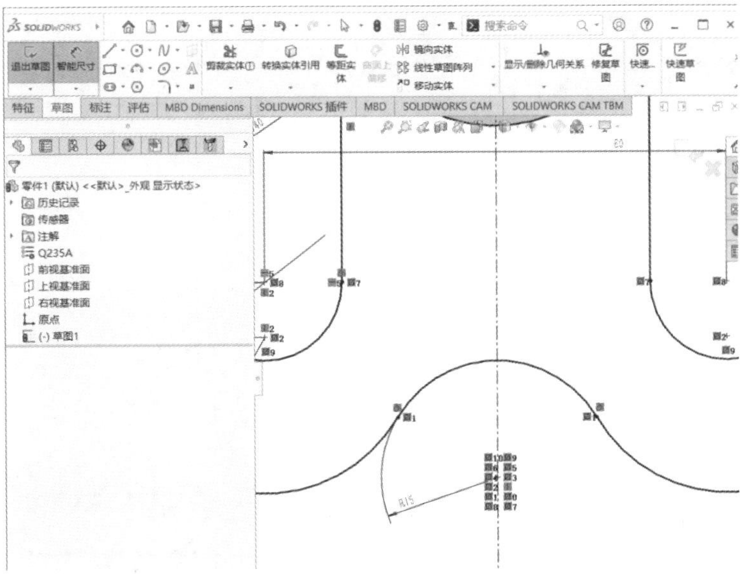

图 2-75　草图绘制完成

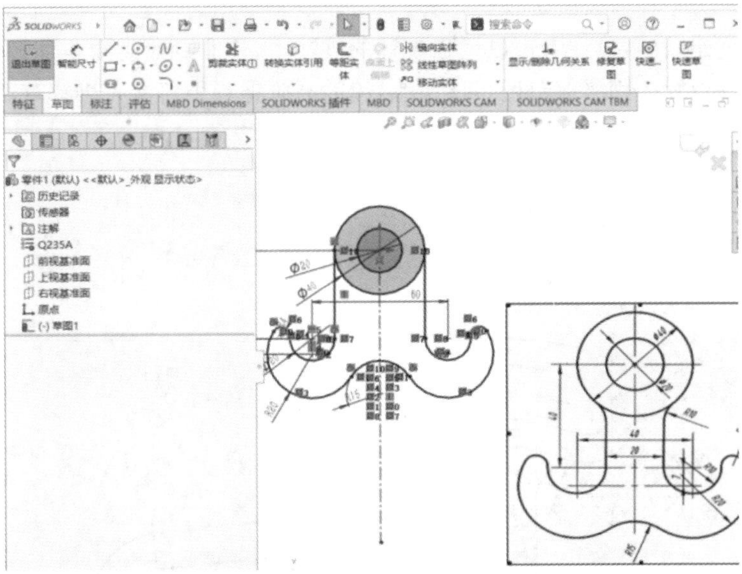

图 2-76　与提供的尺寸不匹配

要将最初的 $\phi20$ mm、$\phi40$ mm 调整为 $\phi30$ mm、$\phi60$ mm，如图 2-77 所示。

草图绘制过程中发现的潜在问题可能包括重叠的几何特征、错误的约束应用或不一致的设计意图。通过使用冲突检测工具，设计者可以确保草图的一致性和可行性。

8. 草图的高级渲染与可视化

高级渲染技术可以显著提升草图的视觉表现力，帮助设计者和利益相关者更直观地理解设计意图和产品特性。SolidWorks Visualize 是一款专为 SolidWorks 设计的渲染工具，它提供了逼真的渲染效果，同时支持从草图直接进行渲染。

图 2-77　与提供的尺寸匹配

　　动画演示是另一种强大的可视化工具，它可以展示草图的动态变化过程，如部件的运动或变形。通过创建动画，设计者可以增强设计的表达力，使非专业观众也能理解复杂的设计概念。考虑到学生才刚刚接触草图，可以在后续的高阶课程中再深入讲解草图动画的内容。

二、异形拐

　　练习绘制异形拐（见图 2-78）。

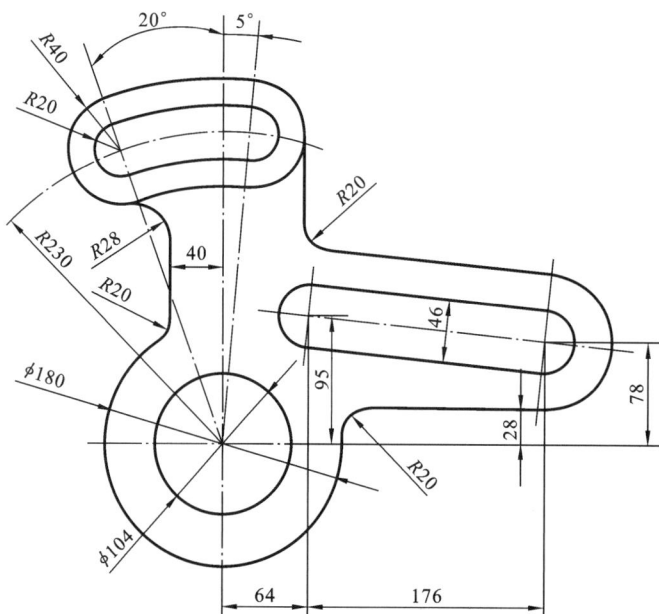

图 2-78　异形拐

三、常用快捷键

快捷键是通过特定键盘组合快速调用软件功能的操作方式,能够有效减少鼠标点击次数,从而加快设计流程。快捷键及功能描述如表 2-9 所示。

表 2-9　快捷键及功能描述

快捷键	功能描述
Ctrl+N	新建文档,开始一个全新的设计项目
Ctrl+O	打开现有文档,继续或查看设计
Ctrl+S	保存当前文档,确保设计成果及时得到保存
Ctrl+Shift+S	另存为,允许以不同名称或格式保存当前文档
Ctrl+P	打印文档,将设计图纸打印出来
Ctrl+Shift+Q	退出 SolidWorks,安全关闭软件
Ctrl+Z	撤销上一步操作,可用于纠正误操作
Ctrl+Y	重做上一步被撤销的操作
Ctrl+C	复制选定的对象
Ctrl+V	粘贴已复制的对象
Ctrl+X	剪切选定的对象
Ctrl+A	选中当前文档中的所有对象
Ctrl+F	查找并替换功能,可用于快速定位和替换文档中的内容
Ctrl+E	显示或隐藏特征树,方便查看或管理设计中的特征
Ctrl+F6	切换打开的文档窗口

项目小结

知识归纳:

本项目主要围绕 SolidWorks 软件的草图绘制功能进行了深入讲解和实践操作。首先,介绍了草图绘制的基础知识,包括新建与保存草图、草图绘制基本原则、常用草图命令和操作、尺寸标注等。这些知识是进行三维设计前必须掌握的,为后续复杂模型的构建打下了坚实的基础。其次,重点之一是五角星的绘制,它不仅是对基础几何技能的一次全面练习,也是理解 SolidWorks 中草图工具和约束关系的好机会。通过绘制五角星,学生学习了对称性在设计中的应用,以及如何利用几何关系简化设计过程。同时,五角星的绘制也引入了参数化设计的概念,让学生理解了尺寸和关系在控制设计中的重要性。再次,本项目还强调了思政教育的重要性,通过"滴水穿石非一日之功"的比喻,鼓励学生们树立远大理想和目标,并在面对困难和挑战时保持坚定的信念和毅力。这不仅是对个人成长的重要启示,也是推动社会进步的重要力量。最后,鼓励学生们挑战更复杂的草图绘制任务,如 W 形锚钩和异形拐的绘制,进一步培养学生的空间想象能力和创新设计思维。

复习和讨论问题：

（1）草图绘制基础。复习 SolidWorks 中新建与保存草图的基本步骤，并讨论为何这些步骤对于开始一个新设计至关重要。

（2）几何图形绘制技能。讨论如何使用 SolidWorks 绘制圆、三角形、正方形、五边形和五角星等典型图形，并解释掌握这些技能对于复杂设计的重要性。

（3）草图工具与几何约束。描述在 SolidWorks 中使用草图工具绘制直槽口和圆弧的步骤，并讨论如何应用几何约束（如平行、垂直、相切）来确保设计精度。

（4）草图阵列与尺寸标注。解释圆周草图阵列与线性草图阵列的区别和应用场景，并讨论智能尺寸标注在草图设计中的作用。

（5）思政教育中的"滴水穿石"理念。讨论"滴水穿石非一日之功"在思政教育中的实践意义，以及如何引导学生将其运用到学习和职业发展中，培养持之以恒的目标意识和坚韧不拔的毅力。

技能训练

一、任务布置与要求

1. 任务布置

本任务旨在通过绘制 W 形锚钩和异形拐的草图，提升学生对机械制图的理解和应用能力。学生需要在理解基本图形和几何约束的基础上，组合出复杂的机械草图。

2. 任务要求

（1）结合基本图形应用：学生需熟练掌握线段、圆等基本图形的绘制方法，并能够灵活运用它们构建复杂图形。

（2）几何约束理解：学生应理解并应用相切、垂直、平行、等距等几何约束，确保草图的准确性和工程实用性。

（3）绘图技巧：学生需要掌握使用绘图软件进行精确绘图的技巧，包括图层管理、尺寸标注等。

二、任务实施与记录

1. 任务实施

（1）团队角色分配：明确组长和副组长的职责，组长负责指导并解决实施过程中的难题，副组长负责记录整个实施过程。

（2）建模过程分析：小组成员需共同讨论建模过程中可能出现的错误和解决方案，提前规划以避免常见错误。

2. 任务单

学生应根据实际完成情况，认真填写任务单，记录任务实施的详细过程、所遇到的问题和解决方案，以及最终成果。任务单如表 2-10 所示。

表 2-10 任务单

任务名称		小组编号	
日期		时间	
组长		副组长	
小组成员			

任务讨论及方案说明

存在问题与解决措施

成果形式与规格说明

完成任务（评价）得分	

任务完成情况分析

优点	不足

三、成果提交与展示

各小组组长需按照小组编号顺序提交成果,确保提交流程的有序性。

四、任务评价与分析

在成果展示过程中,学生应认真听取教师的评价和分析,并由副组长负责在任务单中记录和反馈,以便于后续改进。

五、课后巩固与提高

课堂内容复习:定期复习课堂笔记和教材,牢固掌握理论知识。

额外草图绘制:绘制额外草图,巩固所学技能。

参加竞赛:参加设计竞赛,激发创造力和解决问题的能力。

跨学科学习:结合力学、材料学等学科知识,全面理解所学内容。

反馈循环:根据反馈调整学习方法和策略,形成有效的学习循环。

项目三

零件建模

学习目标

（1）了解新建与保存零件模型的操作，以及其与常规 Office、AutoCAD 软件的区别。

（2）理解软拉伸凸台、拉伸切除与旋转凸台、旋转切除建模过程的不同。

（3）掌握模型特征中修改拉伸凸台与旋转凸台参数的方法。

技能矩阵

技能分类	技能细节	掌握程度
零件建模基础	新建与保存零件模型	了解基本操作
特征理解	区分软拉伸凸台、拉伸切除与旋转凸台、旋转切除	理解不同建模过程
参数修改	修改拉伸凸台与旋转凸台参数	掌握修改方法
几何图形建模	根据典型图形（圆、三角形、正方形等）进行零件建模	能够进行基础零件建模
典型零件建模	直槽口拉伸与切除	会进行典型零件建模
几何约束应用	应用线段的几何约束（同轴、共线等）	会应用几何约束
草图编辑工具	裁剪、延伸的使用	会使用草图编辑工具
零件模型测绘	简单零件模型测绘	掌握基本测绘技能

能力目标

（1）具有三维建模能力：能够使用 SolidWorks 软件进行三维零件的建模及基础形状的创建。

（2）软件操作熟练度：熟悉 SolidWorks 界面和工具，能够高效地进行与零件建模相关的操作。会应用线段的几何约束：同轴、共线、水平、竖直。

（3）具备参数化设计技能：理解并应用参数化设计概念，通过修改参数来控制设计。

（4）具有几何约束应用能力：掌握几何约束（如同轴、共线、水平、竖直）的应用，确保设计的准确性和稳定性。

（5）掌握特征修改与编辑技巧：能够对拉伸凸台、旋转凸台等特征进行修改和编辑，以满足设计需求。

（6）草图绘制与编辑能力：具备草图绘制的基本技能，包括使用裁剪、延伸工具进行草图编辑。

（7）零件测绘能力：能够对简单零件模型进行测绘，理解其结构和尺寸。

（8）创新设计与问题解决能力：在设计过程中能够运用创新思维，并解决遇到的各种问题。

（9）技术文档理解与应用：能够理解和应用技术要求、装配图纸、材料明细表等技术文档。

（10）细节处理能力：在设计中注重细节，如倒角、圆角等，以提高零件的功能性和美观性。

（11）团队协作与项目管理：在团队项目中能够有效协作，并管理设计任务的进度和质量。

项目思政

功崇惟志，业广惟勤

"功崇惟志，业广惟勤"出自《尚书·周书·周官》，意指能够建立伟大的功业，是由于有崇高的志向，而能够成就大事业，则需要勤奋。这一古训在思政教育中具有重要的启示意义，鼓励学生要树立远大理想，并为之努力奋斗。

"功崇惟志，业广惟勤"这句话确实蕴含着深刻的哲理，它强调了志向和勤奋在实现个人和社会目标中的重要作用。在思政教育中，这句话可以被用来启发学生认识到以下方面。

理想的重要性：崇高的理想是推动个人向前发展的动力。应该鼓励学生去思考自己的长远目标，并为之设定清晰的方向。

勤奋的价值：无论目标多么宏伟，如果不勤奋，理想也很难实现。勤奋不仅仅是努力工作，还包括持续学习和不断提升自我。

实践与理论的结合：在思政教育中，理论知识的学习是基础，但更重要的是将这些知识应用到实践中去，通过实践来检验和深化理解。

持之以恒的精神：成功往往需要长期的坚持和不懈的努力。学生应该学会面对困难和挑战时不轻言放弃，保持积极向上的态度。

社会责任：个人的成长和发展不仅仅是为了个人的成功，也应该服务于社会和国家的发展。应该鼓励学生去思考如何将自己的理想和勤奋与社会的需求相结合。

◀ 任务一　零件建模基础知识 ▶

一、界面设计与布局

1. 界面设计原则

SolidWorks的界面设计遵循了以用户为中心的原则,确保了操作的直观性和易用性。界面元素的布局旨在使用户在较短时间内掌握软件的使用方法,同时提供强大的功能。SolidWorks的界面设计以用户友好和直观操作为特点,为用户提供了丰富的设计工具和功能。

例如,界面采用了模块化设计,将不同的设计任务分配到特定的区域,使用户能够快速找到所需的工具和命令。

2. 界面布局详解

界面布局是SolidWorks的核心。界面元素通常包括菜单栏、工具栏、特征管理树和图形区域。界面布局组成如表3-1所示。

表 3-1　界面布局组成

界面元素	位置	功能描述
菜单栏	界面顶部	提供对文件操作、编辑、视图等基本命令的访问
工具栏	界面的一侧或两侧	集中了建模过程中最常用的工具,如草图绘制、特征创建等
特征管理树	界面的一侧	显示了模型中所有特征的层级关系,允许对特征进行组织和管理
图形区域	界面的中心区域	是进行建模操作的主要场所,可以在这里进行草图绘制、特征建模等操作

3. 菜单栏与工具栏功能

SolidWorks的识别界面由多个部分构成,其中菜单栏和工具栏是用户最常使用的部分,它们提供了全面的功能支持,贯穿整个设计和工程流程。功能模块划分如表3-2所示。

表 3-2　功能模块划分表

功能模块	描述	草图应用	零件应用	装配体应用
创建草图	开始绘制二维图形,为三维建模打下基础	绘制直线、圆形、矩形等基本图形及复杂几何构造	—	—
特征建模	将二维草图转化为三维实体的操作	—	通过拉伸、旋转、扫掠等操作创建三维特征	—
装配体	组合多个零件或组件,创建复杂的装配体	—	—	插入零件,定义装配关系和管理装配体运动
工程图	生成模型的二维工程图,包括尺寸、公差和注释等	—	生成二维图纸,包括不同的视图和必要的标注	—

续表

功能模块	描述	草图应用	零件应用	装配体应用
分析工具	评估设计的性能,如有限元分析、运动分析、热分析等	—	应用分析工具评估零件性能	应用分析工具评估装配体性能
焊接和钣金	设计焊接结构和焊缝,设计和展开钣金零件		设计焊接结构和焊缝	
表面处理和纹理	添加颜色、纹理或材料,展示设计的外观	应用纹理和材质到草图	应用纹理和材质到零件表面	—
文件管理	组织和安全地管理设计数据	—	新建、打开、保存、导入和导出零件文件	新建、打开、保存、导入和导出装配体文件
自定义工具栏	根据个人喜好和工作流程自定义界面	自定义草图工具栏	自定义零件工具栏	自定义装配体工具栏
插件和扩展	增强软件的特定能力	增强草图绘制能力	增强零件设计能力	增强装配体设计能力
设置和选项	自定义软件的行为和外观	自定义草图环境设置	自定义零件设计环境设置	自定义装配体设计环境设置

二、基础操作

1. 软件个性化设置

软件设置是确保 SolidWorks 按照用户需求和习惯进行操作的第一步。可以根据个人偏好来调整软件的显示、性能、文件位置等设置。在 SolidWorks 中,可以通过以下方式进行个性化设置。

显示设置:调整界面的亮度、对比度以及背景色,以适应不同的视觉需求并减轻视觉疲劳。

性能设置:根据用户的硬件配置,优化软件的运行性能,例如,通过调整实时预览的刷新率来平衡性能和响应速度。

文件位置:自定义文件的保存路径,便于管理和备份设计文件。

快捷键:自定义快捷键,加快常用命令的访问速度,提高工作效率。

个性化设置不仅能够满足用户的个性化需求,还能根据用户的特定工作流程进行优化,从而提升整体的设计效率。

2. 单位系统设置

在 SolidWorks 中,需要根据设计需求和行业标准选择合适的单位系统,如毫米(mm)、千克(kg)等,并确保所有输入的尺寸和测量都遵循这一单位标准。单位系统选型如图 3-1 所示,单位系统设置如图 3-2 所示。

国际单位系统(SI):使用米、千克等作为基本单位,广泛应用于国际工程设计和科学研究。

图 3-1 单位系统选型

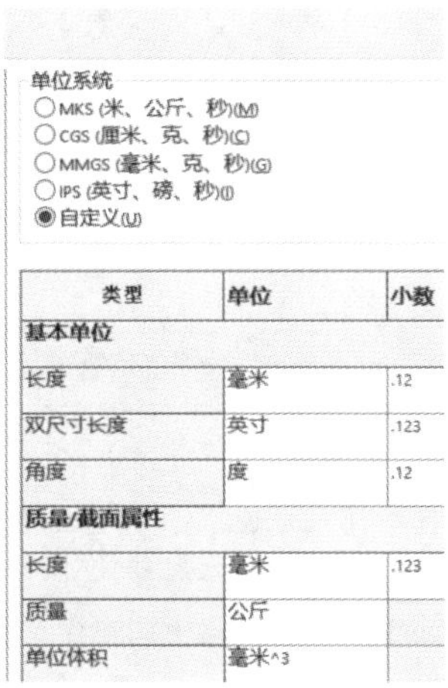

图 3-2 单位系统设置

美国工程单位:使用英寸、磅等作为基本单位,常用于美国及其他使用英制单位的国家和地区。

其他单位系统:根据特定行业或地区的需要,SolidWorks还支持多种其他单位系统。

正确的单位设置有助于避免设计过程中的尺寸误差,确保设计满足实际应用的需求。

三、草图绘制基础

1. 草图工具概览

草图工具是 SolidWorks 中进行零件设计的基础。通过草图工具来创建二维图形,这些图形将作为后续零件建模的基础,以及在装配体中编辑的图形。SolidWorks 提供了丰富的图形绘制和编辑功能。草图工具见表 3-3。

表 3-3 草图工具概览

工具名称	功能描述	创建方式
直线工具	用于绘制直线段,定义模型的轮廓和边界	通过指定两个点或使用鼠标拖动来创建
圆形工具	创建圆形草图,适用于设计中的曲线轮廓或圆形特征	指定圆心和半径,或选择两点确定直径
矩形工具	快速绘制矩形,作为复杂形状的组成部分或特征基底	通过指定对角点或输入尺寸来创建
多边形工具	绘制规则的多边形,适用于需要对称或多边结构的设计	可以指定边数和半径
椭圆工具	创建椭圆,适用于椭圆形的设计元素	指定两个轴的长度和旋转角度
艺术样条工具	用于绘制自由曲线,提高设计灵活性	通过控制点进行调整,实现曲线的自由绘制

2. 基本图形绘制方法

在 SolidWorks 中,绘制基本图形是构建复杂设计的基础。基本图形的绘制方法如表 3-4所示。

表 3-4   基本图形的绘制方法

绘制类型	工具名称	操作步骤
直线绘制	直线工具	选择直线工具,点击图形区域定义起点,再次点击或拖动鼠标定义终点
圆形绘制	圆形工具	指定圆心:选择圆形工具,点击图形区域定义圆心,然后移动鼠标并点击以定义半径
		指定直径:选择两点来确定圆的直径
矩形绘制	矩形工具	指定对角点:选择矩形工具,点击并拖动以定义一个角,然后释放鼠标以确定对角点
		输入尺寸:在属性栏中输入长和宽的值
多边形绘制	多边形工具	选择多边形工具,点击图形区域定义中心点,然后在属性栏中输入边数和半径
椭圆绘制	椭圆工具	选择椭圆工具,定义中心点,然后拖动鼠标定义两个轴的长度

3. 基本图形修剪技巧

基本图形的修剪技巧如表 3-5 所示。

表 3-5   基本图形的修剪技巧

功能分类	工具名称	描述
修剪和延伸	修剪工具	使用修剪工具可以删除草图的选定部分,例如多余的线段或形状
	延伸工具	延伸工具可以将草图延长至指定的边界或点,实现线段或形状的加长
圆角和倒角	圆角工具	为尖锐的边缘添加圆角,改善设计的外观,减少尖锐边缘可能造成的伤害或磨损
	倒角工具	添加倒角可以为边缘创建一个斜面,通常用于配合面或改善外观
镜像和阵列	镜像工具	镜像功能允许复制草图元素,创建对称设计,提高设计效率
	阵列工具	阵列功能可以复制多个草图元素,并按照特定的线性或圆形模式排列
尺寸和约束	尺寸标注	使用尺寸标注来定义草图元素的具体大小和位置,确保设计的精确性
	约束工具	约束工具确保草图元素之间的关系,如垂直、平行或相等,维持设计的一致性和准确性
动态修改	草图工具动态修改	在草图绘制过程中,可以实时调整草图工具的参数,如直线的长度、圆形的半径等,实现动态设计

四、特征建模

1. 基本特征

基本特征是构成复杂三维模型的基石。在 SolidWorks 中,这些特征包括但不限于拉伸、旋转、扫描和放样。每种特征都有其特定的应用场景和操作方式。

特征建模是 SolidWorks 中创建三维模型的核心环节。基本特征类型及其应用场景如表 3-6 所示。

表 3-6 基本特征类型及其应用场景

特征名称	描述	应用场景举例
拉伸	将二维草图沿特定方向拉伸成具有一定厚度的三维实体	创建箱体、盖板等具有一定壁厚的零件
旋转	绕一个轴旋转二维草图来创建具有旋转对称性的三维实体	生成轴、轮子或瓶子等旋转对称的零件
扫描	沿着一条路径扫描一个或多个轮廓来创建复杂的三维形状	创建弹簧、螺旋管等具有复杂轮廓的零件
放样	在多个草图轮廓之间进行放样来创建具有多个不同截面的三维形状	制造飞机机翼、汽车车身等具有多变截面的复杂零件

每种特征类型都有独特的建模方式,结合实际情况、具体的设计需求和应用场景选择最合适的特征工具进行三维建模。

2. 拉伸

拉伸是 SolidWorks 中一个强大的功能,它允许将二维草图转化为三维实体。通过拉伸操作,可以定义草图的深度,从而创建出具有一定厚度的三维实体。这一功能在 SolidWorks 中通常被称为凸台-拉伸/基体,是创建三维模型的基础工具之一。拉伸特征操作流程如下:

(1) 选择或创建二维草图作为拉伸的基底。

(2) 点击特征工具栏中的"拉伸"命令。

(3) 在属性管理器中设置拉伸的深度,可以选择固定深度或动态深度(如到最近面或特定点)。

(4) 指定拉伸方向,通常为垂直于草图平面。

(5) 应用拉伸特征,生成三维实体,如图 3-3 所示。

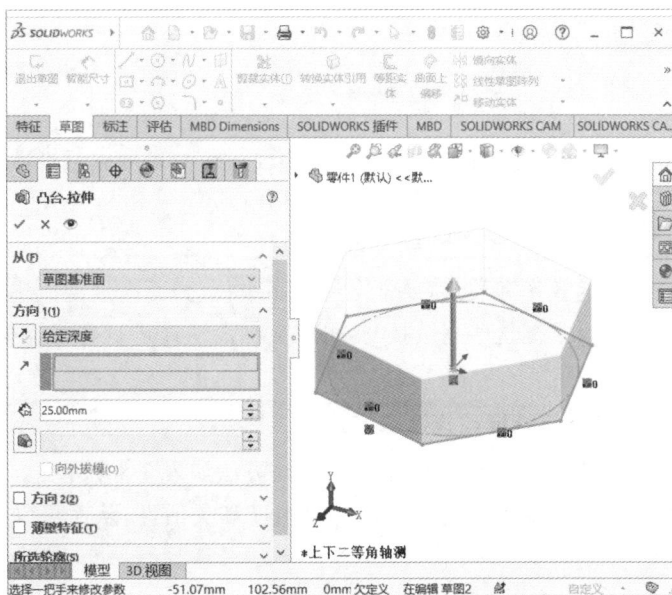

图 3-3 拉伸

3. 旋转

旋转特征通过绕一个轴旋转二维草图来创建三维实体。这种特征适用于创建旋转对称的零件,如瓶子、轴或轮子。旋转特征操作流程如下:

(1) 绘制或选择一个二维草图,该草图将作为旋转的轮廓。

(2) 选择特征工具栏中的"旋转"命令。

(3) 定义旋转轴,可以是草图中的直线或圆弧。

(4) 指定旋转角度,可以是360°或部分角度。

(5) 应用旋转特征,生成旋转对称的三维实体,如图 3-4 所示。

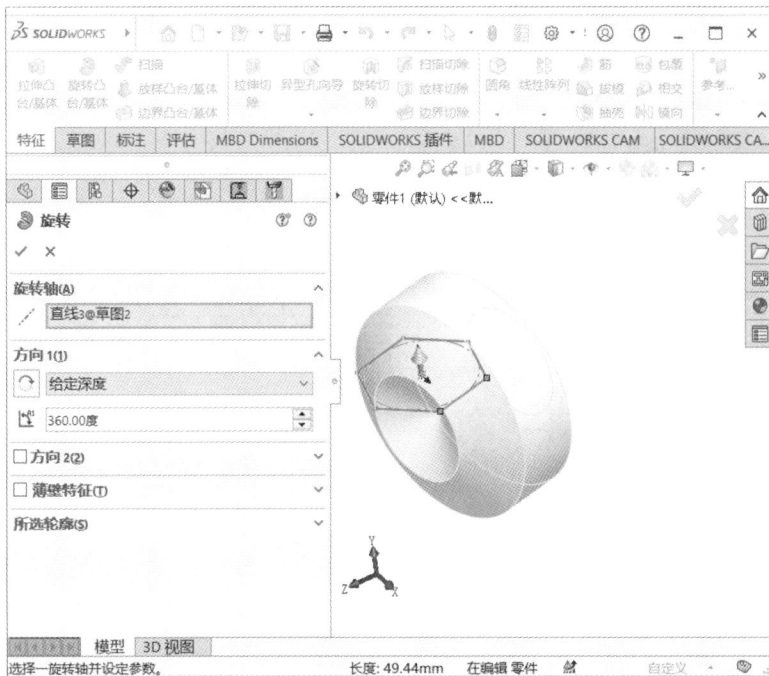

图 3-4 旋转

在操作过程中,需要注意特征的参数设置,以确保生成的模型满足设计要求。

五、特征建模高级技巧和方法

为了提高特征建模的效率和质量,要学会使用高级技巧,而高级特征建模是 SolidWorks 中实现复杂设计的关键。掌握这些高级技巧,可以更加灵活地进行特征建模,提高设计工作的效率和创新性。

1. 特征建模高级技巧与特征建模高级方法

特征建模高级技巧如表 3-7 所示,特征建模高级方法如表 3-8 所示。

这些高级特征建模工具提供了更高的设计自由度和灵活性,从而可以创建更加复杂和精细的三维模型。

1) 多厚度拉伸操作

创建或选择一个草图作为拉伸的基底。

表 3-7 特征建模高级技巧

功能名称	描述	适用场景举例
特征阵列	快速复制特征,按照线性或圆形模式排列,创建具有重复元素的模型	制作齿轮、螺栓等具有重复性特征的模型
特征镜像	基于一个平面复制特征,实现对称设计,快速创建对称结构的模型	设计具有对称性的部件,如汽车部件、对称结构等
特征组合	将多个特征合并为一个单一特征,降低模型复杂性,便于管理和修改	简化复杂模型,如将多个拉伸特征合并为一个复合特征
特征布尔操作	对特征进行组合或拆分,实现复杂几何变换的布尔操作(联合、相交、减去)	创建复杂的几何结构,如切割或合并多个零件
特征参数化	为特征设置参数,实现模型的快速修改和迭代,通过改变参数值调整模型尺寸和形状	设计可调节尺寸的产品,如可伸缩工具、标准件等

表 3-8 特征建模高级方法

特征名称	描述	适用场景举例
多厚度拉伸	允许对同一草图中的不同区域应用不同的拉伸深度	创建具有不同壁厚特征的模型,例如多层壁结构或阶梯状零件
变形特征	通过变形特征,可以对模型进行扭曲、弯曲等复杂变形	实现更加动态和有机的设计,如雕塑艺术品或复杂曲面产品
局部拉伸/切除	在不改变其他部分的情况下,对模型的特定区域进行拉伸或切除	增加设计的灵活性,如在模型上添加凸台或去除材料以形成凹槽
复杂轮廓扫描	使用复杂的曲线或草图轮廓进行扫描,创建复杂的三维形状	创建螺旋结构或不规则管道等复杂零件

点击"拉伸"命令,并在属性管理器中选择"多厚度"选项。

定义不同区域的拉伸深度,可以是固定值或动态值。

应用拉伸特征,生成具有不同壁厚的模型。

2)变形特征应用

选择要应用变形的特征或整个模型。

选择"变形"命令,并选择相应的变形类型,如扭曲、弯曲等。

定义变形的参数,如变形中心、变形角度、变形比例。

应用变形特征,观察模型的变化。

2. 特征修改方法与步骤

1)特征修改

特征修改是 SolidWorks 中调整现有模型尺寸和形状的重要手段,可以通过修改特征的参数来优化设计,满足工程需求。特征修改方法如下。

直接修改:在特征管理树中选择需要修改的特征,然后在属性管理器中直接调整参数。

编辑特征:使用"编辑特征"命令,重新定义特征的尺寸、方向或其他属性。

使用配置:利用配置功能,保存不同的设计状态,便于在不同设计方案之间快速切换。

2)特征修改的步骤

在特征管理树中选择需要修改的特征。

右键点击选择"编辑特征"或在属性管理器中直接修改参数。

根据设计需求调整特征的尺寸、形状或其他属性。

应用更改,观察模型的更新效果,如图 3-5 所示。

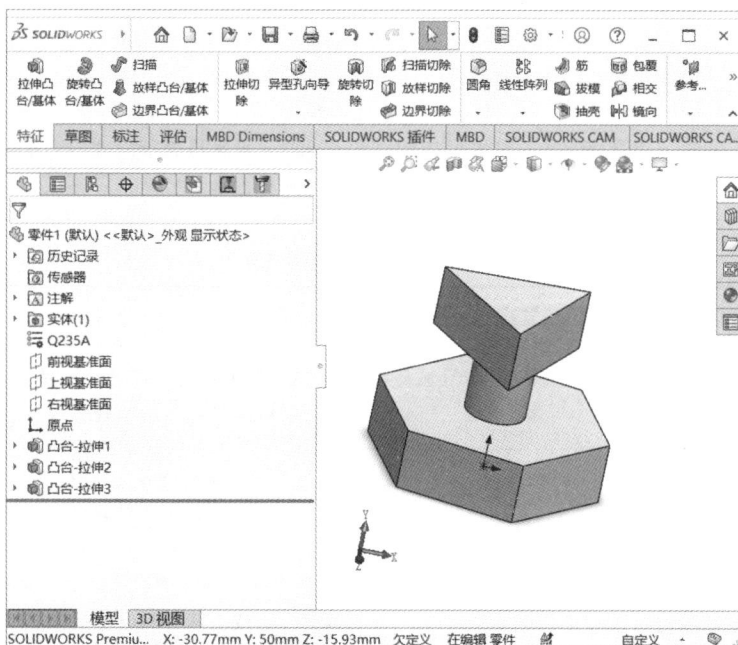

图 3-5　模型的更新效果

3)特征修改的注意事项

修改特征时,注意特征之间的依赖关系,避免造成模型的错误。

使用"使用配置"功能时,合理命名配置,便于管理和识别。

3. 尺寸修改与优化

尺寸修改是特征修改中最常见的操作,它允许用户根据设计变更更新模型的尺寸。

直接尺寸修改:在图形区域或属性管理器中直接输入新的尺寸值。

关联尺寸修改:利用尺寸的关联性,通过修改一个尺寸来自动更新相关的尺寸。

4. 特征删除与替换策略

特征删除和替换是设计变更中的重要操作,用于使产品适应新的设计方案。

特征删除:移除不再需要的特征,简化模型。

特征替换:用新的草图或特征替换原有特征,适应设计变更。

任务二 五角星建模

对五角星零件的建模训练是一项基础的零件建模。首先,在 SolidWorks 软件中创建五角星的精确二维草图,这要求学生具备良好的几何绘图能力。草图创建完成后,通过拉伸命令将二维轮廓转化为三维实体,拉伸高度设置为 16 mm,以满足厚度要求。其次,需要应用高级建模技巧,通过角度控制,创建双面锥体的效果。这不仅涉及到对边缘进行平滑处理,还需要计算合适的锥度和过渡区域,以确保五角星的每个面都具有均匀的锥形轮廓。最后,根据给出的草图或者概念图,对五角星建模并形成三维零件。

在 SolidWorks 中,绘制并拉伸成双面锥体形状、厚度为 16 mm 的五角星零件(见图 3-6)的建模步骤如下。

图 3-6 五角星零件样式

1. 绘制草图

打开 SolidWorks 并新建一个零件文件。

在特征管理树中,右键点击"特征"并选择"新建草图"以开始新的草图。

在草图属性面板中,选择 XY 平面作为草图的绘制平面。

2. 绘制正五边形

在草图工具栏中选择"多边形"工具。

在画布上指定多边形的中心点,然后输入边数 5 来绘制一个正五边形。

根据需要,调整正五边形的大小和位置。

3. 绘制五角星的外轮廓

(1) 使用"直线"工具,选择正五边形的一个顶点作为起点。

(2) 将鼠标光标移动到所要连接的对面顶点,SolidWorks 会自动识别并显示连接点。

(3) 点击对面的顶点以绘制一条直线,连接两个顶点。重复此过程,依次连接正五边形的每个顶点,直到形成一个完整的五角星轮廓。

应注意,为了确保五角星的几何准确性,需要添加必要的几何关系,如"垂直"或"相切",以确保线条之间的正确对齐。

4. 拉伸凸台

完成五角星草图后,点击"特征"菜单中的"拉伸凸台/基体"选项,如图 3-7 所示。

在弹出的对话框中,确认草图已经选中,然后设置拉伸深度,如图 3-8 所示。

在特征管理树中,可以设置拉伸深度为 10 mm 或其他所需的尺寸。

如果需要,可以为模型应用材料属性,这将影响模型的质量、颜色和其他物理特性。

5. 修改拉伸特征

在进行下一步之前,使用"检查草图"工具确保草图完全定义且没有错误。

使用"检查特征"工具确保拉伸特征正确应用。

选择模型,应用不同的外观和颜色,以便更好地可视化最终产品。

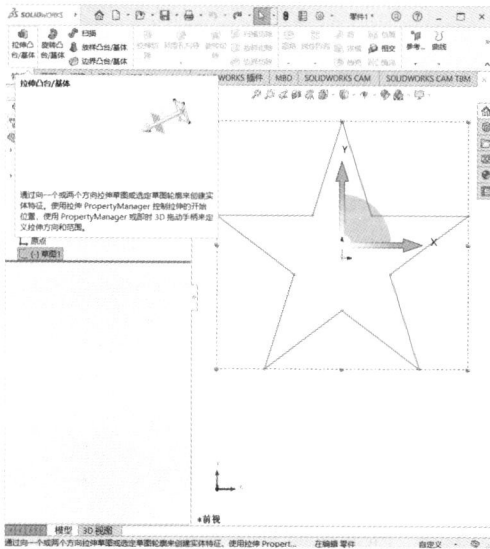

图 3-7　拉伸凸台/基体

图 3-8　设置拉伸深度

使用"测量工具"来验证五角星的尺寸和比例,确保设计符合规格要求。

1) 拉伸特征方向 1 修改

(1) 修改拉伸特征参数方法 1:选中需要修改的特征,单击鼠标右键,在弹出的菜单中选择第一行第一个"编辑特征"图标(见图 3-9),然后在左侧的特征管理树中将默认的 10 mm 修改为 8 mm。确认修改后退出,特征修改便完成了。设置参数如图 3-10 所示。

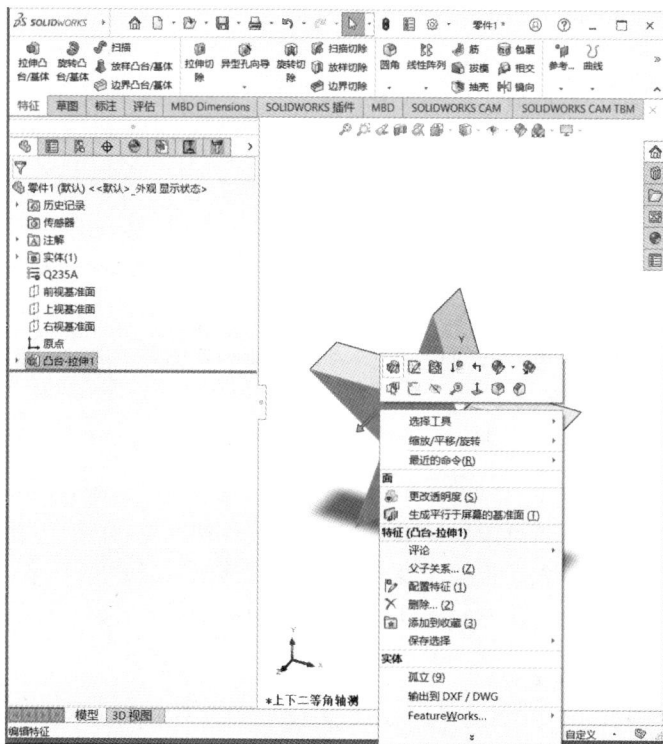

图 3-9　选择"编辑特征"图标

图 3-10 设置参数

（2）修改拉伸特征参数方法 2：将鼠标移至左侧的"凸台-拉伸 1"特征体上，显示特征栏（见图 3-11）后，点击第一行第一个"编辑特征"图标，修改默认参数，完成拉伸特征修改。

若需要修改锥度，则点击锥度图标，将默认的 1 度修改为 45 度（见图 3-12），观察五角星模型的变化。

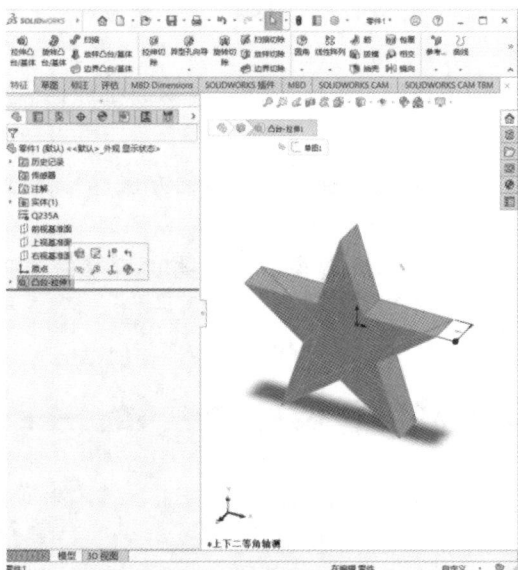

图 3-11 显示特征栏

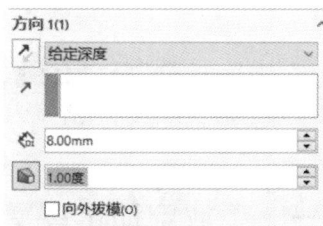

图 3-12 锥度参数设置

2）拉伸特征方向 2 修改

勾选"方向 2"，默认给定深度 10 mm。增加 45 度角度。选择"标题栏"窗口→"视口"→"四视图"，观看零件三维模型。"方向 2"修改如图 3-13 所示，五角星三维模型如图 3-14 所示。

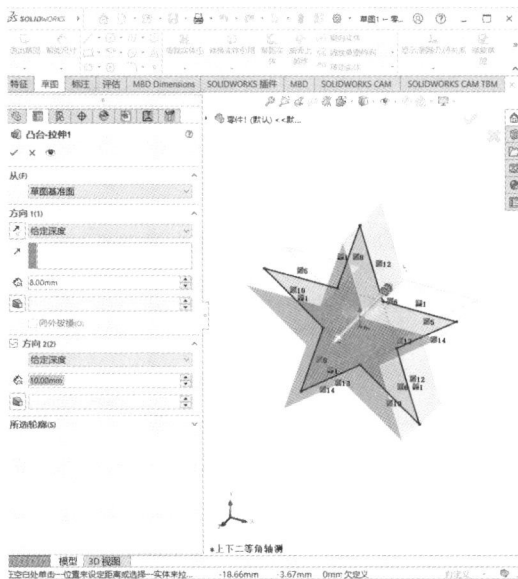

图 3-13 "方向 2"修改

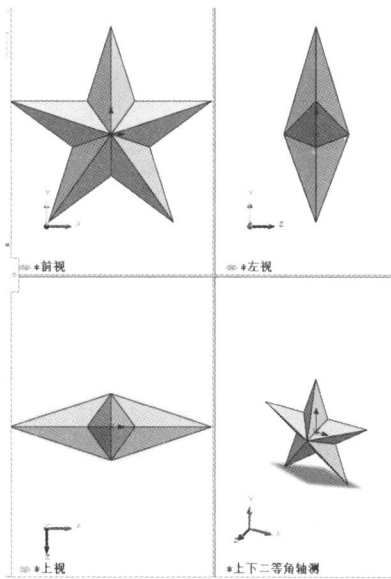

图 3-14 五角星三维模型

6. 问题思考

（1）理解古训的重要性。请解释"功崇惟志，业广惟勤"的含义，并讨论这一古训如何应用于个人学习和职业发展中。

（2）五角星建模的步骤分析。描述创建五角星模型的一般步骤，并解释为什么每个步骤都是必要的。

（3）拉伸特征的应用。在 SolidWorks 中，如何使用"拉伸凸台"特征来创建具有特定厚度的三维模型？请结合教材中的步骤说明。

（4）特征修改和参数调整。本任务介绍了两种修改拉伸特征参数的方法，请比较这两种方法的优缺点，并阐述在不同情境下选择哪一种方法更为合适。

（5）锥度和角度的应用。本任务中提到了如何给五角星模型添加锥度，请简述锥度在设计中的作用，并讨论 45 度锥度对五角星模型可能产生的影响。

◀ 任务三　夹取式机械手设计 ▶

一、工业自动化背景

工业自动化作为现代制造业的关键趋势，旨在通过自动化技术提高生产效率、降低成本并提升产品质量。随着技术的进步，工业机器人在各个生产环节中扮演的角色越来越重要。

二、机器人搬运线段应用

机器人搬运线段是工业自动化中的一项关键技术,它的核心任务是将物料从一处搬运到另一处,以实现生产流程的自动化。机器人搬运线段要求机械手具备精确的定位能力、灵活的夹持机制以及稳定的搬运性能,以满足不同形状和质量的物料搬运需求。

根据以上研究框架和已有内容,接下来将详细研究夹取式机械手的设计要素和实现方案。

三、任务介绍

目前,市场上很多工业机器人代替了人工作业。以工业机器人搬运线段为例,其任务是将托盘上已经码放整齐的零件,利用机器人夹取式机械手进行夹持,并将零件搬运至输送线上。在此过程中,需要根据给定的标准正方体零件的规格来设计适配的夹取式机械手。

四、任务说明

本任务涉及表 3-9 所示的特征命令。

表 3-9　特征命令表

子情景	任务	特征命令
夹取式机械手设计	草图绘制(见图 3-15)	草图、剪切
	三维建模(见图 3-16)	异型孔向导、圆角、线性阵列等
	模型装配(见图 3-17)	插入零部件、配合、零件图纸、尺寸、公差、精度、技术要求、装配图纸、材料明细表

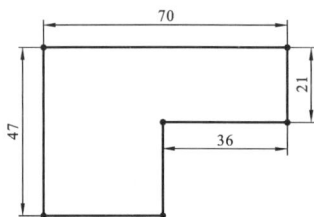

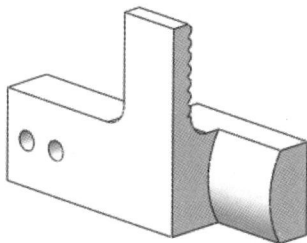

图 3-15　草图绘制　　　　图 3-16　三维建模　　　　图 3-17　模型装配

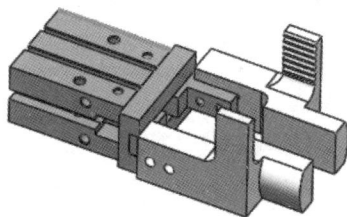

五、如何设计

设计夹取式机械手的过程是一个由简到繁的创新过程。首先,从基础的夹取机构设计开始,考虑其基本功能和操作原理。其次,为适应工业环境,设计一个工业机器人安装法兰,确保机械手与机器人的兼容性和稳定性。接着,进行典型夹取式机械手的设计,这涉及更精细的力学分析和控制逻辑,以适应多样化的抓取需求。最后,将设计模型转化为详细的图纸和材料清单,确保制造过程的准确性和可操作性。整个过程需要跨学科的知识和紧密的团队协作,以实现从概念到实际应用的转变。

操作步骤与注意事项如表 3-10 所示,三维建模命令如表 3-11 所示。

表 3-10　操作步骤与注意事项

任务名称	操作步骤	注意事项
夹取式机械手草图绘制	(1)选好基准点(固定),通常选定默认的原点。 (2)先确定形状和位置,完全定义草图。 (3)要求构思的结构具有对称性,用镜像命令或对称约束。 (4)用最简单的画法,选择最简单的方式,以保证画图效率。 (5)能不破坏原有的槽口就不要破坏,保证原有槽口(中心矩形、椭圆、正多边形)的完整性。 (6)最后分析存在的约束关系,比如圆弧与圆弧默认情况下是相切连接	完全定义草图的条件: (1)位置固定(与已知固定对象的条件约束或尺寸约束)。 (2)需要形状固定(固定命令或者尺寸调整)
工业机器人安装法兰三维建模	(1)工业机器人输出轴面给出的空间安装面直径为 60 mm,与夹取式机械手连接空间预留 30 mm。 (2)删除模型冗余的点、线、面,以及重合线、重叠面、重合的点,保证模型无裂缝。 (3)为模型设置对应的附着材质属性,采用 6061 铝合金。 (4)可以根据零件作用设置不同的颜色进行区分,方便观察,直观醒目	(1)统一使用单位设置:mm。 (2)注意零件完成之后需要倒角、倒圆
典型机械手模型装配	(1)导入第一个零件时,可以按左上角的"确定",将零件插入放置。 (2)依次模拟现实装配顺序。 (3)通过点、线、面进行配合。 (4)检查干涉问题。 (5)调整、修改、优化零部件	(1)装配的零件一般都是装配体的基础零件。 (2)同一项目的设计零件应该放在同一目录

表 3-11　三维建模命令

命令图标	名称	功能说明
异型孔向导	异型孔向导	包含了种类丰富的标准孔数据,使用时选择相应的规格,即可完成打孔的操作设置。如柱形沉头孔、锥形沉头孔、直螺纹孔、锥形螺纹孔等类型
圆角	圆角	对基体和凸台之间的边线、边角、正面周边进行圆润过渡处理
线性阵列	线性阵列	沿一条或者两条直线路径以线性的方式生产具有一个或者多个特征的多个实例
插入零部件	插入零部件	零部件以一次一个的方式添加到装配体中,包括直接插入法、拖动插入法
配合	配合	在某组合件中,将部分零件视为暂时固定状态,而另一些零件则组成群组,以此实现快速检视的目的。同时,可运用配合复制等方法,如设置同心、重合等约束条件,来进一步优化装配效果

命令图标	名称	功能说明
gb_a4	零件图纸/工程图	零件模型出图,用于加工制造、检验、测量零件的通用图纸,格式通常包括页面大小和方向、标准文字、边界、标题栏等。图纸格式可自定义并保存供将来使用,主要包含图纸格式的定义及视图布局,视图布局又包含标准三视图、模型视图、辅助视图、剖面视图、局部视图、断裂视图等
智能尺寸	智能尺寸	从模型输入的标注尺寸、注解以及参考几何体类型,完全依赖于视图,不会因为标注尺寸的变化而影响零件模型
形位公差	形位公差	可以根据需要设置自由公差,同时还可以选择双边、对称、套合、公差套合等多种公差类型
公差/精度(P)	精度	参考基准特征符号等工程符号插入标注,如形位公差标注、标注表面粗糙度
A 注释	注释	选择一个或多个草图实体和注解并将其旋转,该操作不生成几何关系
gb_a3	装配图纸	在特征管理树中指定选项,然后将视图放置在图形区域。主要包括装配图零件明细表
材料明细表	材料明细表	插入材料明细表(BOM)以在装配体中识别每个零件并标号,使用零件序号以帮助识别 BOM 中的单个项目,包括零件编号、名称、数量、材料及备注等

模型铺垫:通过"模板"新建装配模型空间。

参考标准件模型生成后,直接导入 SolidWorks 模型空间内。前面已经通过配套软件将模型导出并且进行保存,现在可以在 SolidWorks 模型空间直接使用。气缸标准件模型如图 3-18 所示。

以下根据夹取式机械手设计分析,展开右爪具体建模过程。先绘制草图,再顺序展开三维建模。

1. 绘制草图

1)基准面

开始草图绘制之前,需要选择一个基准面作为草图的放置平面。通常选择 XY 平面作为起始平面,因为它与世界坐标系对齐,易于理解和操作。基准面的选择应考虑到模型的空间布局和后续的设计需求。

2)草图绘制

在特征管理树中选择"新建草图",然后选择刚才确定的基准面,进入草图绘制的二维空间。此时,界面会切换到草图环境,工具栏和命令会相应变化以适应草图操作。零件草图如图 3-19 所示。

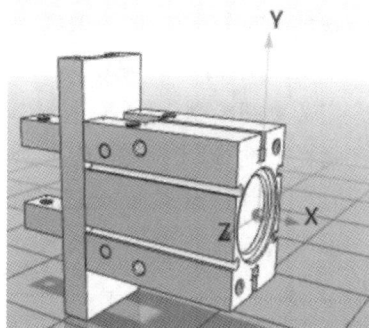

图 3-18 气缸标准件模型

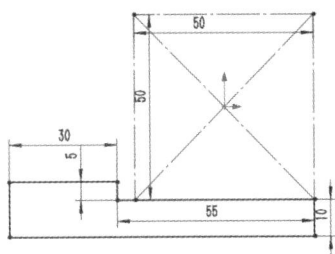

图 3-19　零件草图

3）中心矩形

根据给定的尺寸（例如 50 mm×50 mm×50 mm），在草图空间中绘制一个中心矩形。这通常意味着矩形的一半尺寸将位于模型空间的原点上。利用原点作为起点可以简化后续的设计步骤，因为许多设计元素可能会围绕原点进行对称或重复排列。

4）线条属性

粗实线，设置成构造线。需要将线条设置为构造线，可以在草图工具栏中找到"构造线"工具，并使用它来绘制线条，或者在草图属性中将普通线条设置为构造线属性。在线型选项中，选择"实线"作为线型。

5）直线/边角矩形

使用"直线"工具，可以绘制任意角度和长度的直线段，为草图提供基本的结构线。

通过"边角矩形"工具，可以快速绘制带有不同角度折线的矩形，这在创建具有特定角度的复杂图形时非常有用。

修改现有线条可以通过拖动其端点或控制柄来调整位置和长度。

删除线条或矩形可以通过选择不需要的图形元素，然后按"Delete"键来移除。

6）智能尺寸

"智能尺寸"工具允许识别快速添加尺寸标注到草图的特定部分，如直线的长度或角度。

结合参照尺寸，可以输入具体的数值来调整草图中的尺寸，确保设计符合预定的规格。智能尺寸还可以自动识别并应用等距或平行等几何关系，简化设计过程。

7）退出草图

完成草图绘制后，需要退出草图模式以继续进行其他特征的操作或开始三维建模。点击工具栏上的"退出草图"按钮，或者在特征管理树中选择草图之外的其他特征，可以退出草图。"退出草图"操作命令截图如图 3-20 所示。

退出草图前，应确保所有尺寸和几何关系都已经正确标注和应用，草图完全定义且没有错误。

退出草图后，即可通过添加拉伸、旋转等特征，将二维草图转换为三维实体。

草图完成前，退出草图编辑状态时，需要检查是否有线条交叉或者未封闭的线段，确保线段没有多余干涉或者短漏不封闭区域，导致后续的三维建模出现报错警示。这些图形提供了草图绘制过程中关键步骤的视觉参考，以帮助用户更好地理解操作流程和结果。通过这些步骤，用户可以高效且准确地完成草图的绘制和标注，为后续的三维设计打下坚实的基础。检查后退出草图状态如图 3-21 所示。

2. 三维建模——右爪

任务：新建模型空间，保存并填写建模零件名称，注意不能和设计任务中任何一个模型文件名重复，一旦重复，将直接替代。

图 3-20　"退出草图"操作命令截图

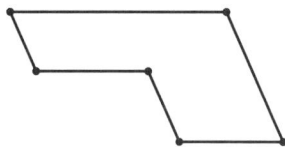

图 3-21　检查后退出草图状态

拉伸凸台/基体特征:选择菜单栏中的"插入""切除""拉伸"命令。点选方向以后,输入预设的厚度并勾选,表示该任务会被执行。

需要注意,可以直接单击"特征"工具栏中的"拉伸切除"按钮,此时系统出现"切除-拉伸"属性管理器,如图 3-22 所示。从图中可以看出,其参数设置与"拉伸"属性管理器中的参数项相同。它增加了反侧切除复选框,该选项能够移除轮廓外的所有实体。

图 3-22　"切除-拉伸"属性管理器

1) 拉伸凸台/基体

选中草图,点击特征拉伸,在方向 1 给定深度参数的尺寸栏内,输入需要的数值 27.50 mm,点击"√"或者敲击回车键,表示动作完成。草图拉伸预览如图 3-23 所示,左侧状态显示栏如图 3-24 所示。

2) 评估

根据需要固定的气缸手指模型进行尺寸测量,点选功能栏中的"评估",点选"测量"(见图 3-25)。分别点选标准件气缸手指的安装空间尺寸,测量结果是需要安装的高度为 10 mm、长度为 20 mm、厚度为 8 mm、孔距为 9 mm、孔边距为 6 mm,如图 3-26～图 3-30 所示。测量螺纹孔 M4,如图 3-31 所示。

模型可以从所选的气缸品牌官网下载,也可以由 SMC、气立可等品牌软件导出。

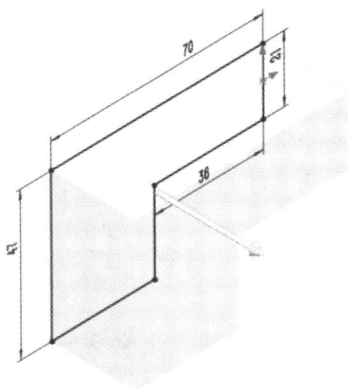

图 3-23　草图拉伸预览

图 3-24　左侧状态显示栏

图 3-25　点选"测量"

图 3-26　测量高度

图 3-27　测量长度

图 3-28　测量厚度

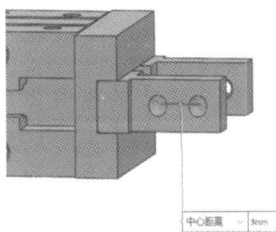

图 3-29　测量安装孔距

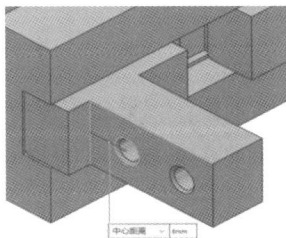

图 3-30　测量安装孔边距

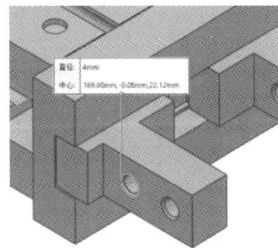

图 3-31　测量螺纹孔

3）异型孔向导

在 SolidWorks 软件中,使用"异型孔向导"可以创建各种类型的孔,包括标准孔、螺纹孔、钻孔等。以下是选择和使用异型孔向导中孔的一般步骤。

（1）启动异型孔向导。

打开或创建一个零件文件，在特征管理树中准备添加新特征。

点击"特征"工具栏中的"异型孔向导"图标（见图3-32），或者在命令管理器中选择"异型孔向导"来启动该功能。

该向导提供了一个交互式界面，引导识别完成孔的创建过程。

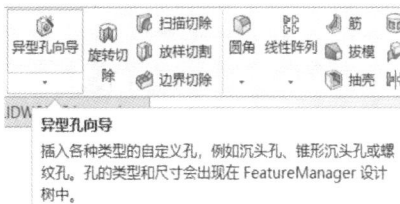

图 3-32 "异型孔向导"操作命令截图

（2）选择孔类型。

"孔规格"界面的"孔类型"选项列出了多种孔选项，如"标准孔""螺纹孔""钻孔"等，如图3-33所示。

（3）选择孔的位置。

确定孔的位置是关键步骤之一，这通常涉及选择零件上的特定面或边。

通过点击面上的特定点来确定孔的中心位置，或者通过输入坐标值来精确放置。

在某些情况下，可以选择边或面的中点，或者使用对称或居中对齐的方式辅助定位。

选择位置时，应考虑到孔的功能和零件的几何特征，确保孔的位置既满足设计要求，又不会影响零件的结构完整性。

孔位置的确定如图 3-34 所示。

图 3-33 "孔规格"界面

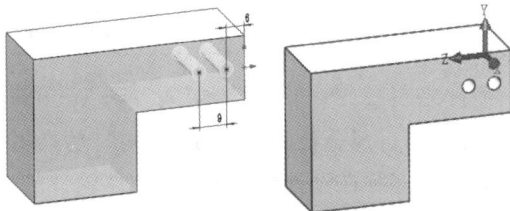

图 3-34 孔位置的确定

（4）定义孔的参数。

在选择了孔类型和位置之后，异型孔向导会要求识别定义孔的具体参数，如直径、深度、角度等。对于某些特殊类型的孔，可能还需要指定螺纹的类型和等级、孔的表面粗糙度等。

（5）选择孔的分布。

如果需要在多个位置创建孔，可以选择孔的分布方式，如线性分布、圆形分布等。

（6）预览和修改。

在输入所有必要的信息后，预览孔的三维效果，确保其满足设计要求。

如果需要,可以返回异型孔向导的前几步修改孔的类型、位置或参数。

(7)应用和生成孔。

确认预览无误后,应用设置并生成孔,该操作会在模型上实际创建孔特征。

生成的孔会自动更新特征管理树,并在图形区域显示最终结果。

(8)检查和验证。

创建孔之后,使用 SolidWorks 的测量工具和检查功能来验证孔的尺寸和位置是否准确,确保孔的特征符合设计规范和制造要求。

扩展步骤可以更加精确和高效地在 SolidWorks 中使用"异型孔向导"来创建所需的孔特征,从而提升设计的专业性和准确性。

SolidWorks 三维软件中的异型孔向导和实际工程应用中的异型孔向导,虽然在功能和目的上是一致的,都是为了实现特定的机械连接或紧固需求,但它们之间存在一些区别,如表 3-12 所示。

表 3-12　SolidWorks 中的异型孔向导与实际工程应用中的异型孔向导的区别

序号	对比项目	SolidWorks 中的异型孔向导	实际工程应用中的异型孔向导
1	设计与实现环境	通过图形用户界面(GUI)操作,使用参数化工具和特征设计几何形状和尺寸	使用机械加工、铸造或锻造等工艺在物理部件上加工出来
2	修改与迭代	可以快速修改和迭代。设计调整时直接更改参数或几何形状,软件实时更新设计	加工完成后修改复杂,成本较高。需要重新加工或使用其他修复方法
3	精度与公差	设计非常精确,模型几乎无误差	受加工设备、材料特性和操作技术限制,存在公差,可能无法达到理想精度
4	可视化与分析	利用软件工具直观展示,可进行有限元分析等结构分析,预测使用性能	通过测量工具检测尺寸,无法直接进行复杂的结构分析,需通过实验或模拟评估性能
5	应用范围	可设计复杂和多样化的孔形状,不受物理加工限制	受材料、设备和成本限制,某些复杂或尺寸要求高的孔难以实现
6	交互性与反馈	可以与设计交互,如通过拖曳改变位置或参数输入调整尺寸,提供即时反馈	实际部件的修改和交互不如软件直观和灵活,反馈通常需要通过测量和测试获得

通过表 3-12,我们可以清晰地看到 SolidWorks 中异型孔向导设计的优势,如快速迭代、高精度设计、直观分析和强交互性,同时也指出了实际工程中可能面临的限制和挑战。这种对比有助于理解在设计阶段使用 CAD 软件的价值,以及如何将设计有效地转化为实际可制造的产品。

(9)检查和修改。

创建孔之后,检查孔是否符合设计要求。如果需要,可以对孔进行进一步的修改。

请注意,SolidWorks 的版本不同、设计需求不同,具体的操作步骤可能会有所不同。

结合前面测量的螺纹孔,点击特征中的"异型孔向导"。在工具栏侧,依次设置孔类型、标准、钻孔大小、孔规格、大小及终止条件、给定深度等。前面章节已经详述,此处直接使用。

4)拉伸切除 1

根据给出的参照零件,在预定安装位置,进入草图空间,绘制矩形草图,如图 3-35 所示。确认后,点击"拉伸切除"命令,如图 3-36 所示。

图 3-35　绘制矩形草图

图 3-36　"拉伸切除"操作命令截图

（1）成形模型。

在"拉伸切除"的方向中选择"给定深度"，如果前方不需要留模型，可以选择"完全贯穿"，如图 3-37、图 3-38 所示。应注意，要充分利用中间的原点设置起点。拉伸切除预览如图 3-39 所示。

图 3-37　拉伸切除

图 3-38　拉伸切除的"方向"选择

（2）干涉切割。

进入草图空间绘制后，同样在"方向"中选择"给定深度"，设定参数 15.5 mm，如图 3-40 所示。

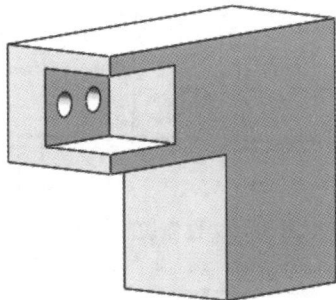

图 3-39　拉伸切除预览

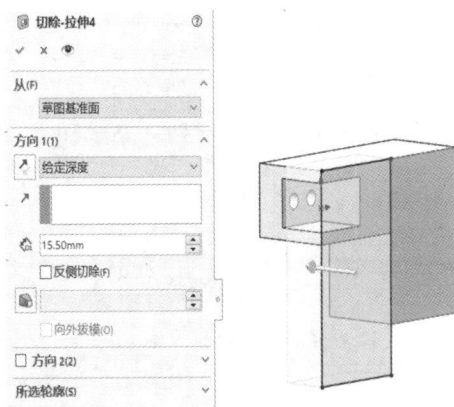

图 3-40　参数设置

（3）清根。

进入草图空间绘制后，在 90°直角处绘制直径为 4 mm 的圆。退出草图，在"方向"中选择"给定深度"，设定参数。清根预览如图 3-41 所示，清根效果如图 3-42 所示。

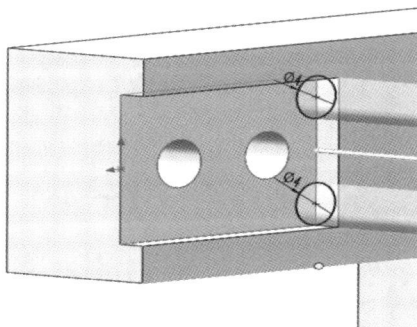

图 3-41　清根预览

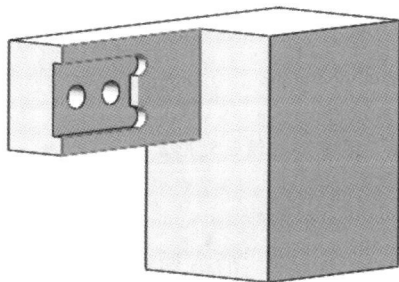

图 3-42　清根效果

应注意，在机械设计和制造领域，"清根""清角"或"倾角"是一些专业术语，它们用于描述在设计和制造过程中对零件的特定部位进行加工，以消除锐边、毛刺或不必要的材料，从而避免在装配过程中产生空间干涉，确保装配精度和零件的功能性。以下是这些术语的具体含义和应用：

① 清根。清根是指在零件的边缘或角落处加工出斜面，通常用于去除锐利的边缘，减少装配时的摩擦和干涉。

② 清角。清角与清根类似，也是在零件的角落处加工出斜面或圆角，以去除毛刺和锐边，提高装配的顺畅度。

③ 倾角。倾角通常指的是在零件上加工出特定角度，比如在轴或孔的边缘加工出一定角度的斜面，以便于零件的定位和装配。

（4）切割/挖空（开缺口）。

进入草图空间绘制后，在顶角处直接绘制草图，完成后退出草图。在"方向"中选择"给定深度"，设定参数。拉伸切除长度和拉伸切除宽度分别如图 3-43、图 3-44 所示。

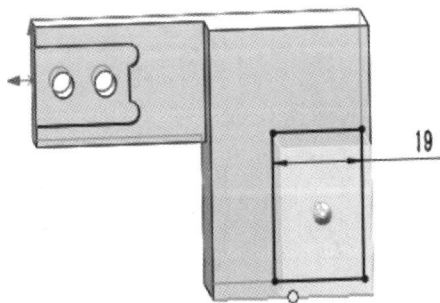

图 3-43　拉伸切除长度

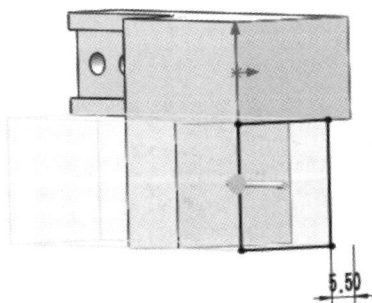

图 3-44　拉伸切除宽度

（5）弧度。

进入草图空间绘制，在端面绘制直径为 38 mm 的草图并进行切除。退出草图，在"方向 1"中选择"给定深度"，参数设定为 19 mm（见图 3-45）。右爪弧面造型如图 3-46 所示。

图 3-45　参数设定

图 3-46　右爪弧面造型

5）倒角

根据加工工艺设置工艺倒角。倒角侧视图和倒角轴测图分别如图 3-47、图 3-48 所示。

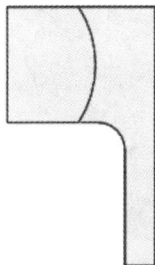

图 3-47　倒角侧视图

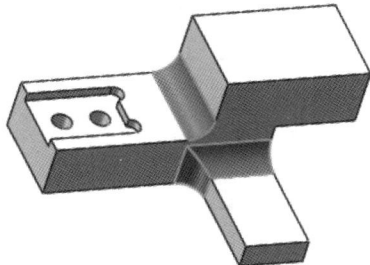

图 3-48　倒角轴测图

应注意，在工程设计中，倒角和倒圆是两种常见的边缘处理方式，它们的主要目的是去除尖锐的边缘，以提高产品的外观质量、减少应力集中、改善加工过程和提高产品的耐用性。倒角和倒圆的区别如表 3-13 所示。

表 3-13　倒角和倒圆的区别

项目	倒角	倒圆
定义	倒角是在零件的边缘处以 45°角或其他角度切去一部分材料，形成一个斜面	倒圆是在零件的边缘处去除尖锐的角，形成一个过渡圆弧
形状	通常呈直线斜边的几何形态	通常呈圆形或椭圆形
角度	可以是 45°，也可以根据需要设定为其他角度	倒圆的半径可以根据设计需要进行调整
应用	常用于零件的装配面，如螺栓孔或螺钉孔的边缘，以方便零件的插入和定位	常用于零件的应力集中区域，如焊缝、连接件的角落等，以减少应力集中
优点	去除毛刺，减少装配时的摩擦，便于零件的插入和定位	改善应力分布，减少应力集中，提高零件的强度和耐久性
材料去除	倒角和倒圆都需要从零件上去除材料，因此在设计时需要考虑材料的厚度和加工成本	

续表

项目	倒角	倒圆
尺寸精度	倒角和倒圆的尺寸需要精确控制,以确保装配的准确性和零件的性能	
加工方法	根据零件的材料和形状,选择合适的加工方法,如铣削、磨削或数控加工	
应力分析	虽然倒角主要用于改善装配性能,但在某些情况下,合理的倒角角度可以减少应力集中,因此在设计时也需要考虑其对零件应力分布的影响;在设计倒圆时,需要进行应力分析,以确定合适的半径,从而减少应力集中	
美观性	倒角和倒圆也用于提高产品的外观质量,因此在设计时需要考虑其对产品整体美观的影响	

在工程设计中,合理地应用倒角和倒圆可以显著提高产品的功能性和美观性,同时也有助于提高生产效率和降低成本。

6)拉伸切除 2

继续完善细节,抓取零件需要考虑增大摩擦力,在抓取接触面开槽。开槽截面草图如图 3-49 所示,开槽模型如图 3-50 所示。

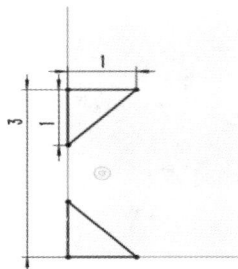

图 3-49　开槽截面草图

图 3-50　开槽模型

7)尺寸标注

结合参照尺寸,进行尺寸标注,调整到图 3-51 中给出的尺寸值。

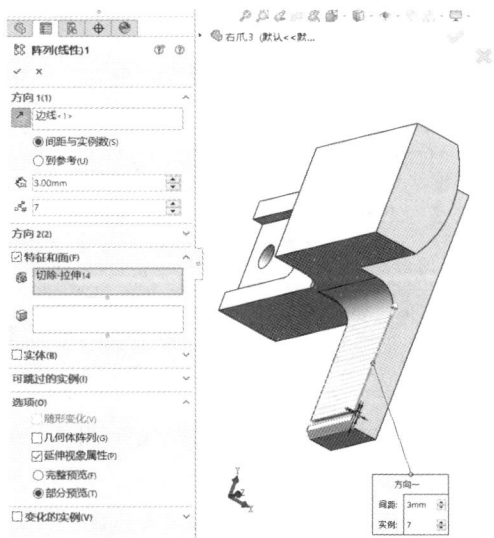

图 3-51　尺寸标注

8）确定

点击"√"确认,表示完成阵列命令,根据草图生成的右爪三维建模零件如图 3-52 所示。完成的右爪模型如图 3-53 所示。

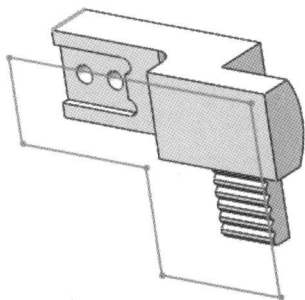

图 3-52 右爪三维建模零件   图 3-53 右爪模型

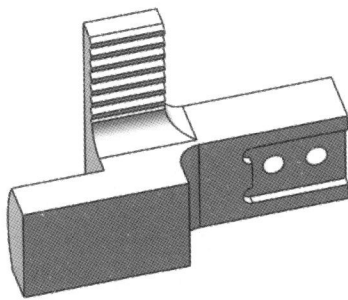

在 SolidWorks 软件中,线性阵列和圆周阵列是两种用于创建重复特征的阵列工具,它们可以快速将特征(如孔、凸台、凹槽等)复制到特定的几何形状中。

线性阵列用于沿一条直线或线性草图实体(如直线、矩形边等)复制特征。以下是创建线性阵列的一般步骤:

（1）选择要复制的阵列的特征。

（2）选择线性阵列。在特征工具栏中,点击"线性阵列"图标。

（3）选择阵列方向。选择一个线性草图实体作为阵列的方向。

（4）设置阵列参数。

① 数量。输入要创建的阵列实例总数。

② 间距。指定相邻实例之间的距离。

③ 距离。指定整个阵列沿选定方向的总距离。

（5）选择阵列选项。

① 复制。选择是否复制特征或仅偏移草图。

② 方向。确认阵列的方向。

③ 预览和确认。在创建阵列之前,预览阵列效果,并确认无误。

（6）创建阵列。点击"确定"或"应用"按钮,完成线性阵列的创建。

圆周阵列用于实体或圆形面复制特征。以下是创建圆周阵列的一般步骤:

（1）选择要复制的阵列的特征。

（2）选择圆周阵列。在特征工具栏中,点击"圆周阵列"图标。

（3）选择阵列中心。选择一个圆形草图实体或圆形面作为阵列的中心。

（4）设置阵列参数。

① 数量。输入要创建的阵列实例总数。

② 角度。指定整个阵列围绕中心旋转的总角度。

（5）选择阵列选项。

① 复制。选择是否复制特征或仅偏移草图。

② 方向。确认阵列的方向(顺时针或逆时针)。

③ 预览和确认。在创建阵列之前,预览阵列效果,并确认无误。

(6) 创建阵列。点击"确定"或"应用"按钮,完成圆周阵列的创建。

线性阵列和圆周阵列都是提高设计效率的强大工具,它们允许快速创建重复的特征,而无须手动复制每个实例。这些阵列工具在机械设计、产品设计和工程设计中非常有用。

9) 完成

根据右爪模型完成左爪三维建模。左爪三维图如图 3-54 所示。左、右爪三维图如图 3-55 所示。

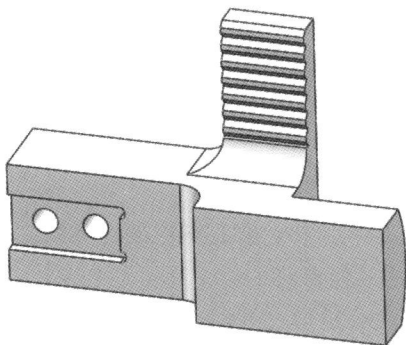

图 3-54　左爪三维图　　　　　　　图 3-55　左、右爪三维图

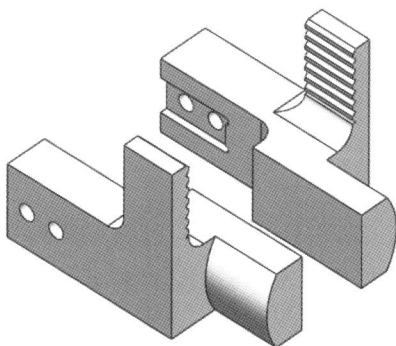

3. 特征建模基础

同样一个特征,可以采用多种方式建模。以下介绍几种常见的凸台生成方式。

1) 拉伸特征

以下介绍增材——拉伸生成特征。

选择特征工具:在特征管理树中,选择想要添加拉伸凸台的面或体。

插入拉伸凸台特征:在特征工具栏中,找到并点击"拉伸"工具,或者在特征管理树中选择面或体后,点击鼠标右键并选择"新建特征",然后选择"拉伸"。

选择拉伸方向:选择拉伸凸台的起始面,确定拉伸的方向。这可以是默认的,也可以是自定义的。

设置深度:输入或选择拉伸凸台的深度。这可以是绝对值,也可以是相对于模型的某个特征的尺寸。

选择结束条件:选择拉伸凸台的结束条件,例如"到下一特征""完全穿透"或"到指定面"。

选择是否合并结果:如果拉伸凸台与现有的其他特征相交,则可以选择"合并结果"以形成一个单一的实体。

预览效果:在应用更改之前,SolidWorks 允许用户预览拉伸凸台的效果,以确保符合用户的设计意图。

应用更改:确认预览效果后,点击"确定"应用拉伸凸台特征。

通过拉伸草图生成三维实体,可以设置拉伸的长度、方向和是否去除材料。

所要创建的模型如图 3-56 所示,凸台-拉伸如图 3-57 所示。

图 3-56 创建的模型

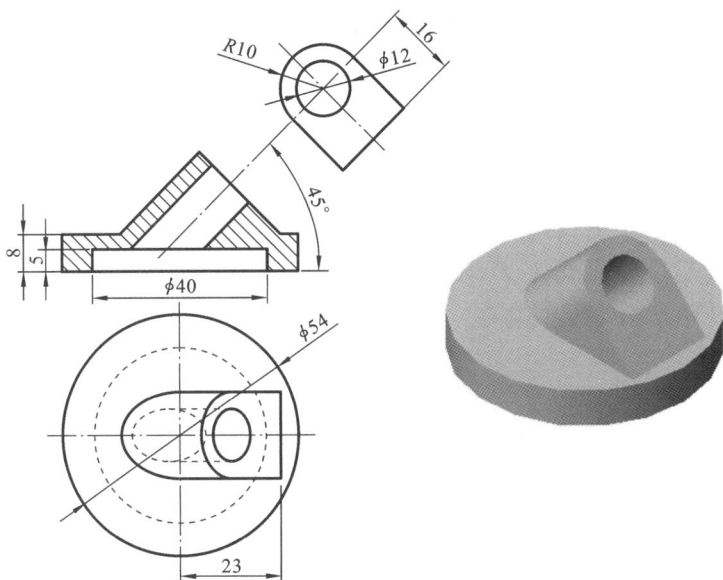

图 3-57 凸台-拉伸

2) 旋转特征

(1) 增材——拉伸生成特征:旋转凸台/拉伸。

创建草图:旋转需要创建的平面来创建一个新的草图,这将作为旋转特征的基础。

定义轮廓:在草图中绘制你想要旋转的轮廓,可以是直线、圆、弧或其他形状。

选择旋转轴:确定旋转轴的位置。这可以是草图中的一条线或一个点。

设置旋转角度:选择旋转凸台/拉伸特征后,可以设置旋转的角度。通常,可以通过 360°来创建一个完整的实体,或者是通过一个小于 360°的角度来创建一个曲面。

应用旋转特征:完成上述步骤后,应用旋转特征来旋转凸台(见图 3-58)。SolidWorks 将根据设置自动生成三维模型。

围绕某一轴线旋转草图轮廓生成三维实体,适用于创建圆柱形或圆锥形特征。

图 3-58　旋转凸台

(2)减材——切除生成特征:拉伸切除。

选择特征工具:在特征工具栏中,找到并点击"拉伸切除"工具。

选择要切除的面或边:在模型上选择想要进行拉伸切除的面或边,这通常是需要去除材料的区域。需要切除的模型如图 3-59 所示,绘制草图如图 3-60 所示。

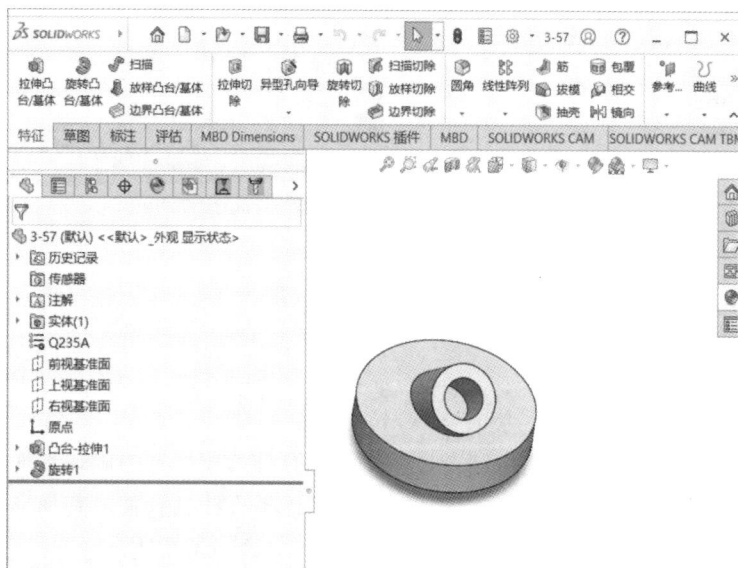

图 3-59　需要切除的模型

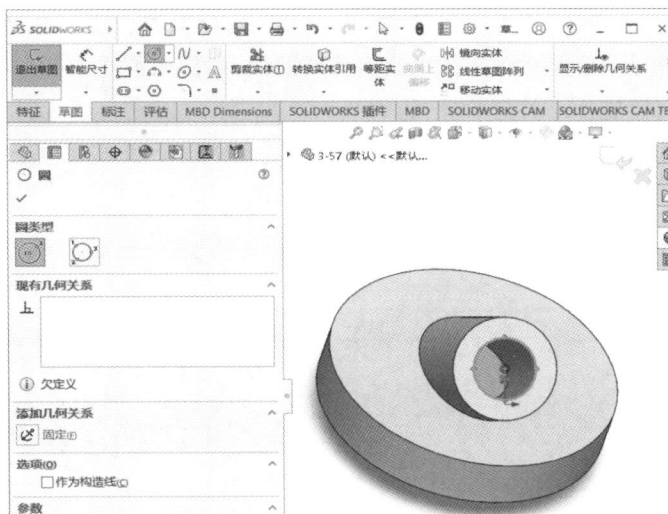

图 3-60 绘制草图

设置深度：输入或选择切除的深度。这可以是绝对值，也可以是相对于模型的某个特征的尺寸。

设置方向：选择拉伸切除的方向。这可以是模型的默认方向，也可以是自定义的。

选择是否穿透：决定拉伸切除是否穿透整个模型。如果选择穿透，则切除将完全贯穿所选面，如图 3-61 所示。

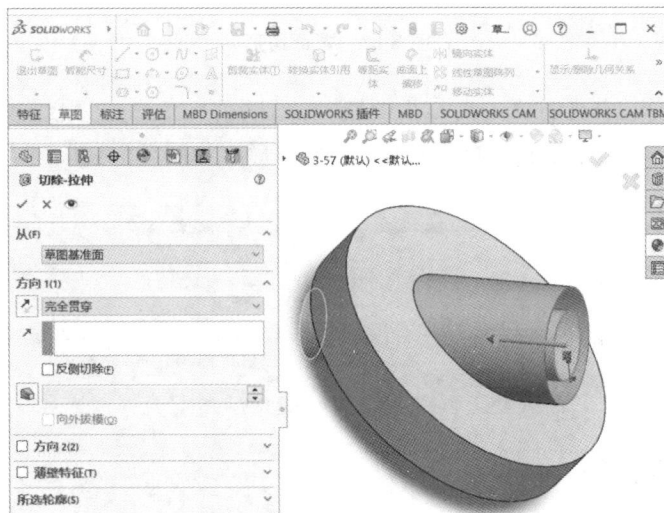

图 3-61 完全贯穿

预览效果：在应用更改之前，SolidWorks 允许用户预览拉伸切除的效果（见图 3-62），以确保其符合设计意图。

应用更改：确认预览效果后，点击"确定"，应用拉伸切除特征。

3）扫描特征

在 SolidWorks 中，扫描特征是一种用于创建三维形状的

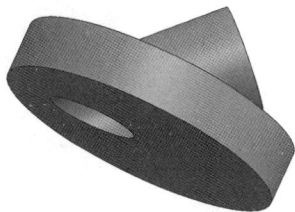

图 3-62 预览效果

工具,它通过沿着一条路径(称为轨迹线)扫描一个轮廓(称为剖面)来生成实体或曲面。使用一个草图轮廓沿另一草图路径扫描生成实体或曲面,适用于创建复杂形状。

以下介绍使用扫描特征的基本步骤。

(1)创建剖面:创建一个二维草图作为扫描的剖面。这个剖面可以是任何形状,例如矩形、圆形或更复杂的几何形状。先绘制截面图形,如图 3-63 所示。

图 3-63　截面图形

(2)创建轨迹线:首先需要定义扫描的路径,可以是一条直线、曲线或由多个线段组成的复合路径。然后旋转与之垂直的基准面,绘制轨迹线,如图 3-64、图 3-65 所示。

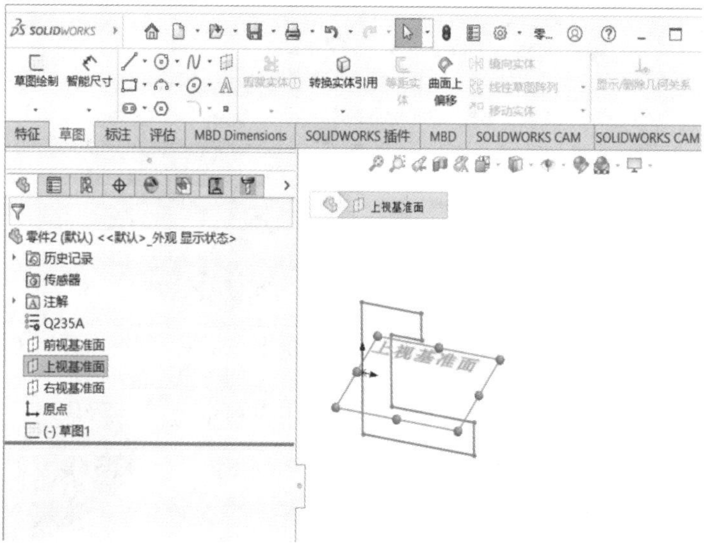

图 3-64　旋转基准面

图 3-65　绘制轨迹线

（3）选择扫描类型：在 SolidWorks 中，可以为扫描特征选择恒定剖面和可变剖面两种类型。

① 恒定剖面：剖面在扫描过程中保持不变。

② 可变剖面：剖面可以沿着轨迹线改变大小或形状。

（4）应用扫描特征：选择剖面和轨迹线后，应用扫描特征。SolidWorks 会根据设置生成三维模型。通过扫描建立零件特征，如图 3-66 所示。

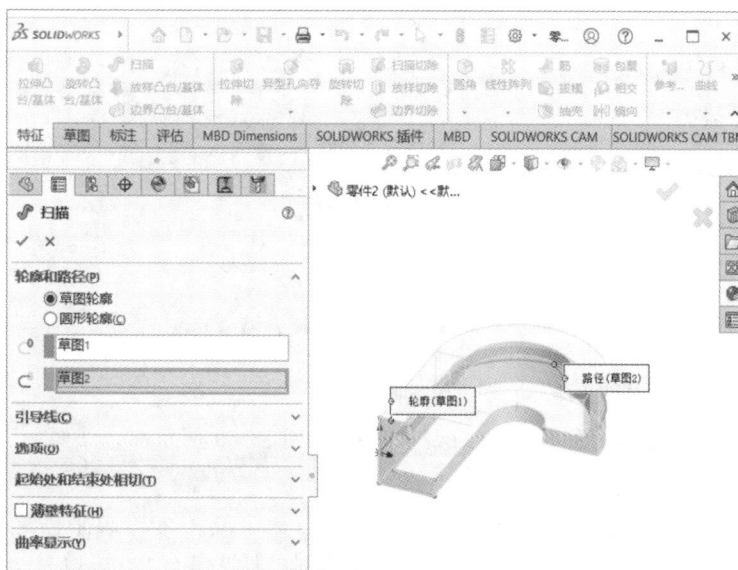

图 3-66　扫描

（5）调整扫描参数：可以通过调整剖面的大小、旋转或位置来控制扫描结果。对于可变剖面，还可以设置剖面沿轨迹线的变化。

（6）使用引导线（可选）：在某些情况下，可能需要使用引导线来控制剖面在扫描过程中的宽度或形状变化。

（7）修改和迭代：扫描特征创建后，可以修改轨迹线、剖面或扫描参数，SolidWorks 会实时更新模型以反映这些变化。

4）镜像特征

可以选择一个或多个特征，然后使用"镜像"命令（软件界面显示为"镜向"）来生成它们的镜像副本。这适用于需要创建对称形状的情况。操作步骤如下：

（1）选择需要镜像的特征或整个零件。

（2）使用"工具"→"镜像"命令。

（3）选择镜像平面，可以是已有的平面或新创建的平面。

（4）确定并应用镜像操作。

以下对图 3-67 所示的异形钢进行镜像操作。

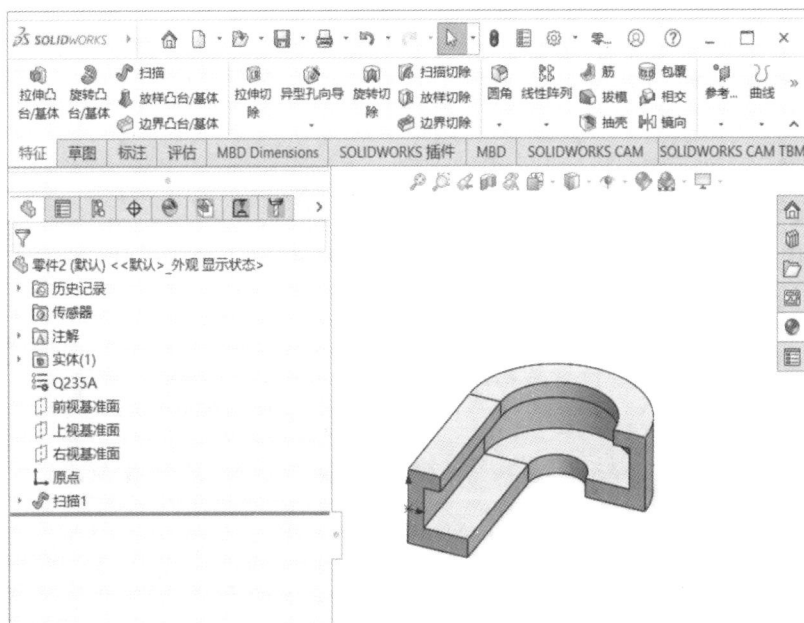

图 3-67　异形钢

① 生成左右镜像建模形状，如图 3-68 所示。

② 在左右镜像建模之后，进行前后镜像建模，如图 3-69 所示。

5）放样特征

放样特征是一种通过沿着一条或多条路径扫描一个或多个轮廓来创建三维形状的工具。放样特征通常用于创建复杂的曲面或实体，其可以是开放的，也可以是封闭的。以下是使用放样特征的基本步骤。

（1）选择放样类型：确定想要使用的放样类型。放样可以是单向放样，也可以是多向

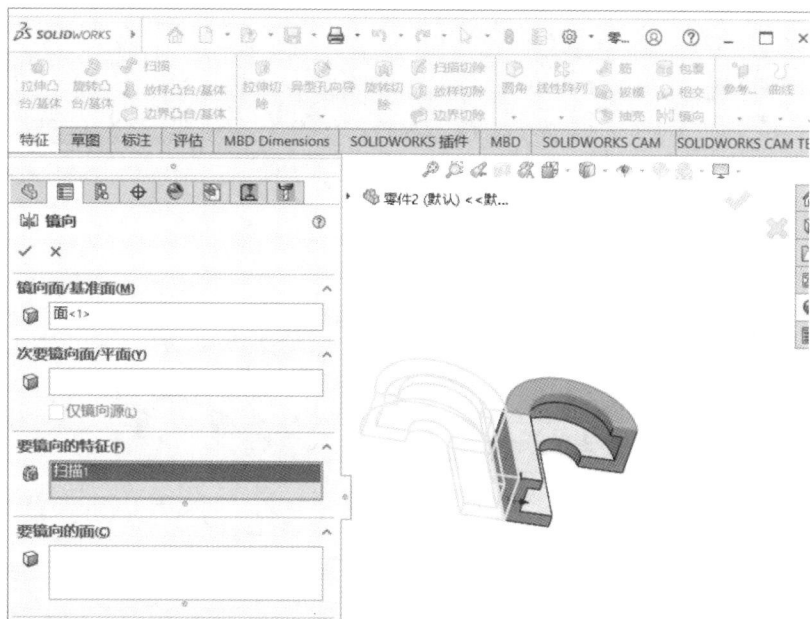

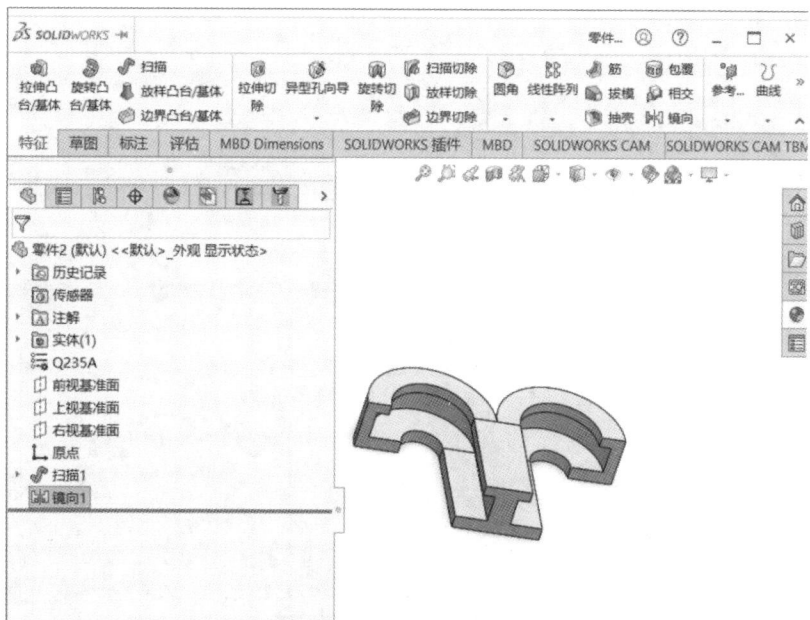

图 3-68 左右镜像建模

放样。

① 单向放样:沿着一条路径扫描一个轮廓。路径如图 3-70 所示。

② 多向放样:沿着多条路径扫描一个轮廓。

(2) 带引导曲线的放样:使用引导曲线控制放样的厚度或剖面的变化。

(3) 创建或选择轮廓:定义或选择将要用于放样的二维草图轮廓,可以是一个轮廓,也可以是多个轮廓,取决于放样的复杂性,如图 3-71 所示。再选择另外一个基准面,如图 3-72

图 3-69　前后镜像建模

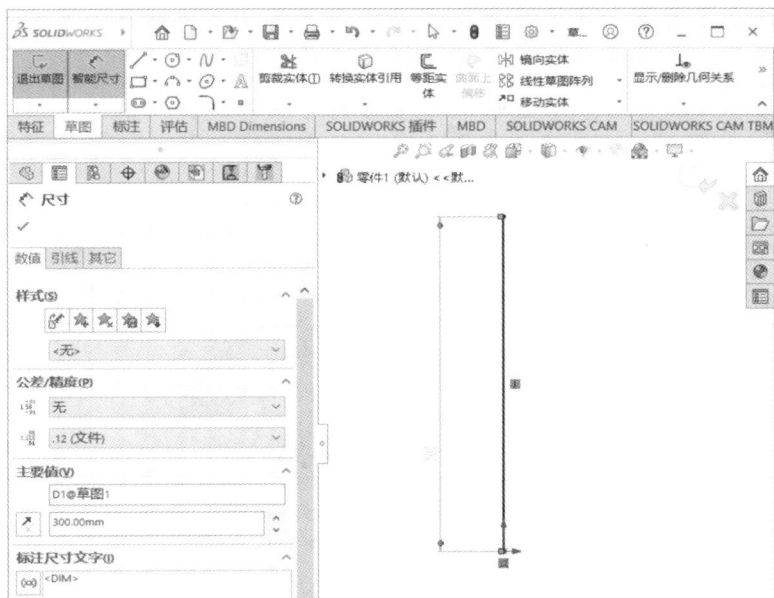

图 3-70　路径

所示。

（4）定义路径：创建或选择用于扫描的路径，放样将沿着此路径进行。路径可以是直线、曲线，也可以是由多个线段组成的复合路径，如图 3-73 所示。

（5）设置放样参数：根据需要设置放样的参数，例如轮廓的起始和结束位置、路径的方向等。

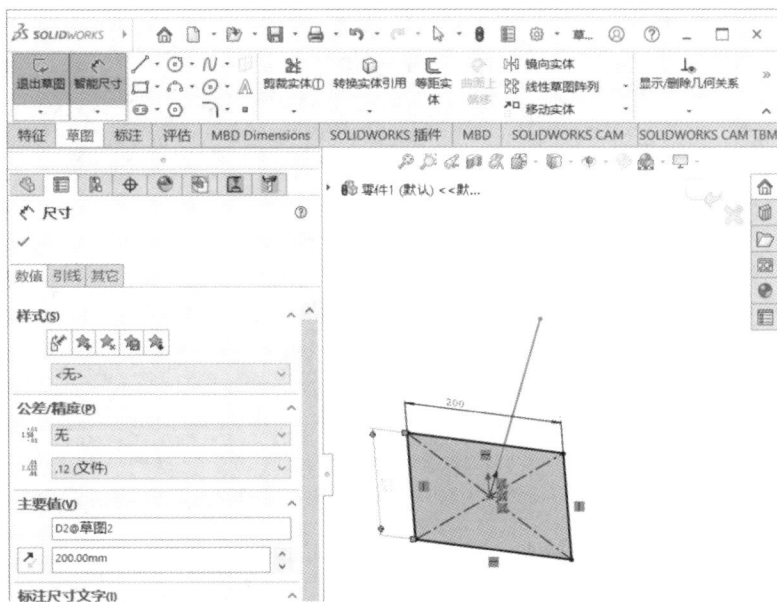

图 3-71　轮廓

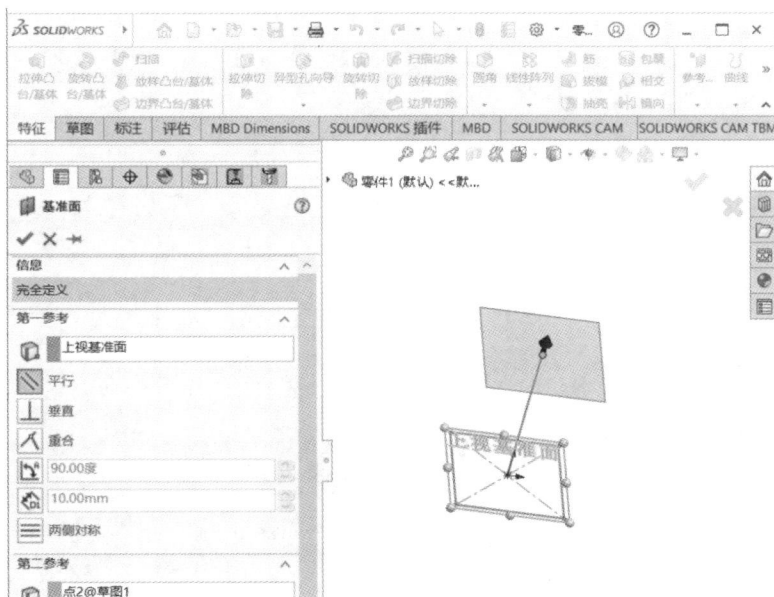

图 3-72　另外一个基准面

（6）应用放样特征：选择轮廓和路径后，应用放样特征。SolidWorks 将根据设置生成三维模型，如图 3-74、图 3-75 所示。

（7）使用引导线（可选）：如果需要，可以添加引导线来控制放样的厚度或剖面的变化。

（8）调整和优化：放样特征创建后，可以调整轮廓、路径或放样参数，以优化设计。

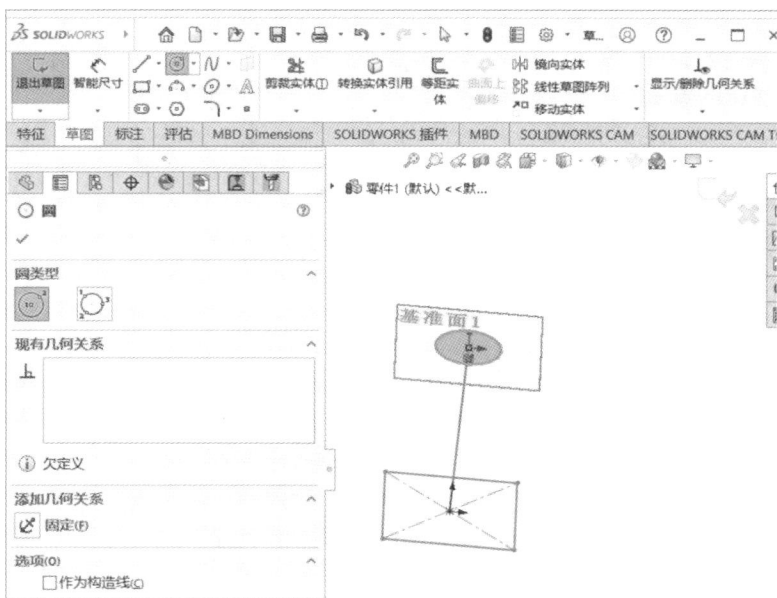

图 3-73　定义路径

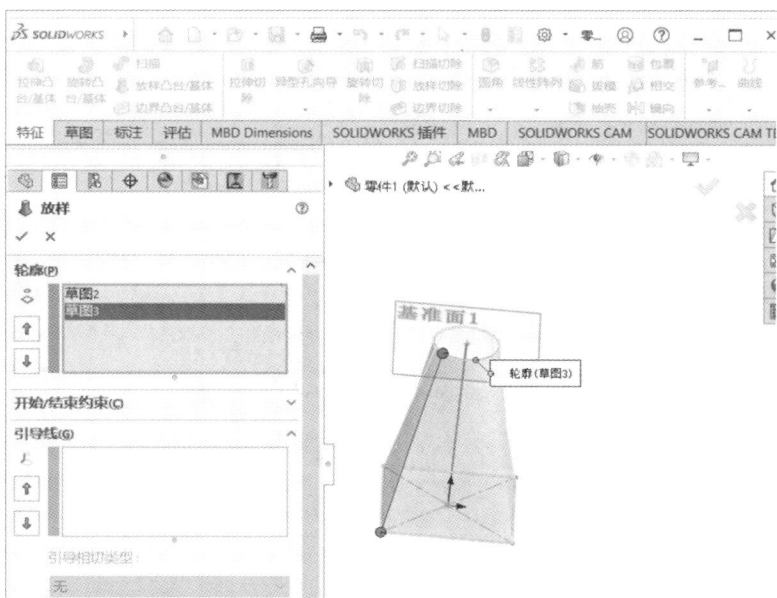

图 3-74　放样：天圆地方

SolidWorks 会实时更新模型以反映这些变化。

（9）合并或修剪放样：在某些情况下，可能需要合并多个放样体或修剪放样以创建所需的形状。

放样特征在创建沿路径变化的复杂曲面时非常有用，例如飞机的机翼、汽车的车身面板、管道和电缆等。放样提供了一种灵活的方法来创建复杂的几何形状，而无须手动编辑每

图 3-75　天圆地方三维模型

个截面。

通过在两个或多个草图轮廓之间进行放样生成实体或曲面,可以创建多变的三维形状。图 3-76、图 3-77 所示即使用引导曲线控制放样得到的艺术体。

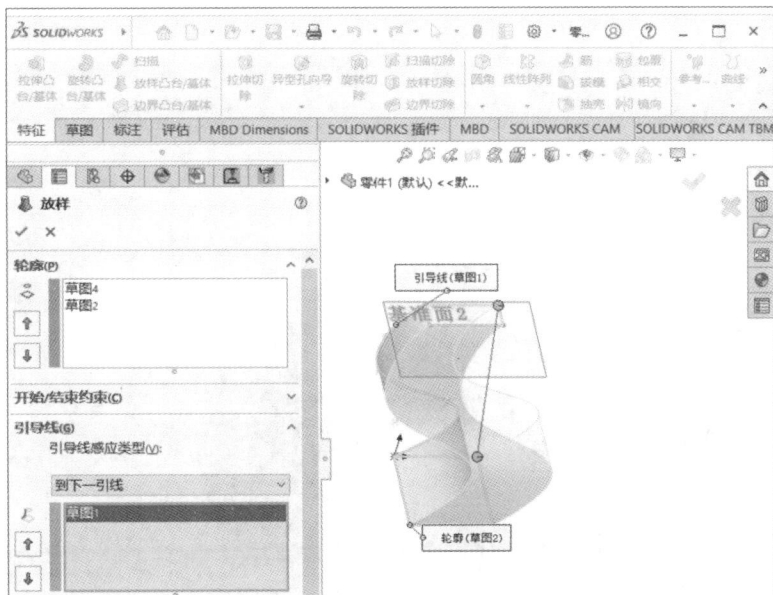

图 3-76　放样:艺术体

6)圆角(倒圆)和倒角

在实体的边缘添加圆角或倒角,以改善设计的外观和减少应力集中。

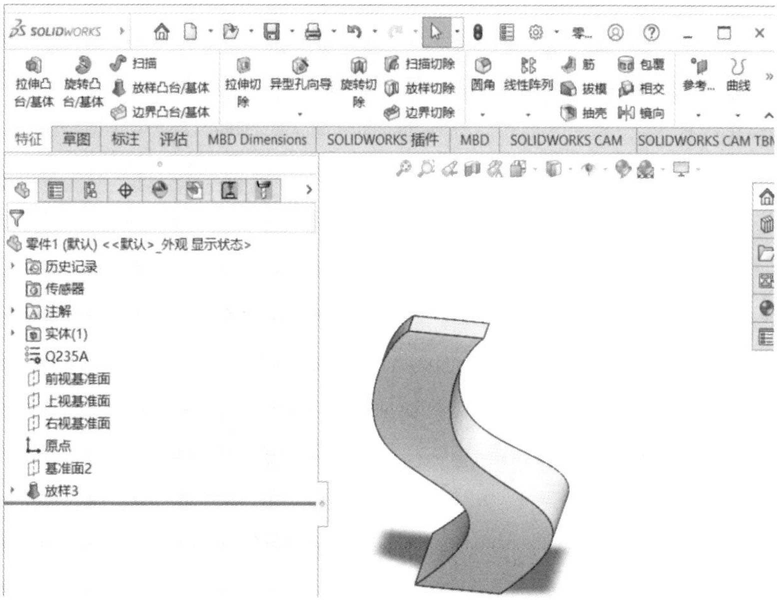

图 3-77　艺术体三维模型

（1）圆角。

选择圆角工具：在特征工具栏中选择"圆角"命令。

选择边缘：选择想要添加圆角的边线或顶点，可以一次选择多条边线，如图 3-78 所示。

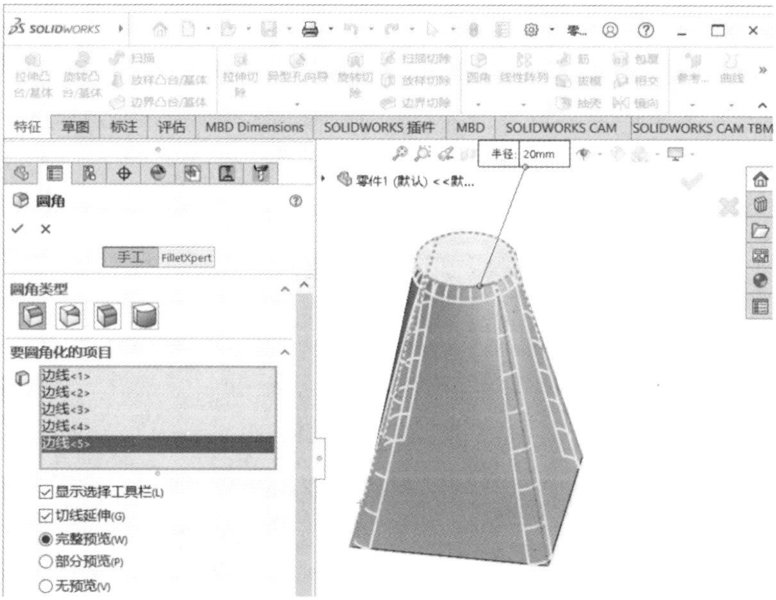

图 3-78　添加边线

设置圆角大小：输入圆角的半径。对于不同的情况，可能需要不同大小的圆角。

应用圆角：确认圆角的预览效果，然后应用该特征。圆角效果如图 3-79 所示。

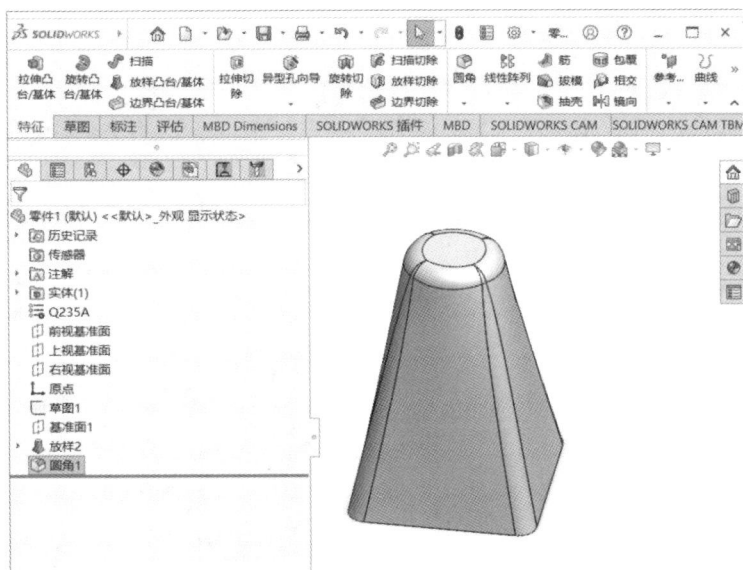

图 3-79 圆角效果

调整圆角:如果需要,可以调整圆角的大小或选择不同的边线。

(2) 倒角。

选择倒角工具:在特征工具栏中选择"倒角"命令。

选择边缘:选择想要添加倒角的边缘。通常,倒角用于两个平面的交线处,如图 3-80 所示。

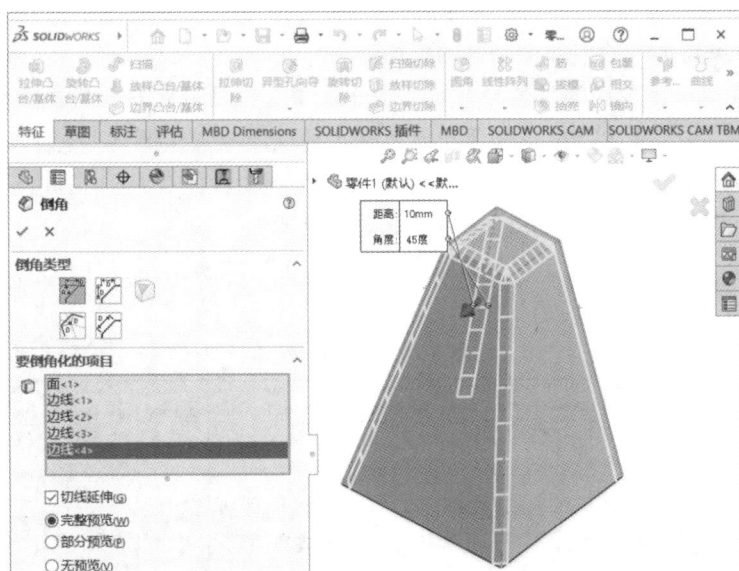

图 3-80 倒角用于两个平面的交线处

设置倒角距离和角度:输入倒角的距离(长度)和角度。距离是倒角从边缘开始的直线部分的长度,角度是倒角面与原始平面之间的角度。

应用倒角:确认倒角的预览效果(见图 3-81),然后应用该特征。

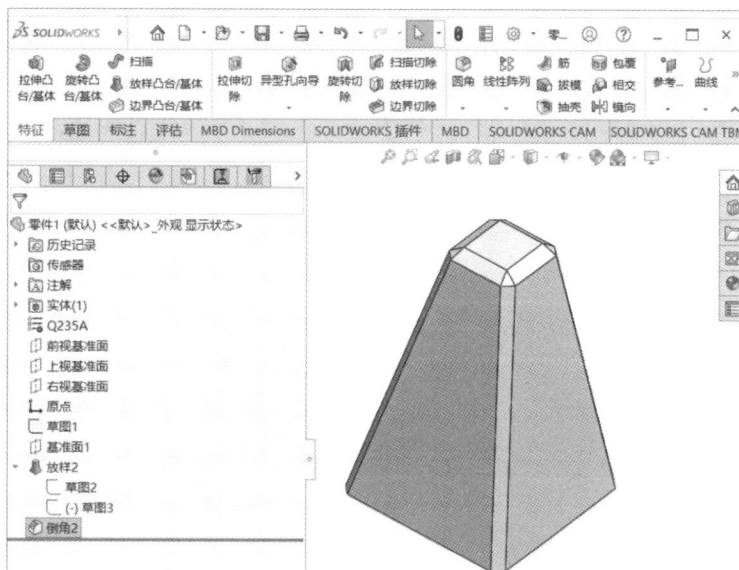

图 3-81　倒角效果

调整倒角：如果需要，可以调整倒角的距离和角度。

4. 问题归纳与自我测评

（1）工业自动化的背景理解。描述工业自动化的重要性，并解释劳动力成本上升和技能工人短缺如何推动自动化技术的发展。

（2）机器人搬运线段的应用场景分析。列举机器人搬运线段在不同行业中的具体应用，并讨论其对提高生产效率和准确性的贡献。

（3）夹取式机械手设计的技术要求。根据教材内容，说明夹取式机械手设计时需要考虑哪些技术要求，并解释为什么这些要求对机械手的性能至关重要。

（4）SolidWorks 建模软件的使用。解释 SolidWorks 软件在夹取式机械手设计过程中的作用，并讨论掌握其基础知识和高级建模概念的重要性。

（5）特征命令的掌握情况。根据表 3-14，列出在夹取式机械手设计中使用的特征命令，并简述每个命令的功能和应用场景。

表 3-14　自我测评

自我测评问题编号	问题描述	理解程度	操作熟练度	应用能力	创新与问题解决
1	描述工业自动化在现代制造业中的作用，并解释自动化技术如何应对劳动力成本上升和技能工人短缺的问题	初级	中级	高级	中级
2	列出夹取式机械手设计的关键要素，并自我评估对每个要素理解的深度	初级	中级	高级	高级
3	反思在 SolidWorks 中进行三维建模的过程，包括草图绘制、特征命令使用等，评估操作熟练度	中级	高级	中级	中级

自我测评问题编号	问题描述	理解程度	操作熟练度	应用能力	创新与问题解决
4	选择几个特征命令,并自我评估在实际建模过程中应用这些命令的能力	初级	高级	高级	中级
5	评估在创建装配图纸和材料明细表方面的技能,包括尺寸标注、公差设置等	中级	中级	高级	高级

任务四 三维模型竞赛模拟题

模拟题:零件建模。

任务描述:使用三维建模软件创建一个具有复杂几何特征的零件模型。该零件应包括但不限于以下特征:拉伸特征、旋转特征、扫描特征、合特征、倒角和圆角。

要求:零件尺寸精度需符合工程图要求。模型(见图3-56)需包含适当的工程图视图和标注。

一、拔高训练

1. 3D草图框架建模

3D草图框架建模功能能够设计复杂的三维几何形状和结构,这在搭建设备钢构模型时尤其有用。

通过3D草图,可以创建立体的连接、支撑结构和其他空间几何形状,为后续的建模工作提供框架。

1)进入3D草图环境

在SolidWorks中,可以通过点击"3D草图"工具来进入3D草图环境,开始在三维空间中自由绘制。用户可以先选择需要摆放的基准面,再点击"3D草图"。

(1)选择基准面。

建议先选择一个基准面,如XY平面、XZ平面或YZ平面,作为3D草图的起始面。

选择基准面时,应考虑到最终模型的空间布局和设计要求,确保3D草图的方向和位置正确。

(2)使用3D草图工具。

进入3D草图环境后,可以使用各种3D草图工具(如"直线""圆""圆弧""矩形""多边形"等)进行绘制。通过这些基本形状构造更复杂的3D几何体。3D草图工具如图3-82所示。

(3)绘制3D草图。

在三维空间中绘制草图时,可以自由地在不同平面上添加草图实体,并通过"视图"工具在不同方向观察和编辑草图。使用"添加关系"和"尺寸"工具来定义草图实体的相对位置和

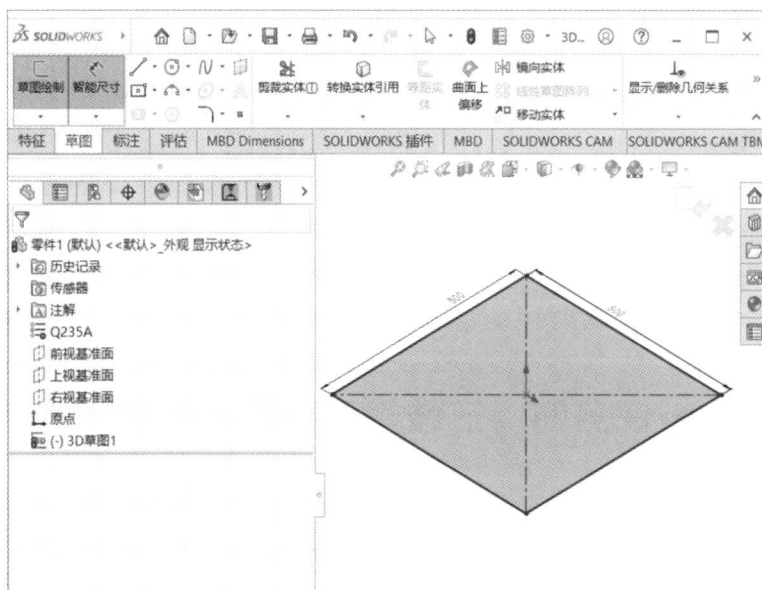

图 3-82 3D草图工具

大小，确保设计的准确性。通过定义几何元素之间的空间关系，如平行、垂直、相切等，以确保设计的准确性。标注尺寸与等高约束如图 3-83 所示。

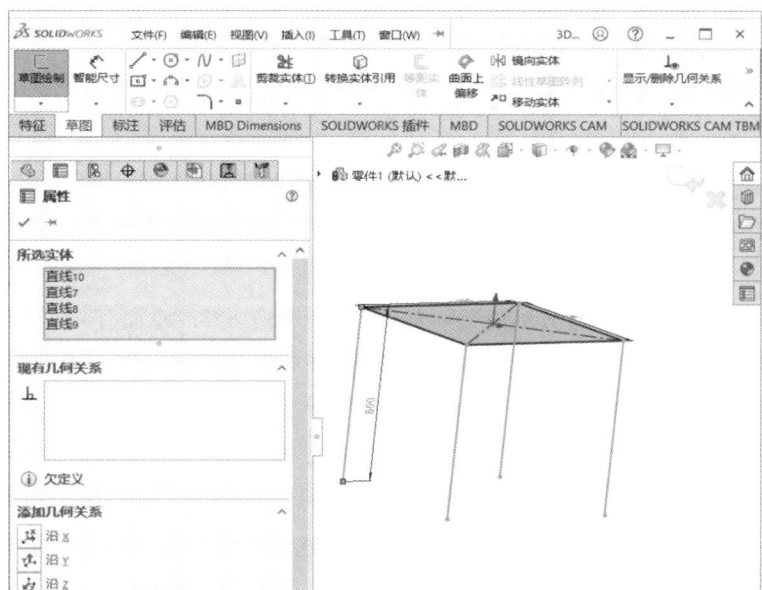

图 3-83 标注尺寸与等高约束

2）焊件

添加结构构件：在"插入"下拉菜单中的"焊件"中，使用"结构构件"工具来添加各种焊接构件，如方形管、角钢、槽钢等，这些构件可以基于标准尺寸或自定义尺寸。

选择常见的方形管，如图 3-84 所示，调整钢构如图 3-85 所示。

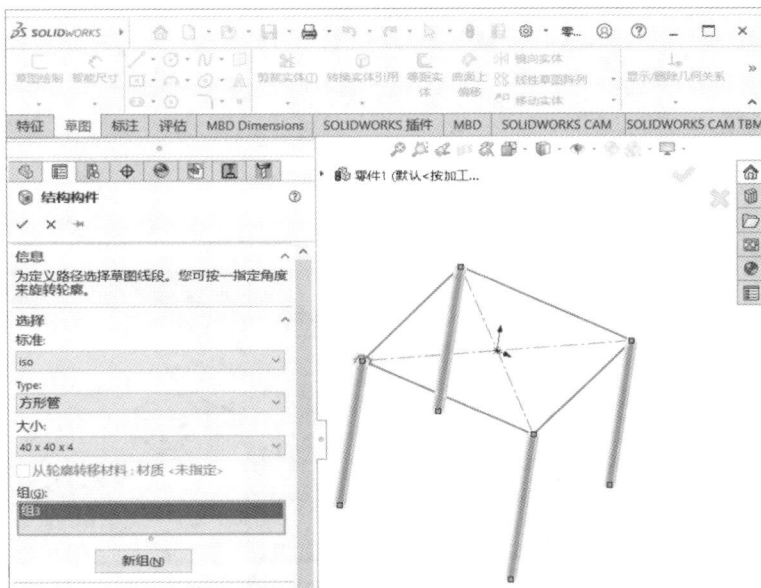

图 3-84 选择方形管

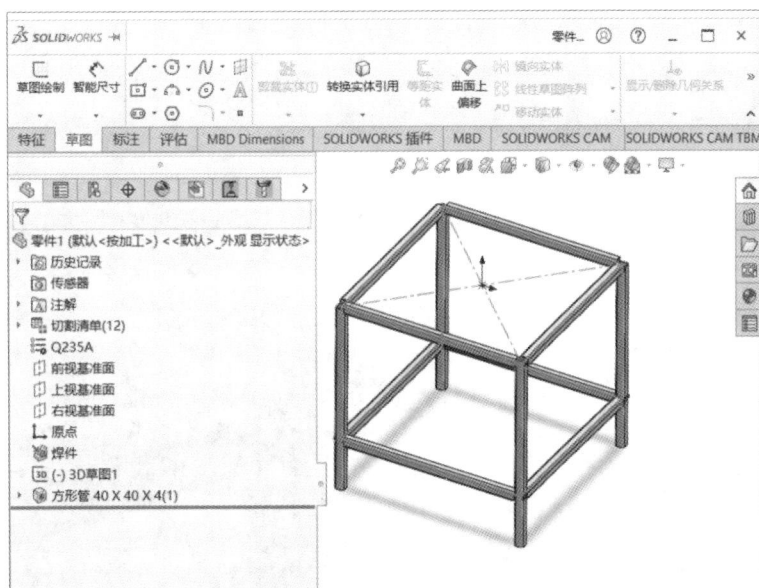

图 3-85 调整钢构 1

（1）钢构裁剪，具体步骤如下。

① 选择需要裁剪的构件。

② 选择构件并使用"剪裁"命令来定义裁剪的范围。

③ 选择构件的末端或中间的某一部分，然后应用"剪裁"命令以缩短构件。

④ 确认裁剪线或分割面后，应用"剪裁"命令来修改构件的长度或形状。

钢构裁剪如图 3-86 所示，调整钢构如图 3-87 所示。

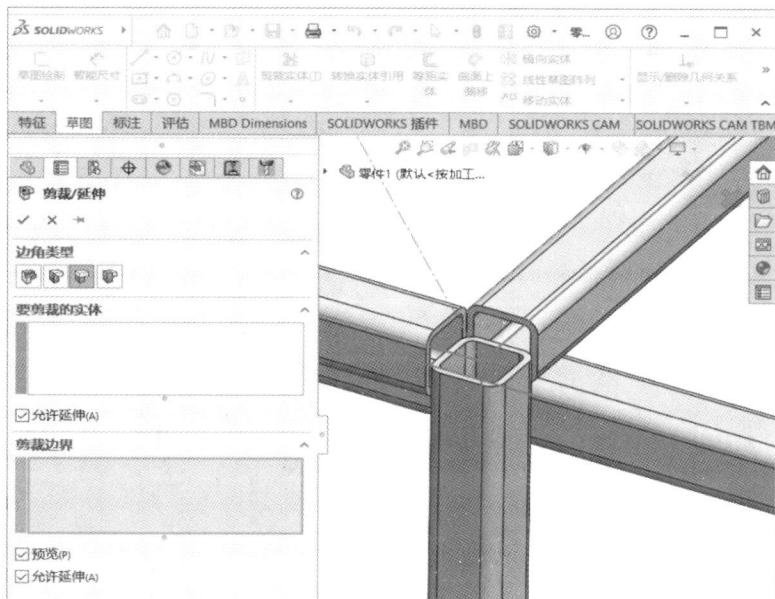

图 3-86　钢构裁剪

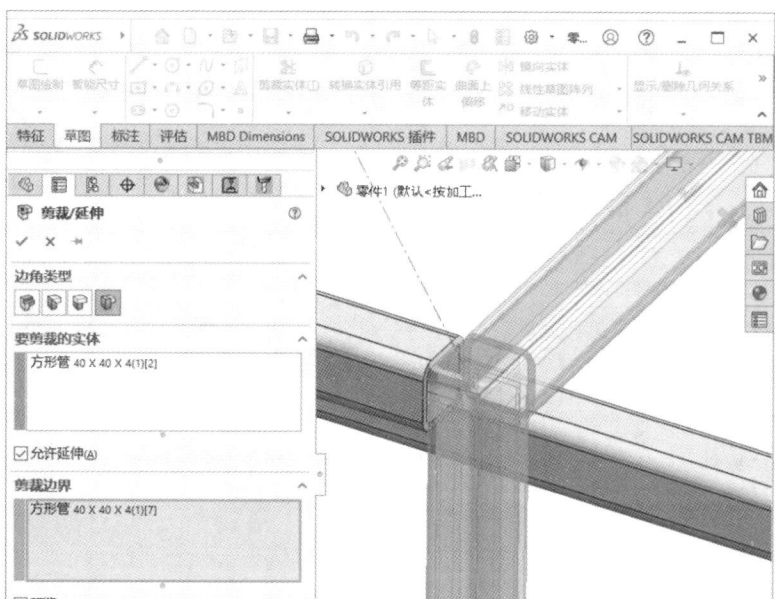

图 3-87　调整钢构 2

（2）延伸构件。

如果需要延伸构件，则使用"延伸"命令。

选择构件的末端并指定延伸的长度或到特定点，如图 3-88 所示。

（3）顶端盖。

设置参数，在"厚度方向"上，可以选择突出表面、与钢构镶嵌、与钢构断面平齐三种方式。同时，设置等距值，并对边角进行圆角或者倒角处理，如图 3-89 所示，设置好的钢构端面如 3-90 所示,绘制好的草图如图 3-91 所示。

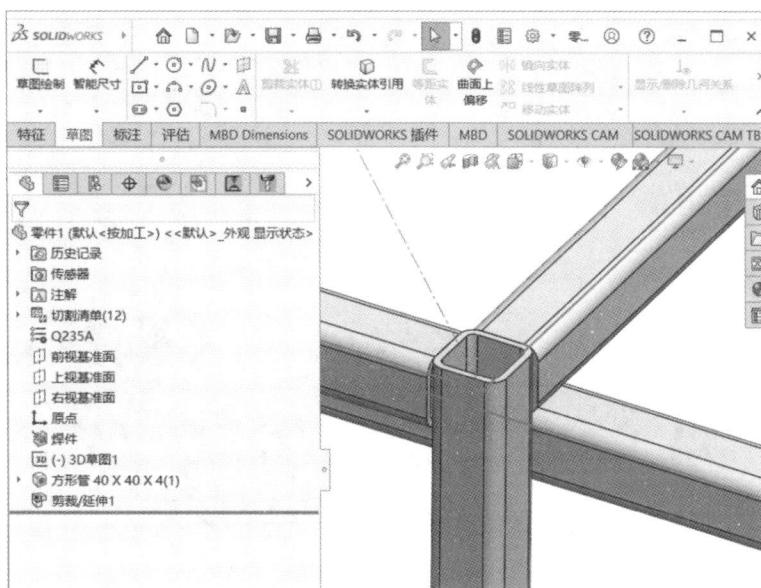

图 3-88 延伸构件

图 3-89 顶端盖相关设置

2. 迭代设计

在设计优化中,根据制造反馈和设计验证,对结构构件进行迭代调整。例如,将方形管更换为角钢,以降低成本、提高加工便利性和结构稳定性,如图 3-92、图 3-93 所示。调整后需重新评估性能并验证,确保满足设计要求。这一过程需要制造团队的紧密合作,以实现高效、经济的设计优化。

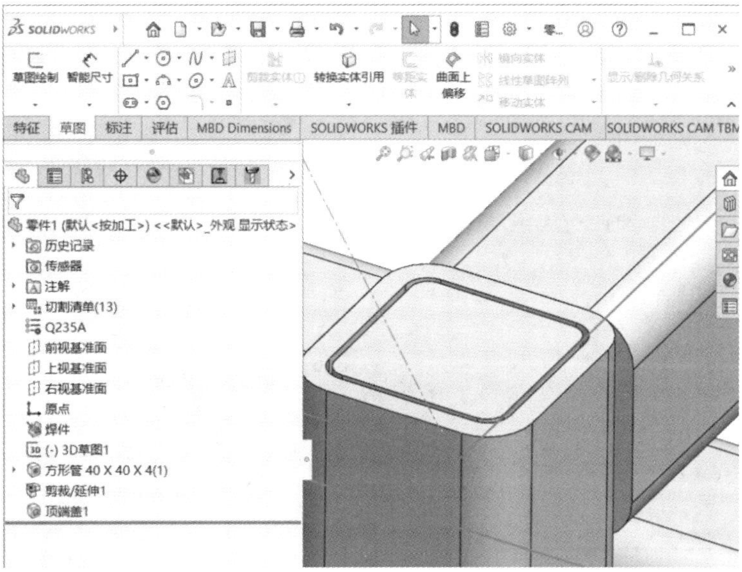

图 3-90　钢构端面

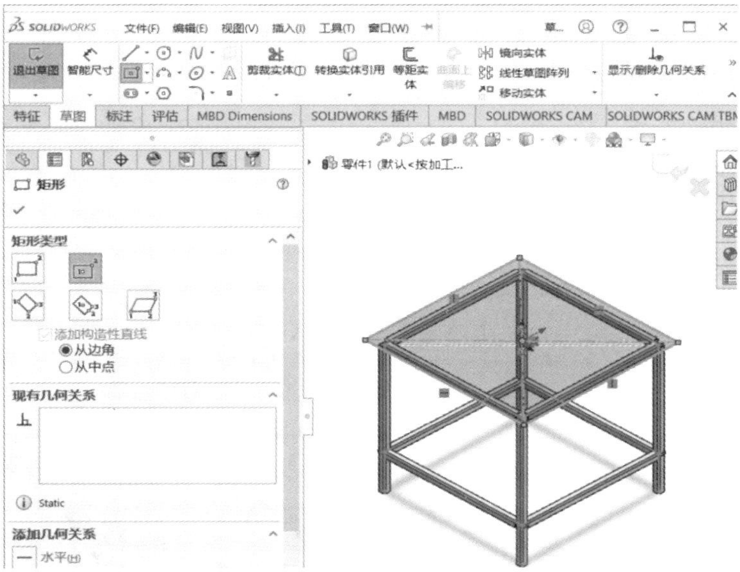

图 3-91　绘制好的草图

1）与其他工具集成

3D 草图可以与其他 SolidWorks 工具集成，如装配、焊接、钣金和模拟，实现多学科设计的综合应用。

2）保存和分享

保存设计并在需要时分享或输出为不同格式，如 STEP 格式、IGES 格式等，以便与其他团队成员或制造商协作。

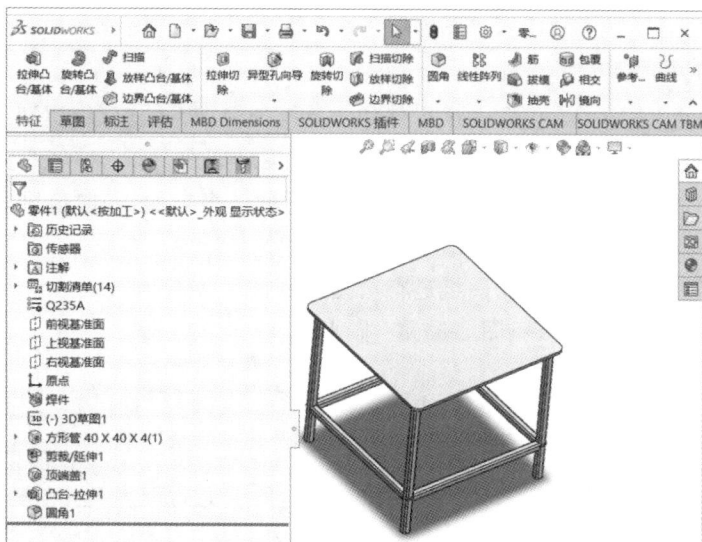

图 3-92　工作台

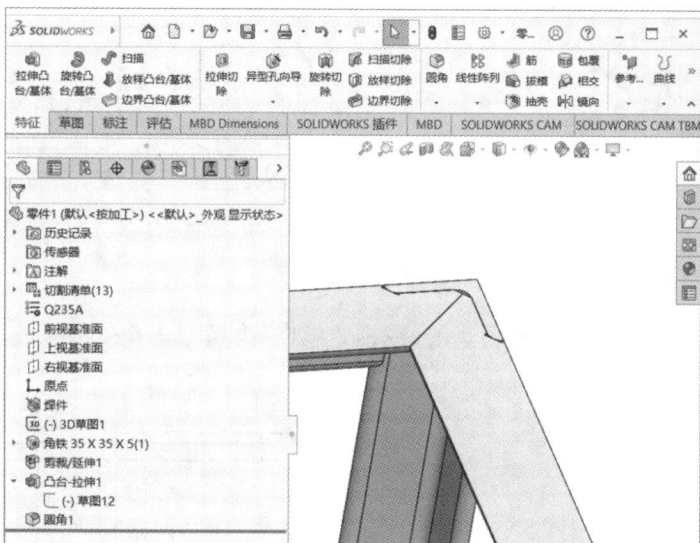

图 3-93　角钢

二、模拟赛项训练

在 SolidWorks 软件中进行三维模型竞赛时,模拟题可以围绕以下几个方面来设计,以考查参赛者的建模技巧、创新能力、问题解决能力和对 SolidWorks 软件的掌握程度。

1. 复杂零件建模

题目:根据给定的实物或图片,重建其三维模型。

要求:展示对实物特征的理解和模型重建的准确性。

2. 设计优化

题目:对给定的模型进行优化,以减轻质量或降低成本,同时保持其功能。

要求:展示对设计权衡和优化技术的应用。

3. 团队合作项目

题目:团队合作设计一个包含多个组件和子系统的复杂系统(三维模型竞赛模拟题)。

要求:展示团队协作能力、项目管理能力和系统集成能力。

模拟题的设计应该涵盖从基础建模到高级分析的各个方面,同时鼓励学生展示他们的技术熟练度、创新思维和解决实际问题的能力。

结合软件草图绘制功能,根据图纸进行草图绘制。

拓展练习一:旋转连接座(见图 3-94)三维建模。

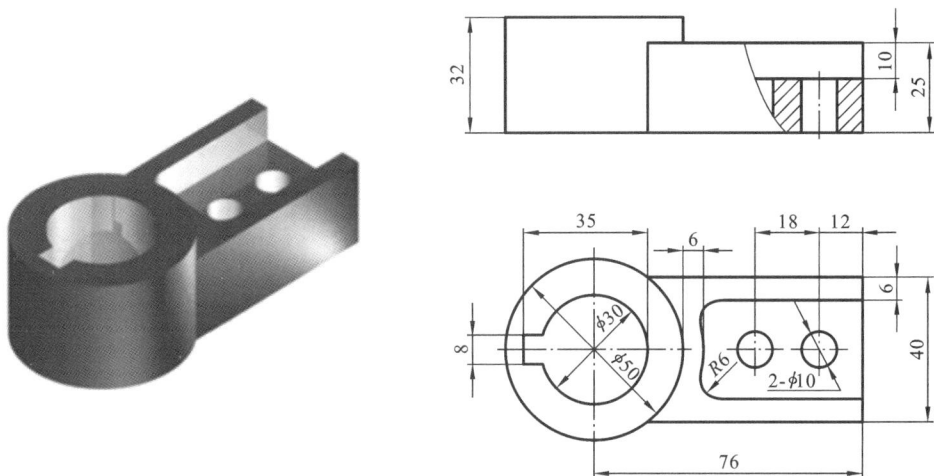

图 3-94 旋转连接座

拓展练习二:转销连接件(见图 3-95)三维建模(三维模型竞赛模拟题)。

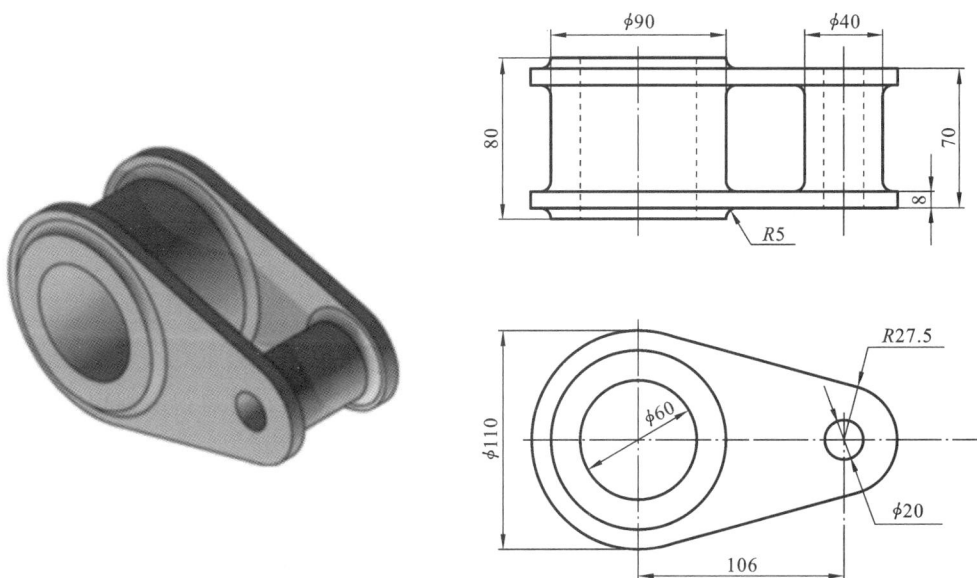

图 3-95 转销连接件

拓展练习三:90°传动支架(见图 3-96)三维建模。

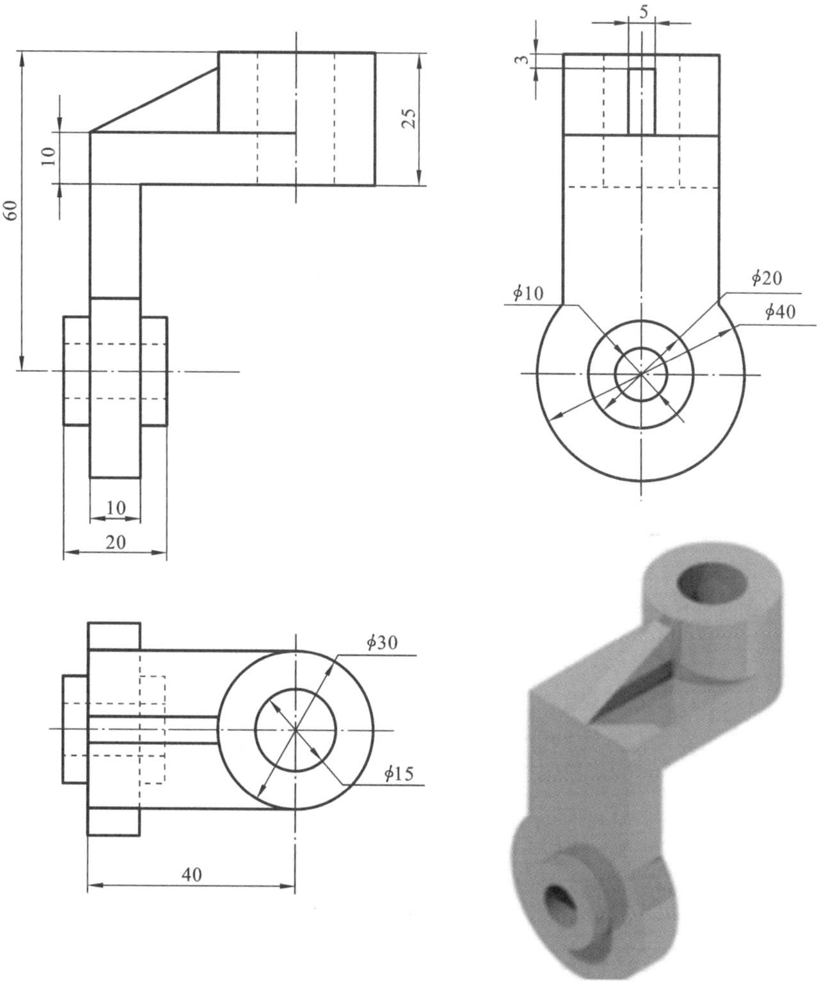

图 3-96 90°传动支架

三、拓展——钣金件建模

1. 钣金件尺寸设计

在进行钣金件的尺寸设计时,必须确保其满足功能要求并适应制造工艺。以下是尺寸设计的关键点。

尺寸精度:根据钣金件的用途,确定所需的尺寸精度。例如,对于精密电子设备外壳,可能需要更高的尺寸精度以确保组件的适配性。

公差控制:合理设置尺寸公差,以适应加工过程中可能出现的变形和误差,同时保证装配的顺利进行。

最小弯曲半径:考虑材料的最小弯曲半径,以避免在折弯过程中产生裂纹或断裂。

安装孔和连接点:设计合适的安装孔和连接点,确保钣金件能够与其他组件或结构件有效连接。

选择合适的基准面,绘制基体法兰草图,修正尺寸后退出草图,并设置厚度参数,完成钣金件的基板(底板)建模,如图 3-97 所示。

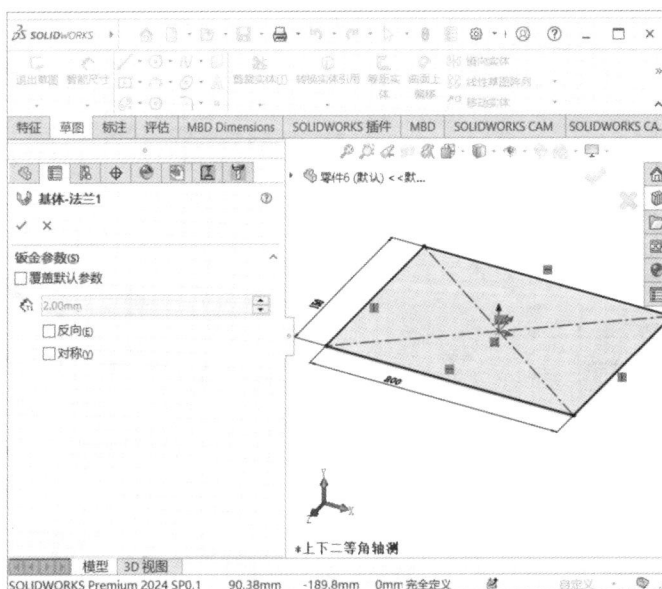

图 3-97　基板建模

2. 钣金件形状设计

钣金件的形状设计是实现其功能和满足美学要求的关键步骤。以下是形状设计的一些关键要素。

折弯设计:合理设计折弯线和折弯角度,以确保钣金件的形状满足设计要求,同时要考虑折弯过程中的回弹现象,如图 3-98 所示。

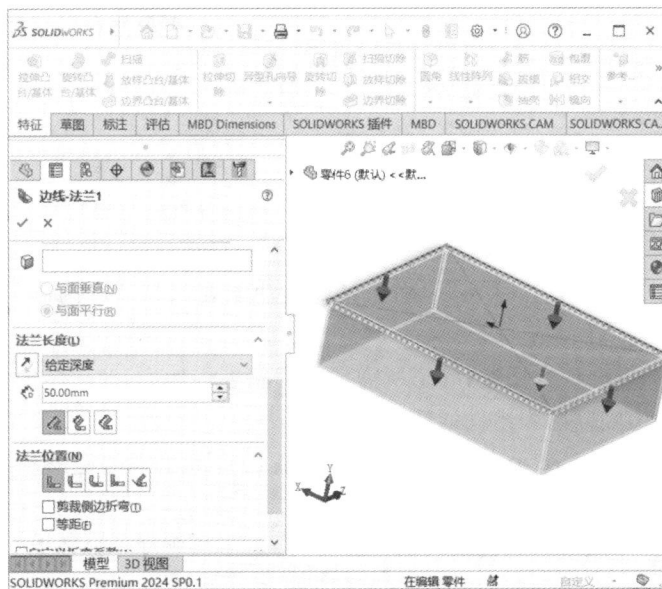

图 3-98　折弯设计

边缘处理:对钣金件的边缘进行适当的处理,如倒角或圆角,以提高其耐用性和美观性,同时减少尖锐边缘可能带来的安全隐患,如图3-99所示。

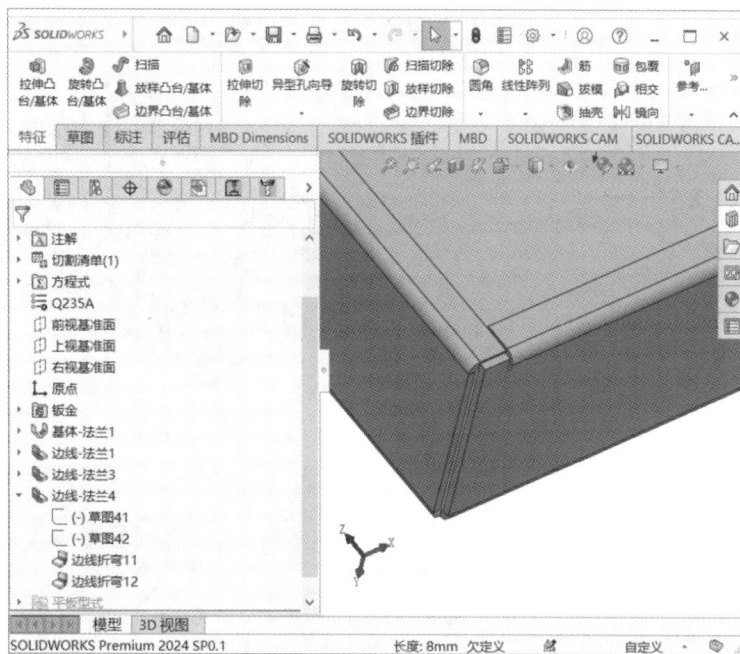

图3-99 边缘处理

加强筋:在需要增加强度的部位设计加强筋,以提高钣金件的刚性和承载能力。

形状复杂性:在满足功能要求的前提下,尽量降低形状的复杂性,以降低制造成本和加工难度。

以电子设备外壳的钣金件为例,形状设计可能包括以下方面。

四边折弯:钣金件的四边进行90°折弯,形成外壳的基本框架。

加强筋:在钣金件内部的适当位置添加加强筋,以提高整体刚性,如图3-100所示。

3. 钣金特征

折弯是钣金加工中最常见的特征之一,它直接影响钣金件的成形效果和结构稳定性。在进行折弯设计时,需要考虑以下几个关键因素。

折弯半径:根据材料的厚度和类型,选择合适的折弯半径,以确保折弯过程中不会出现材料的裂纹或断裂。

折弯角度:折弯角度通常为90°,但在某些特定应用中可能需要其他角度,如135°或更小的角度,以满足设计要求。

4. 钣金展开图生成流程

1)钣金展开图基本设置

在SolidWorks中生成钣金展开图之前,需要进行一系列的基本设置,以确保展开图的准确性和符合制造标准。如基于中性层的展开或基于折弯线的展开,不同方法适用于不同的钣金件设计。钣金展开固定面如图3-101所示。

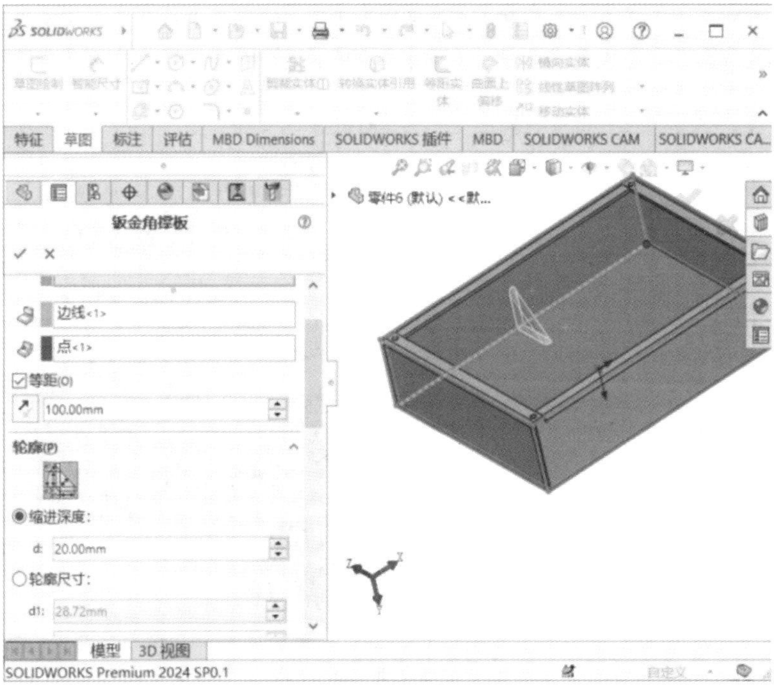

图 3-100 加强筋

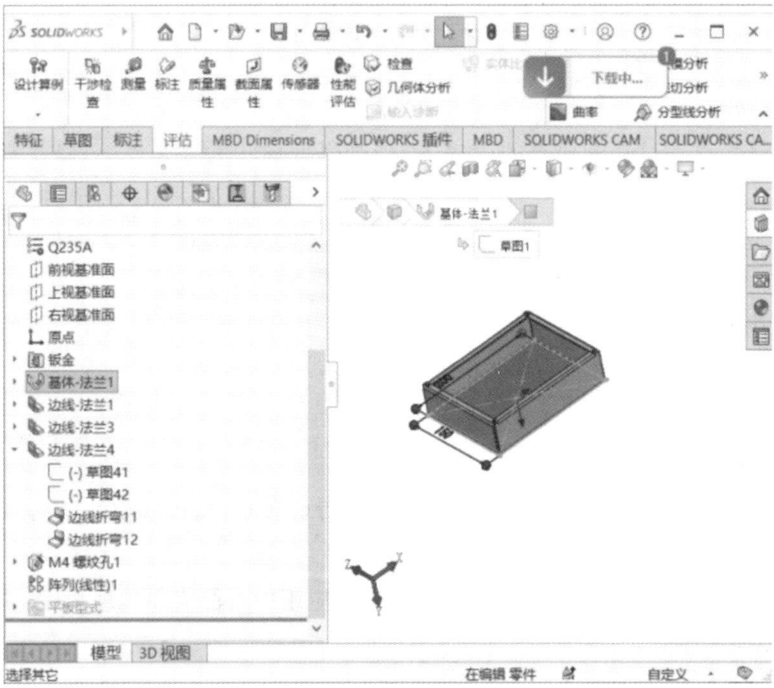

图 3-101 钣金展开固定面

2）折弯线和展开尺寸计算

生成钣金展开图的核心步骤是计算折弯线和展开尺寸，以下是详细的计算流程。

（1）利用 SolidWorks 的钣金工具，根据设计文件中的折弯特征，自动或手动确定折弯线的位置。

（2）完成折弯线和展开尺寸的计算后，进行展开图的详细标注和审查，应选中所有折弯（见图 3-102），以确保图纸的清晰性和可用性。也可以通过钣金折叠（见图 3-103），使展开的钣金（见图 3-104）还原到初始状态。

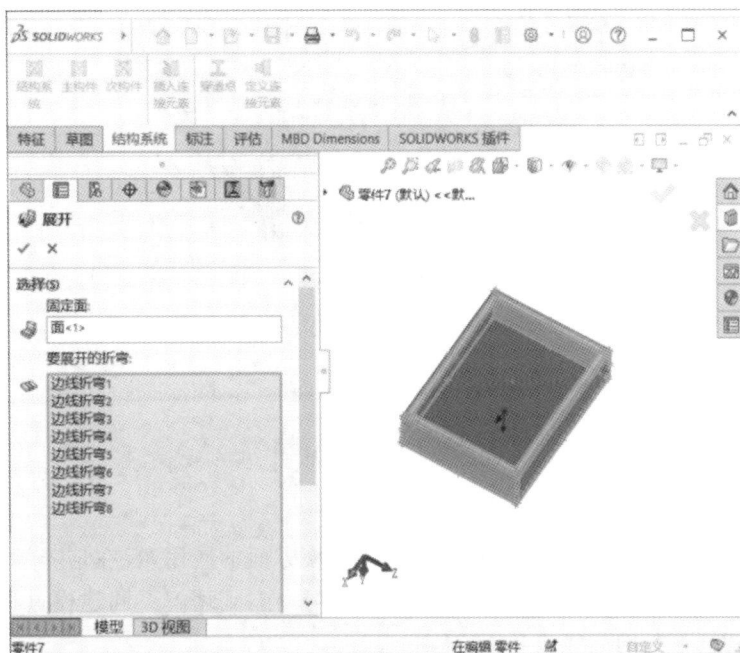

图 3-102 选中所有折弯

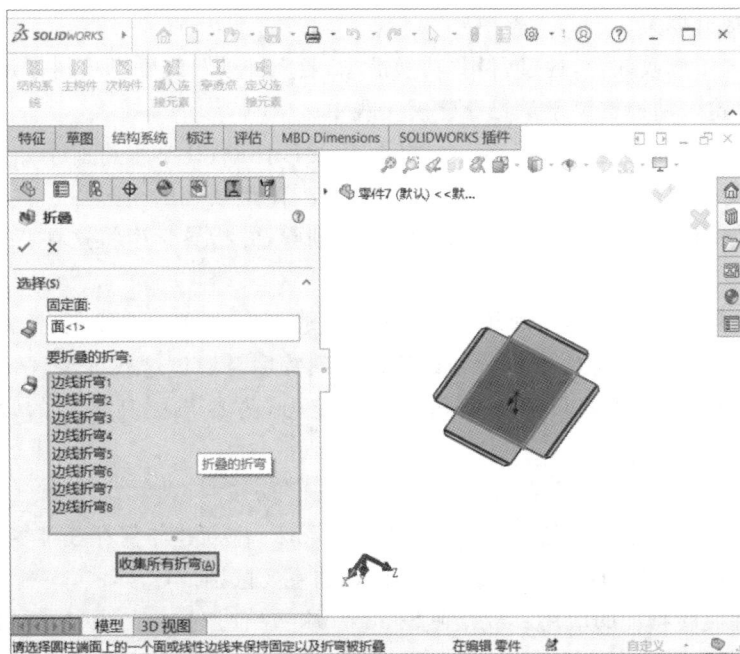

图 3-103 钣金折叠

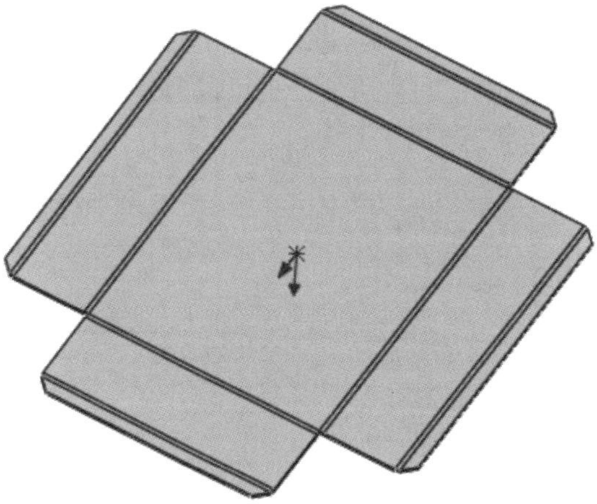

图 3-104　展开的钣金

项目小结

知识归纳：

本项目深入探讨了 SolidWorks 软件在零件建模方面的应用，旨在培养学生的三维建模能力。学习目标涵盖从新建与保存零件模型的基本操作，到理解不同建模过程的差异，再到掌握修改模型特征参数的高级技巧。

技能矩阵部分指导学生根据典型图形进行零件建模，包括对几何图形的拉伸与切除操作，以及线段的几何约束应用。本项目还介绍了简单的零件模型测绘技巧，为学生提供了一个系统的技能提升框架。

本项目融入了思政教育，通过引用"功崇惟志，业广惟勤"，鼓励学生树立远大理想，并为之不懈努力，将这一精神贯穿于学习和建模实践中。

本项目通过具体的工业机器人夹取式机械手设计任务，让学生将所学知识应用于实际项目中。学生需要掌握从草图绘制到三维建模，再到模型装配的全过程。本项目详细介绍了特征命令的使用，如异型孔向导、倒角和线性阵列等，并指导学生将这些特征应用于复杂模型的创建。

最后，本项目通过模拟赛项训练，鼓励学生挑战更高难度的建模任务，培养学生的创新能力、问题解决能力以及对 SolidWorks 软件的熟练度。通过这些练习，学生能够展示自己的技术熟练度、创新思维和解决实际问题的能力，为参与更高级别的设计竞赛做好准备。

复习和讨论问题：

（1）零件建模与二维设计的区别。讨论 SolidWorks 中新建与保存三维零件模型和使用 Microsoft Office、AutoCAD 等软件进行二维设计的主要区别。

（2）拉伸和旋转特征的应用。解释在 SolidWorks 中使用拉伸凸台、拉伸切除、旋转凸台和旋转切除等特征建模过程的不同，并讨论何时使用每种特征。

（3）模型特征参数的修改。描述如何在 SolidWorks 中修改拉伸凸台和旋转凸台的参数,并讨论修改参数对模型设计的影响。

（4）思政教育与专业课程的融合。讨论"功崇惟志，业广惟勤"在思政教育中的应用，以及如何激励学生在专业课程学习和实践中树立远大理想并为之不懈努力。

（5）五角星零件建模步骤。根据文档中描述的五角星建模步骤，讨论创建三维模型的过程，并解释每个步骤的重要性。

技能训练

一、任务布置与要求

1. 任务布置

从任务四的竞赛模拟题中任选一题，完成零件建模。

2. 任务要求

（1）图形组合：精通使用圆、三角形等基本图形进行组合，创造出复杂且精细的几何结构。这要求学生不仅要理解每种图形的特性，还要学会如何将它们以创造性的方式结合起来，形成新的设计元素。

（2）裁剪与延伸：掌握图形的裁剪和延伸技巧，这对于调整设计以适应特定空间或功能要求至关重要。学生需要学会如何精确控制图形的边界，以实现设计意图。

（3）拉伸与切除操作：在三维建模中，拉伸和切除是创建和修改零件的关键操作。学生需要熟练掌握如何应用这些工具来形成三维实体或特征，如凸台、凹槽等。

（4）几何约束应用：准确应用几何约束，如相切、垂直和等距，是确保设计精确符合工程标准和功能需求的基础。这要求学生不仅理解几何约束的原理，还能够在建模过程中灵活运用。

（5）独立完成规定的任务。

（6）手机拍照上传到超星或者微助教等在线平台。

二、任务实施与记录

1. 任务实施

（1）确定组长与副组长，组长负责指导组员并帮助其解决在任务实施过程中遇到的困难，副组长负责记录。

（2）分析讨论建模过程中容易出错的步骤，并提前规划。

2. 任务单

根据任务完成过程中的实际情况，认真填写任务单，如表 3-15 所示。

三、成果提交与展示

各小组组长按小组成员编号从小到大的顺序提交成果。

表 3-15　任务单

任务名称		小组编号	
日期		时间	
组长		副组长	
小组成员			

任务讨论及方案说明

存在问题与解决措施

成果形式与规格说明

完成任务(评价)得分	

任务完成情况分析

优点	不足

四、任务评价与分析

在展示过程中,认真听取老师的评价与分析,并由副组长在任务单中做好记录。

五、课后巩固与提高

课后练习:利用 SolidWorks 软件进行建模练习,加深对课堂内容的理解。

竞赛模型训练:参与竞赛模型的训练,这有助于提高建模能力和解决实际问题的能力。

提交作业:完成建模后,拍照并提交到超星或微助教等在线平台,确保按时完成作业。

反馈与改进:根据教师的反馈,不断提高自己的建模技能。

团队合作:与同学合作,共同完成复杂的建模任务,提高团队协作能力。

定期复习:定期复习课堂所学,确保知识掌握牢固。

探索新功能:探索 SolidWorks 的新功能和新工具,拓宽设计视野。

参与讨论:加入学习小组或论坛,与他人讨论问题,共同进步。

项目四

装配模型

....

学习目标

（1）了解新建零件图建模与装配图组装的区别及保存装配的方法。

（2）了解由零件升级到装配体过程的创意设计方法。

（3）掌握配合命令的运用，如平行、垂直、同轴等。

（4）理解干涉检查的概念，并学会修改拉伸凸台/旋转凸台参数以解决干涉问题。

技能矩阵

技能分类	技能细节	掌握程度
零件与装配体建模	新建零件图与装配图组装	了解
创意设计	零件到装配体的升级过程	了解
配合命令运用	使用平行、垂直、同轴等配合命令	掌握
干涉检查与参数修改	理解干涉检查，修改相关参数	理解并应用
装配方法应用	导入、复制、阵列、镜像等装配方法	会使用
配合约束运用	同轴、重合、竖直等装配过程中的配合约束	会运用
零件命令修改	在装配体中修改零件命令时使用	会修改
解决设计干涉问题	具有解决设计干涉问题的能力	具备解决问题的能力

能力目标

（1）具有装配建模能力：能够理解并运用新建零件图建模与装配图组装的方法，并掌握保存装配的技巧。

（2）具有创意设计能力：掌握将单一零件升级为完整装配体的创意设计过程。

（3）会配合命令应用的使用：熟练运用各种配合命令，如平行、垂直、同轴等，以实现精确的装配。

（4）具有使用干涉检查与问题解决的能力：理解干涉检查的重要性，并能够修改拉伸凸台/旋转凸台参数以解决设计中的干涉问题。

（5）能够灵活运用装配方法：能够运用典型装配方法，如导入、复制、阵列、镜像等。

（6）具有配合约束应用能力：在装配过程中，能够合理运用同轴、重合、竖直等配合约束。

（7）具有零件修改能力：在装配体中，能够对零件进行必要的修改以适应整体设计。

（8）具有设计优化能力：通过装配过程中的干涉检查和参数调整，优化设计，提升产品性能。

（9）具有技术规范理解能力：理解并遵守相关的技术规范和标准，确保设计符合行业要求。

项目思政

潜移默化铸品格

潜移默化铸品格，是指在日常生活中不经意间受到正确的思想和价值观的熏陶，逐渐形成高尚的品德和良好的习惯。正如一句古语所说："行善积德，潜移默化；立德树人，铸品格。"个人在不经意间接受正面影响，久而久之，便能形成正确的世界观、人生观和价值观，从而构建起坚实的道德底线和良好的行为准则。

铸品格是一个长期而复杂的过程，需要个人在修炼自己的同时，持之以恒，不断学习和实践。通过思政教育，个人可以逐步培养出坚定的信念、高尚的道德和良好的行为习惯，不仅可以提升自身的修养和素质，更可以为社会的和谐稳定做出贡献。

潜移默化与铸品格两者相辅相成，让每个个体在成长的路上不再迷茫，能够稳健前行。思政教育是塑造新时代人才的重要途径，只有加强这方面的教育，才能培养出真正符合社会需求的人才。因此，在教育实践中，应当注重潜移默化的力量，引导学生树立正确的人生观和价值观；同时，也要重视铸品格的过程，培养学生的优良品德和社会责任感。

◀ 任务一　装配模型基础知识 ▶

一、SolidWorks 装配基础

1. SolidWorks 装配界面和工具

1）界面布局与导航

SolidWorks 装配界面（见图 4-1）提供了直观的操作环境，旨在提高用户的工作效率和设计质量。界面由多个面板组成，包括但不限于特征管理树、图形区域、属性管理器等，这些

工具共同支持用户高效地进行装配设计。特征管理树允许快速访问和管理装配体中的各个组件及其特征。图形区域是进行 3D 视图操作的主要场所,可以在这里进行旋转、缩放等操作。属性管理器则提供了对组件属性的详细控制。

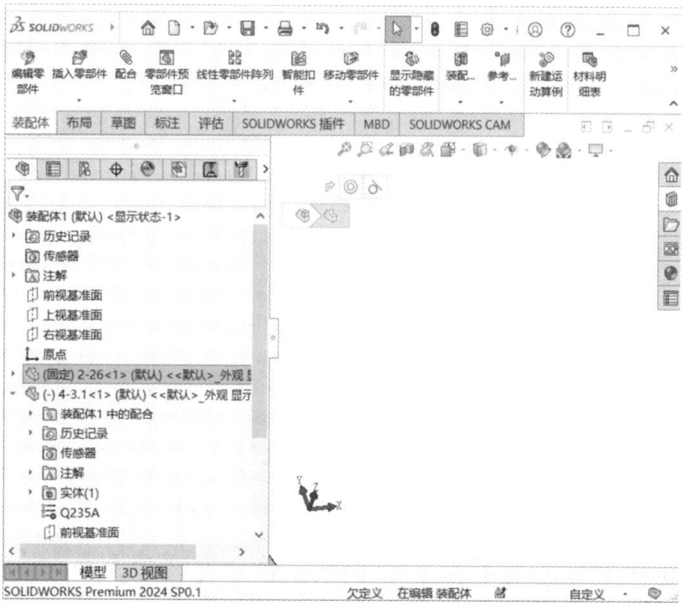

图 4-1   装配界面

2)常用工具和功能介绍

工具栏和功能区是 SolidWorks 装配界面的重要组成部分,提供了快速访问常用工具和命令的途径。工具栏通常包括新建、打开、保存等基本操作。而功能区则根据正在进行的任务(如草图绘制、特征创建等)动态变化,提供相关的工具和命令,例如组件阵列、镜像、装配约束等,以实现复杂装配体的快速构建。

3)快捷键和自定义设置

为了提高设计效率,SolidWorks 允许自定义快捷键和设置,使得装配过程更加流畅和个性化。可将常用命令映射到键盘上的特定按键。可以通过"工具"菜单下的"自定义"选项进行快捷键的设置。此外,还可以通过"选项"对话框中的"系统选项"标签页,对界面进行个性化设置,包括更改颜色方案、调整界面布局等,以适应个人的使用习惯和偏好。

在进行装配设计时,需要熟悉这些界面元素和工具,以便能够快速、准确地完成设计任务。常用工具和功能如表 4-1 所示。

表 4-1   常用工具和功能

类别	描述	示例/备注
自定义快捷键	可以根据个人习惯设置快捷键,以便快速执行常用操作	通过"工具"→"自定义"→"键盘"进行设置
功能区	根据当前任务动态变化,提供相关工具和命令	包含组件阵列、镜像、装配约束等工具

类别	描述	示例/备注
工具栏	提供快速访问基本操作的途径,如文件操作和常用命令	可自定义添加常用工具,如新建、打开、保存等
个性化设置	允许用户根据个人喜好调整界面布局、颜色方案等	通过"工具"→"选项"→"系统选项"进行设置
特征管理树	管理装配体组件和特征的强大工具,可快速访问和修改组件	显示在界面左侧,可快速展开/折叠组件层级
装配约束	设置组件间的约束关系,如对齐、轴对轴等	通过功能区或右键菜单访问
组件阵列	快速复制组件,创建重复的装配模式	通过功能区访问,支持线性阵列和圆周阵列
镜像	创建组件的镜像副本,用于对称装配	通过功能区或右键菜单访问

2. 创建和管理装配体

1）创建装配体的步骤

创建装配体通常遵循以下步骤:新建装配文件、插入零件、应用装配约束、检查干涉和运动学性能,最后进行装配的验证和优化。

2）添加组件到装配体

在装配体中添加组件时,需要考虑组件的定位、方向和相互间的约束关系,确保组件能够正确地装配在一起。

3）组件的定位和对齐

组件的精确定位和对齐对于确保装配体的质量和性能至关重要。SolidWorks 提供了丰富的定位工具和对齐命令,帮助实现精确的组件装配。

二、装配顺序和装配流程

1. 装配顺序的重要性

装配顺序是确保机械设备正确组装和功能正常的关键因素。正确的装配顺序可以减少装配过程中的错误和返工,提高生产效率和产品质量,从而保证最终产品的性能和质量。

2. 定义装配流程

装配流程是指将各个零部件按照一定的顺序和方法组装成完整设备的过程。一个明确的装配流程对于指导生产具有重要意义。装配流程设计原则如图 4-2 所示。

3. 装配体的创建流程

创建装配体是 SolidWorks 中一项重要且复杂的任务,它涉及多个步骤,以确保装配体的准确性和功能性。以下是创建装配体的基本流程。

1）选择装配体文件类型

在 SolidWorks 界面上,需要点击"文件"菜单,然后选择"新建"来创建一个新的文件。在弹出的对话框中,应选择"装配体"作为文件类型。这一步骤至关重要,因为它决定了接下

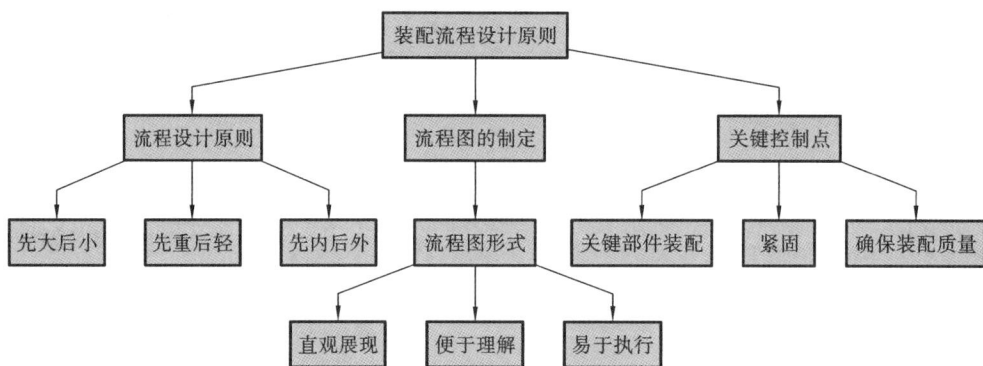

图 4-2　装配流程设计原则

来创建的文件将用于装配体设计。选择装配体文件类型后,点击"确定"以进入装配体文件的创建流程。

2)命名并保存文件

接下来,需要为新创建的装配体文件命名并保存。在命名时,建议使用具有描述性的名称,如"MyAssembly",这有助于在项目中快速识别文件。选择一个合适的保存位置,例如项目文件夹或特定的工作目录。点击"保存"按钮后,SolidWorks 将创建装配体文件,并准备进入编辑界面。这一步骤确保了装配体文件的组织和管理,便于后续的编辑和协作。

3)打开装配体文件

在成功创建并保存装配体文件后,需要打开该文件以进入编辑界面。这一步骤是开始装配体设计工作的关键环节。可以在 SolidWorks 界面中选择"打开"命令,并浏览至保存装配体文件的位置,选中文件后点击"打开"来加载装配体。

4)使用快捷键或工具栏插入零件

在 SolidWorks 的装配体编辑界面中,插入零件是一个简单、直接的过程。可以通过以下两种方式快速添加零件到装配体中。

(1)快捷键:按下"Ctrl+I"快捷键,这将直接打开"插入组件"对话框,允许快速浏览和选择所需的零件文件。

(2)工具栏按钮:在装配体编辑界面的工具栏上,点击"插入组件"按钮,同样可以打开"插入组件"对话框。

这两种方法都为用户提供了一种快速访问和添加零件到装配体的途径,从而节省时间并提高工作效率。

5)选择并打开零件文件

在"插入组件"对话框中,可以通过浏览文件系统来定位和选择所需的零件文件。

完成插入后,可以利用 SolidWorks 提供的对齐和定位工具,对零件进行进一步的位置调整和方向旋转,确保其正确地放置在装配体中。此外,还可以通过拖放操作来直观地调整零件的位置和方向,实现更加直观和灵活的设计过程。

4. 装配约束的创建、编辑与应用

装配约束的创建是确保装配体各部件正确配合的关键步骤。

装配约束的编辑与应用是为了在设计过程中对装配体进行调整和优化。装配约束步骤如表 4-2 所示。

表 4-2　装配约束步骤

步骤编号	步骤描述	操作细节	备注
1	选择约束	从特征管理树或图形界面中选择需要编辑的装配约束	确保选择正确的约束进行修改
2	修改约束参数	根据设计变更或性能优化需求,调整约束的参数或类型	例如,修改配合的精度或更改配合类型
3	应用更改	对修改后的约束进行应用,观察装配体的变化	确保更改后装配体满足设计和功能要求
4	检查装配体状态	确认所有约束是否满足设计需求,进行必要的调整	检查装配体的稳定性和运动特性
5	动态应用	在装配过程中实时应用约束,观察其对装配体的影响	动态应用可以及时发现潜在问题
6	迭代优化	通过迭代修改约束,逐步优化装配体的性能	迭代是达到最佳装配效果的重要手段
7	文档记录	记录装配约束的所有设置和更改历史	良好的文档记录有助于后续审查和维护

通过上述步骤,可以有效地创建、编辑和应用装配约束,确保装配体的设计满足功能和性能要求(见表 4-3)。

表 4-3　功能和性能要求

注意事项	描述	操作细节
约束修改	适应设计变更或优化装配体性能时,对已有约束进行修改	需要根据设计需求和性能目标,调整约束参数
约束复制	在装配多个相似部件时,复制已有的约束以提高效率	确保复制的约束适用于新部件,可能需要进行微调
约束删除	删除不需要的约束,简化装配体	确认删除操作不会影响装配体的完整性和功能
检查兼容性	在修改约束前,检查其与现有设计的兼容性	避免约束修改造成设计冲突或性能下降
验证干涉	修改约束后,进行干涉检查,确保没有不必要的接触或干涉	干涉检查是确保装配体正确装配的重要步骤

装配约束是确保装配体中各部件正确配合的重要工具。在 SolidWorks 中,调整零件的位置和方向是一个精细的过程,需要使用 SolidWorks 提供的多种对齐和定位工具。

假设你正在设计一款具有对称翼的飞机模型(见图 4-3)。你可以使用对称约束来确保左、右翼的精确对齐和对称性。首先,选择飞机的中心轴线作为对称轴,然后选择一侧的翼作为参考,应用对称约束,SolidWorks 软件将自动生成另一侧的翼,确保两侧翼的对称性。

如果你需要设计一款汽车的左、右门,你可以首先设计出一侧的门,在此基础上应用镜像约束,生成另一侧的门,这样就得到了两个完全对称的车门。

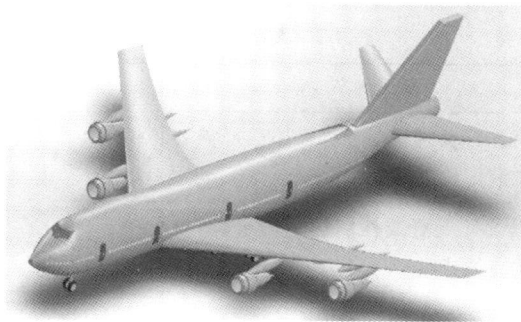

图 4-3　对称翼飞机模型

在实际的装配设计中,对称约束和镜像约束可以结合使用,以满足更复杂的对称和镜像装配需求。

5. 高级装配约束技巧

在高级装配设计中,掌握一些技巧可以大幅提升装配效率和精确度。高级装配约束技巧如表 4-4 所示。

表 4-4　高级装配约束技巧

序号	技巧	说明
1	使用组合约束	结合使用多种约束类型,如同心、同轴、平行和垂直,确保部件精确对齐
2	利用对称性	在对称结构中,利用对称性原则减少所需的约束数量,简化装配
3	约束的优先级设置	在复杂装配中,根据装配顺序和重要性设置约束优先级,避免冲突
4	使用参数化约束	使用参数化约束,便于进行快速修改和优化以适应设计变更
5	动态模拟	在实际应用约束前,进行动态模拟以预测和解决装配中的问题
6	接触集的使用	利用接触集约束来模拟部件间的复杂接触关系,提高装配的真实性
7	装配顺序规划	合理规划装配顺序,先组装大的或主要的组件,再逐步添加小部件
8	使用装配特征	利用装配特征,如装配孔、槽等,简化装配过程中的部件定位
9	交互式装配	利用 SolidWorks 的交互式装配工具,通过拖搜和旋转进行部件定位
10	装配分析	应用装配分析工具,如干涉检查和运动学分析,确保装配的功能性
11	利用装配配置	创建不同的装配配置来管理不同条件下的装配状态和性能
12	装配重用	在多个项目中重用已有的装配结构,减少设计时间和提高一致性
13	装配文档化	记录装配过程和约束设置,便于团队成员理解和后续维护
14	利用大型装配技术	对于大型装配体,使用 SolidWorks 的大型装配技术优化性能和响应速度
15	定期复审和更新	定期复审装配约束和流程,根据反馈进行必要的更新和改进

三、装配体的分析和检查

设计验证是确保设计满足所有技术规范和功能要求的关键步骤。SolidWorks 提供了一系列分析和检查工具,帮助识别和解决设计中的潜在问题,以及帮助评估和优化设计。常用分析和检查工具如表 4-5 所示。

表 4-5　常用分析和检查工具

工具名称	描述	目的与重要性
干涉检查	检测装配体中各个组件之间是否存在空间冲突或重叠	确保装配体中组件之间没有不必要的接触或干涉,避免设计缺陷
尺寸检查	确保模型的尺寸符合设计规格和公差要求	保证零件的制造精度和装配体的配合精度
强度分析	评估零件在受力情况下的结构完整性	预防零件在实际使用中因负载过大而发生破坏
运动分析	模拟装配体的运动,确保机械部件的运动符合设计预期	验证运动部件的运动学性能,预防运动干涉或故障

这些分析和检查工具的使用可以显著提高设计的质量和可靠性,是确保产品设计符合工程标准和客户需求的重要环节。

1. 干涉检查

干涉检查是确保装配体各部件之间无物理干涉的重要步骤,对于防止装配错误和提高装配质量至关重要。

1) 红色报警提示

当 SolidWorks 在设计树中显示红色报警提示(通常是一个红色圆圈与一个向下箭头的组合)时,表示存在严重的干涉问题。红色报警表示两个或多个零件之间存在实际的空间重叠,即物理干涉。这种干涉可能会导致零件在实际装配或使用中无法正常工作,甚至损坏。红色报警如图 4-4 所示。

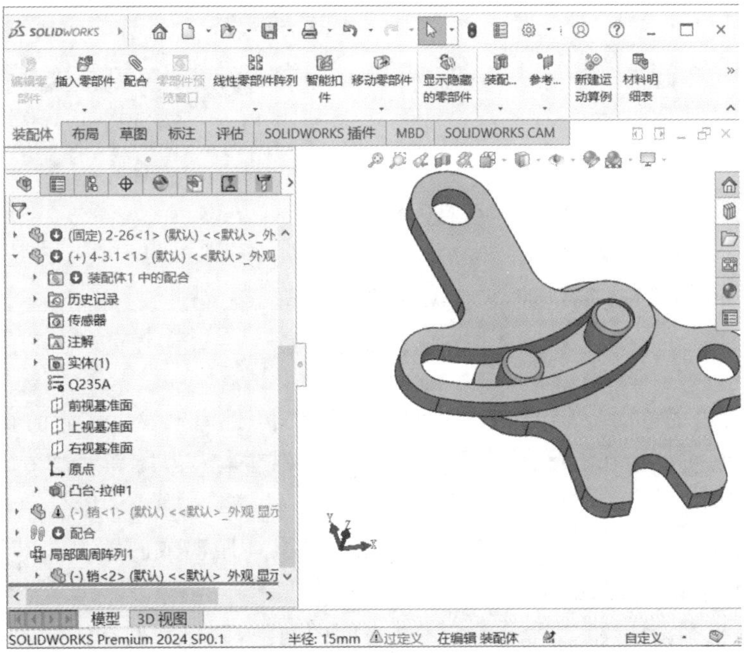

图 4-4　红色报警

引发红色报警的原因：两个零件的表面或体积相互穿透；一个零件的一部分被另一个零件占据。

解决方法如下。

检查干涉区域：双击红色报警图标，SolidWorks 会高亮显示干涉的区域，帮助用户直观地看到问题所在。

调整零件位置：通过移动、旋转或重新定位零件，解决空间冲突。

修改零件尺寸：如果可能，调整零件的尺寸或形状，以避免干涉。

重新设计零件：在某些情况下，可能需要重新设计零件，以确保它们在装配中不会相互干涉。

2）黄色报警提示

当 SolidWorks 在设计树中显示黄色报警提示时，表示存在潜在的干涉问题或需要注意的地方。黄色报警通常表示零件之间存在接近但未实际重叠的情况，或者存在某些非物理的潜在问题。它是一个警告，提示用户可能存在潜在的干涉风险，但不一定导致实际的物理冲突。黄色报警如图 4-5 所示。

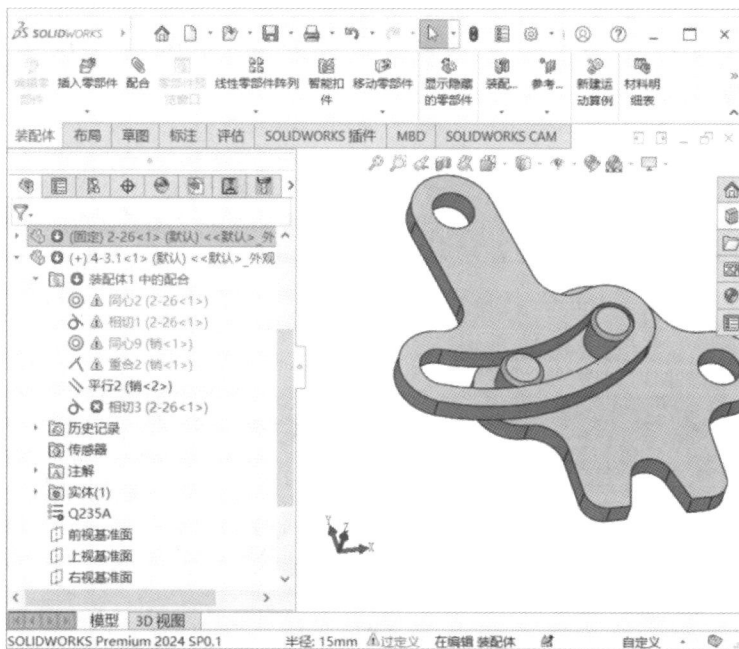

图 4-5　黄色报警

引发黄色报警的原因：两个零件之间的距离非常小，但尚未发生实际的重叠；零件之间的配合间隙过小，可能会在实际使用中导致摩擦或卡滞。

解决方法如下。

检查间隙：双击黄色报警图标，查看零件之间的具体距离或间隙。SolidWorks 通常会提供详细的干涉信息，包括最小间隙值。

调整间隙：根据设计要求，适当调整零件之间的间隙，确保它们在实际使用中不会发生干涉。

重新评估设计：如果间隙过小，可能需要重新评估零件的设计，以确保有足够的运动空间或配合间隙。

2. 模拟和分析

模拟和分析工具可以帮助用户预测零件在实际使用中的表现，包括结构强度、热传导、流体动力学等方面。

1) 有限元分析

有限元分析是一种数值计算方法，用于预测零件在受力情况下的应力、应变和位移等。

操作步骤：准备模型，确保其适用于有限元分析；应用材料属性和载荷条件；划分网格并设置边界条件；运行分析并查看结果。

结果解读（见图 4-6）：分析完成后，需要解读结果，如应力分布图、变形图等。

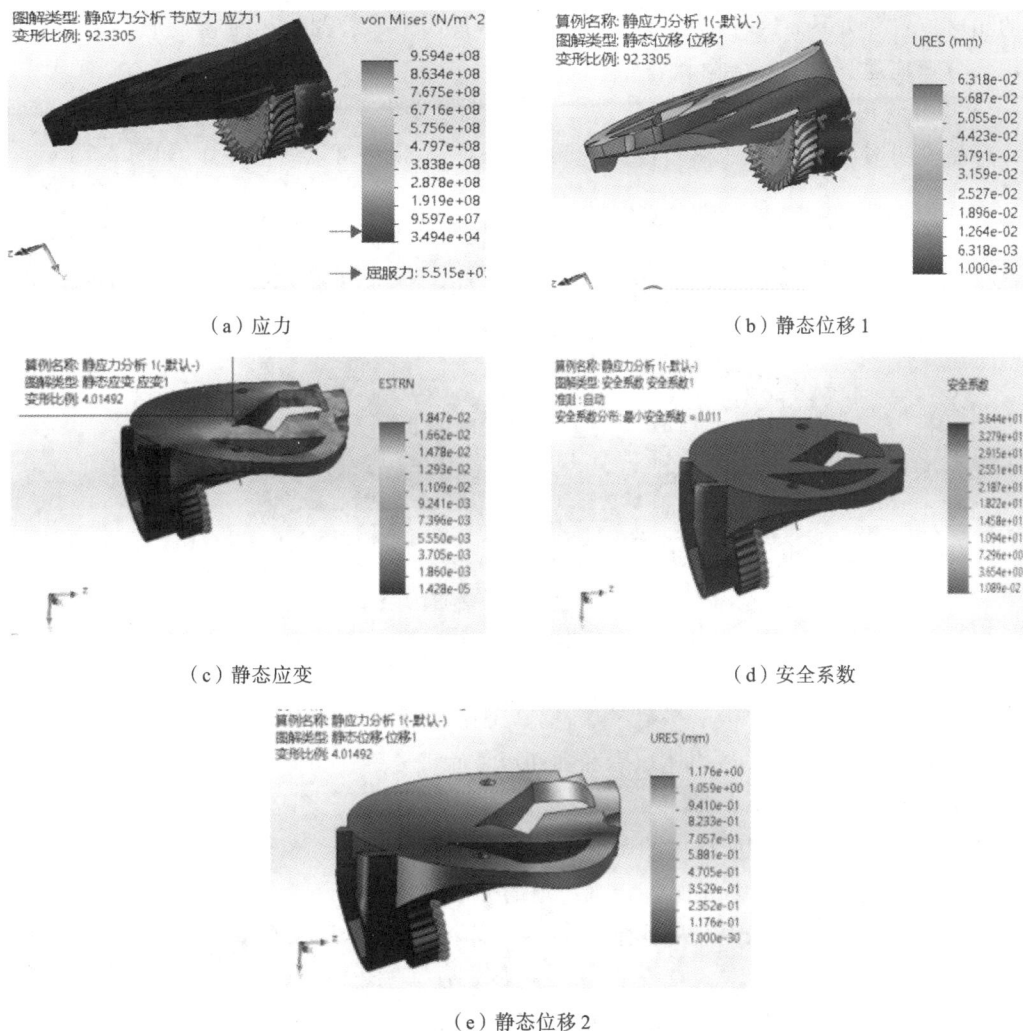

（a）应力　　　　　　　　　（b）静态位移 1

（c）静态应变　　　　　　　（d）安全系数

（e）静态位移 2

图 4-6　结果解读

根据结果调整设计，以提高零件的结构性能。

2）运动仿真

运动仿真用于模拟零件或装配体在运动过程中的表现,包括关节的运动范围、速度和加速度等。

操作步骤:设置运动研究,定义运动类型和参数;添加马达或其他驱动力来模拟运动;运动仿真并观察运动过程。

结果评估:需要评估运动过程中的关键参数,如最大速度、加速度和周期性。

根据评估结果优化运动机构的设计,以提高效率和可靠性。

四、爆炸视图

1. 爆炸视图的概念与重要性

爆炸视图是工程图纸中的一种视图形式,主要用于展示装配体的各个组件在爆炸状态下的相对位置和关系。这种视图特别适用于产品说明书、装配指导、维修手册等场景,有助于用户清晰地理解产品的结构和装配顺序。

1）爆炸视图的应用

产品说明书:帮助用户了解产品结构和装配顺序。模型可以线形爆炸,如图 4-7 所示。

扫码看视频

图 4-7　模型线形爆炸

机械制造:使加工操作人员一目了然,提高工作效率。

维修手册:指导维修人员快速识别和拆卸组件。

2）爆炸视图的创建步骤

(1) 确定组件:识别装配体中的所有组件。

(2) 定义分离路径:为每个组件定义清晰的分离路径和顺序。

(3) 创建视图:在 SolidWorks 软件中创建爆炸视图,展示组件在爆炸状态下的位置和方向。

(4) 添加尺寸和注释:为视图添加必要的尺寸标注和组件标识。

2. 创建和编辑爆炸视图

(1) 创建爆炸视图是一个细致的过程,需要遵循以下步骤。

选择装配体:选择需要创建爆炸视图的装配体。

应用爆炸命令:使用 SolidWorks 软件中的爆炸功能,将装配体中的部件沿预设或自定义的方向分离。

调整部件位置:在爆炸视图中,可以手动调整各个部件的位置,以获得最佳的展示效果。

编辑约束关系:在某些情况下,可能需要编辑部件间的约束关系,以确保爆炸视图的准确性。

(2)编辑爆炸视图通常包括以下操作。

部件选择:选择需要编辑的部件,进行位置或角度的调整。

约束编辑:如果需要,修改部件间的约束,以反映在爆炸视图中的相对位置。

视图优化:调整视图的显示比例和角度,确保所有部件都能清晰展示。

五、常见问题和故障排除

1. 常见问题汇总

在机械设备的装配过程中,可能会遇到各种问题,这些问题可能来源于设计、制造、装配等多个环节。以下是一些常见的问题与可能的原因,如表 4-6 所示。

表 4-6　常见的问题与可能的原因

问题类型	可能原因	解决方法
部件不匹配	加工误差,部件尺寸超出公差范围	需要重新检查加工过程和公差要求
装配困难	部件间的配合过紧或过松——配合公差设置不当	可能需要调整部件设计或重新加工
运动不顺畅	部件间摩擦过大,润滑不足	检查润滑系统是否正常工作,部件表面是否需要改善光洁度
装配后性能不达标	部件材质问题,装配精度不足,运动学设计问题	需要对部件材质、装配工艺或设计进行复查和优化

1)问题分类

设计问题:包括部件设计不合理、公差设置不当等。

制造问题:涉及加工精度不足、材料缺陷等。

装配问题:装配顺序错误、装配技术不当等。

2)问题统计

根据历史数据,60%的装配问题与设计有关,30%的装配问题与制造过程相关,剩余10%的装配问题通常由装配过程中的人为因素引起。

2. 故障排除指南

故障排除是确保装配体正常运作的重要环节。表 4-7 列出了一些基本的故障排除步骤。

表 4-7　故障排除步骤

步骤	描述	备注
故障识别	明确故障现象,如声音异常、运动不顺畅、性能变差等	需要操作人员提供准确描述,可能需要记录故障发生时的情况

续表

步骤	描述	备注
原因分析	根据故障现象,分析可能的原因,如部件损坏、装配不当等	需要专业知识和经验来缩小故障原因范围
检查清单	使用检查清单系统化地检查各个潜在问题点	确保不遗漏任何可能的问题点
初步诊断	根据操作人员的报告和故障现象进行初步判断	初步判断故障可能涉及的部件或系统
详细检查	对疑似故障部件进行详细检查,包括视觉检查、尺寸测量等	可能需要使用专业工具和测量设备
故障定位	确定故障的具体位置和原因,如部件磨损、装配错误等	故障定位是排除故障的关键步骤

六、装配过程零件优化设计

1. 智能装配的步骤和技巧

智能装配工具是提高装配效率的关键。以下介绍使用这些工具的一些实践。

智能配合:利用 SolidWorks 的智能配合功能,可以自动识别部件间的配合类型,如同心、平行、对齐等,从而快速完成装配,如图 4-8 所示。

扫码看视频

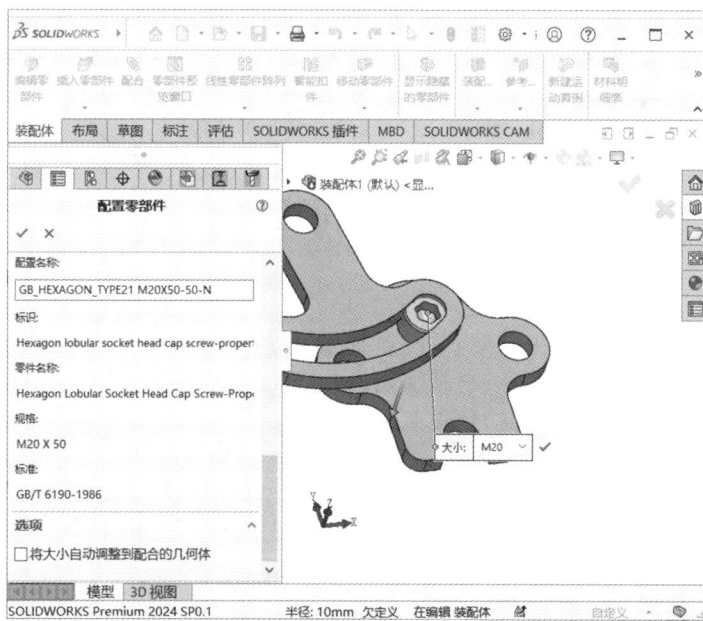

图 4-8　智能配合

装配体特征:使用装配体特征,如装配孔、装配槽等,可以创建在多个部件间共享的特征,从而简化设计过程,如图 4-9 所示。

装配约束:合理使用装配约束来控制部件间的相对位置和运动,确保装配的灵活性和准确性,如图 4-10 所示。

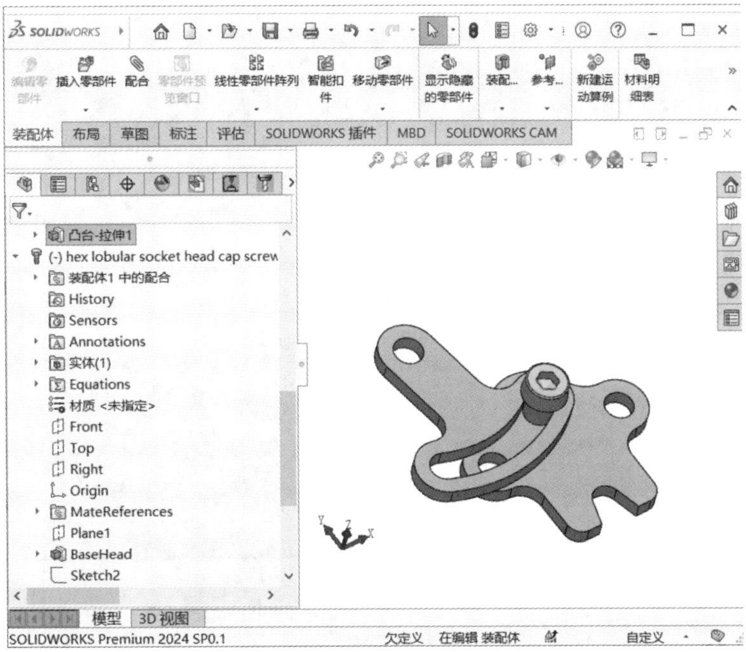

图 4-9　装配体特征

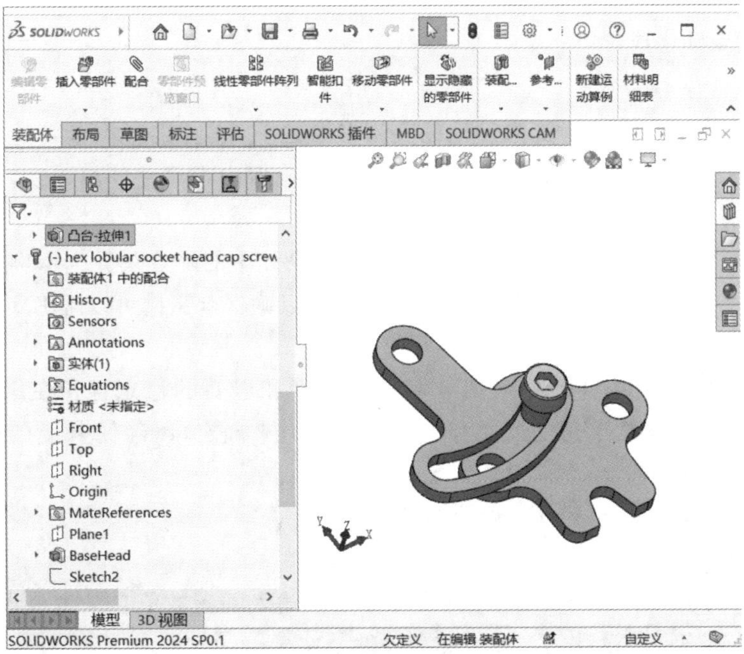

图 4-10　装配约束

装配顺序:根据部件的复杂性和相互依赖性,制定合理的装配顺序,先装配主体结构,再逐步添加辅助部件。

动态装配:利用动态装配工具,可以在装配过程中实时调整部件的位置和方向,提高装配的灵活性,如图 4-11 所示。

图 4-11　动态装配

2. 卡簧槽自动生成

1)卡簧槽设计参数确定

(1)内径参数。内径是卡簧槽设计的关键参数之一,它直接影响卡簧的安装和功能表现。根据参数示例,内径为 10 mm。在设计时,需要确保内径尺寸的精确度,以保证卡簧能够紧密配合且有足够的弹性空间。

(2)外径参数。外径参数决定了卡簧槽在整体设计中的配合尺寸。示例中提供的外径为 20 mm,这一尺寸需要与相连部件的内径相匹配,以确保卡簧槽可以正确安装并发挥其固定作用。

(3)宽度参数。宽度参数关系到卡簧槽的强度和卡簧的稳定性。在示例中,宽度为 5 mm,这一尺寸需要根据卡簧的尺寸和所需的承载力来确定,以确保卡簧在槽内不会因过宽或过窄而影响其性能。

2)使用 SolidWorks 的参数化设计功能

(1)参数化设计。

SolidWorks 的参数化设计功能允许设计者根据输入的参数值自动生成设计,这不仅提高了设计效率,还确保了设计的一致性和准确性。

面对需要增加卡簧槽的零件,通过角度旋转,调整需要配合的角度,选择放置的基准面,如图 4-12 所示。方便内部结构观察,可以选择全剖或者半剖展示,如图 4-13 所示。

(2)设计流程。

① 输入参数。首先,需要在 SolidWorks 中定义内径、外径和宽度的参数,并设置相应的尺寸值。

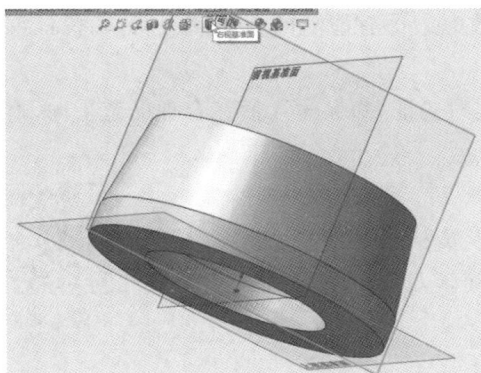

图 4-12　调整配合

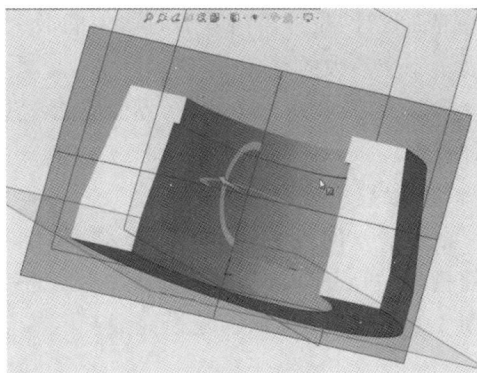

图 4-13　剖视

② 草图绘制。根据输入的参数,在 SolidWorks 草图环境中绘制卡簧槽的基本形状。

③ 特征创建。利用 SolidWorks 的特征工具,如拉伸、旋转等,根据草图生成卡簧槽的三维模型。

④ 参数关联。确保所有特征与输入参数关联,以便在参数更改时模型能够自动更新。

（3）自动化脚本。

为了进一步提高自动化水平,可以编写宏或使用 SolidWorks 的 API 来实现参数输入与模型生成的自动化流程。这样,只需提供参数,系统即可自动完成模型的创建。

充分利用 SolidWorks 软件自带的自定义设计库（见图 4-14）,选择特征中的内卡（内卡簧）,下方会出现内卡规格,选中 65-65-2.2 规格后,跳出图 4-15 所示的对话框,需要选择方位基准面进行放置。

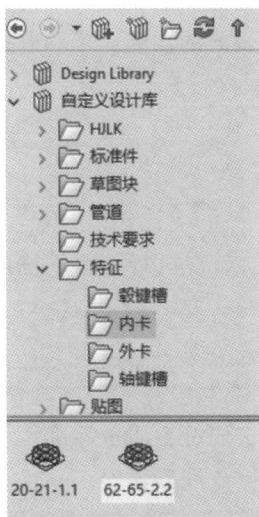

图 4-14　自定义设计库

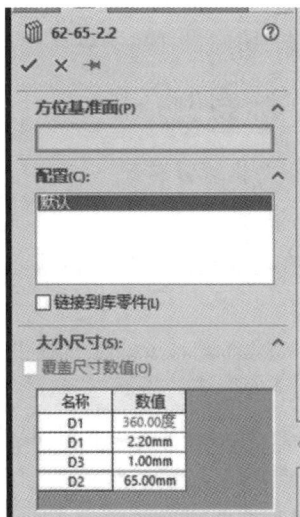

图 4-15　选择方位基准面

3）SolidWorks 参数化设计流程

（1）参数输入界面设计。

为了实现卡簧槽设计的自动化,首先需要设计一个直观易用的参数输入界面。此界面将允许输入卡簧槽的关键尺寸参数,如内径、外径和宽度。

界面设计:设计简洁明了的输入框,每个参数旁边都有清晰的标签和说明,确保能够清晰展示每个参数的意义。

参数验证:在输入参数后,界面应能够进行实时验证,确保输入值在合理的范围内,避免设计错误。

(2)参数化特征生成逻辑。

根据输入的参数,SolidWorks 将自动生成卡簧槽的特征。自动生成的卡簧槽(见图4-16)与基准面进行配合,进一步旋转观察。基准面配合旋转见图 4-17。点击"确认",建模完成。

扫码看视频

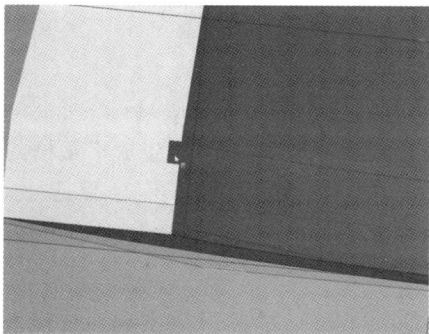

图 4-16 自动生成的卡簧槽

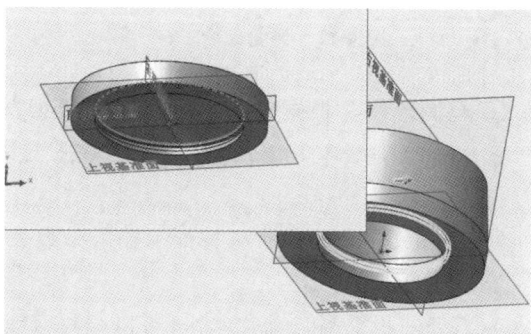

图 4-17 基准面配合旋转

特征生成规则:定义卡簧槽的几何特征生成规则,确保所有特征都能够根据输入参数动态调整。

尺寸关联:确保卡簧槽的每个尺寸都与输入参数关联,实现参数驱动的设计。

设计意图:明确设计意图,确保自动生成的特征符合卡簧槽的功能需求和制造标准。

七、实际案例分析

1. 案例一:机械臂装配

1)背景介绍

机械臂在自动化生产线中扮演着至关重要的角色,它们负责执行各种精确的操作和重复性任务。

高效的装配流程对于确保机械臂的性能和生产效率至关重要。

2)装配流程

部件准备:对所有需要装配的部件进行彻底检查,确保它们符合质量标准。

基础框架装配:从机械臂的基础框架开始,确保所有连接点准确无误。

关节装配:按照预设的顺序,逐步装配各个关节,注意调整关节的灵活性和稳定性。

电机与控制系统安装:将电机与控制系统安装到位,并进行初步的功能测试。

末端执行器装配:最后装配末端执行器,确保其精确对接和运动自如。

3)问题与解决策略

在四足行走机器人的设计与装配过程中,面对装配过程中可能出现的部件不匹配问题,通过实时调整和部件替换来解决。例如,在图 4-18 所示的四足行走机器人中,腿部关节的装配需要精确匹配各个零件的尺寸和形状。由于这些部件非常复杂,可能会出现装配间隙过大或过小、零件之间的干涉等问题。为了确保机器人的稳定性和运动性能,设计者需要在装配过程中实时监控和调整部件的位置和配合关系。如果发现某个部件无法满足设计要求,可以及时进行替换,以避免对整体装配进度和质量造成影响。通过 SolidWorks 的装配功能和运动模拟工具,设计者可以高效地解决这些问题,确保四足行走机器人的装配过程顺利进行。

对于装配精度问题,采用高精度测量工具进行监控,并及时进行调整。

2. 案例二:汽车底盘焊接夹紧定位机构

1) 背景介绍

汽车底盘承载着车身,并支撑动力系统和悬挂系统,其结构强度和装配精度对汽车的行驶稳定性和安全性至关重要。

焊接夹紧定位机构在底盘结构件的焊接工艺中扮演着至关重要的角色。它能够确保底盘结构件在焊接过程中实现准确定位和牢固夹紧,从而保证焊接质量和结构的稳定性。图4-19 所示的焊接夹具正是这一功能的典型体现。

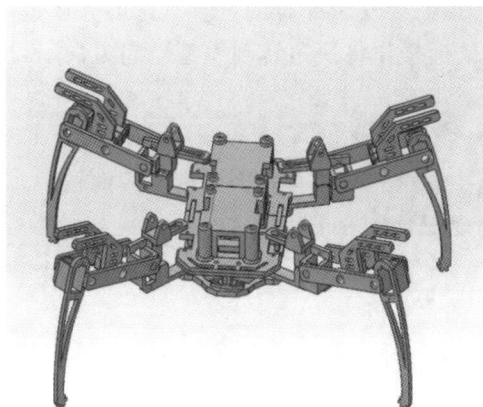

图 4-18 四足行走机器人

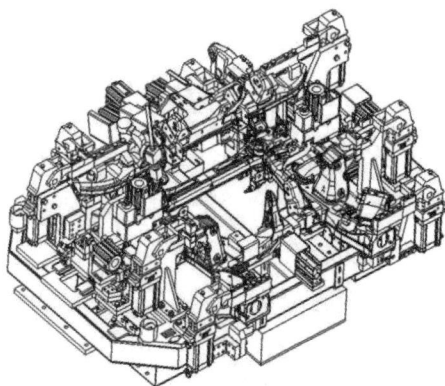

图 4-19 焊接夹具

2) 装配流程

底盘框架搭建:从底盘的基础框架开始,确保结构的稳定性和承载能力。

动力系统安装:安装发动机、变速箱等动力系统,并进行初步的调试。

3) 问题与解决策略

面对装配过程中的动力系统对接问题,通过优化装配工艺和调整部件设计来解决。

对于电子控制系统的集成问题,采用模块化设计和标准化接口,简化装配流程。

◀ 任务二 夹取式机械手设计 ▶

夹取式机械手是一种自动化设备,用于抓取、搬运和放置物体,广泛应用于工业生产、装配线、包装、物流等领域。

夹取式机械手的设计是一个多学科交叉的复杂工程,需要机械工程、电子工程、控制工程和计算机科学等多个领域的知识。设计过程中可能还需要使用 SolidWorks 等软件进行建模、仿真和分析,以优化设计。结合 SolidWorks 软件,本任务以工业机器人夹取式机械手模型展开建模。

一、装配步骤

1. 命令调用流程

1)命令栏操作

在进行三维模型装配时,首先需要在命令栏中选择"插入"选项。这一步骤是进入装配模式的前提,确保了后续命令的正确调用。

2)装配体功能组使用

在命令栏中选择"插入"后,接下来需要在装配体功能组里找到并点击"配合"命令。这一操作是实现模型装配的关键步骤,它允许对模型进行精确的配合操作。

3)配合选择与操作

在"配合"命令被激活后,需要在模型中选择右爪需要安装配合的位置。这可以通过点选模型上的点、线或面来实现。选择完成后,通过鼠标操作将视角转到模型空间方向,再次点选相应的位置,确保配合的准确性。

4)三维模型装配过程

在完成配合选择后,三维模型将进入装配模型中。这一阶段是整个装配流程的核心,需要细致地调整各个组件的位置,确保它们能够正确地配合在一起。

2. "插入"命令的使用

1)命令栏内"插入"命令的调用

在三维建模软件中,命令栏是与软件交互的重要界面。可以通过点击命令栏内的"插入"选项来激活装配模式。这一步骤是进入装配流程的基础,确保了可以顺利地进行后续的配合操作。操作步骤如下。

(1)点击"插入"。在命令栏中找到并点击"插入"选项。

(2)通过"模板"新建装配模型空间。将鼠标移至装配体功能列表中的"插入零部件",如图 4-20 所示。点击"插入零部件",弹出"插入零部件"命令下拉菜单,如图 4-21 所示。

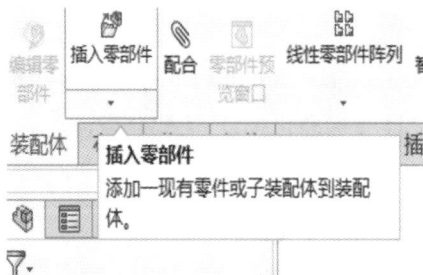

图 4-20 "插入零部件"命令　　　　图 4-21 "插入零部件"命令下拉菜单

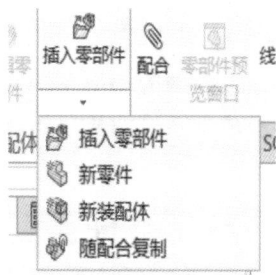

(3)选择装配体。在"插入"菜单下,选择"装配体"选项,进入装配模式。

2)"配合"命令的具体应用

在装配体功能组中,需要找到并点击"配合"命令。这一命令是实现模型精确装配的核心工具,它允许对模型的各个组件进行细致的调整。

可以通过以下方式调用"配合"命令:在命令栏内点击"插入",选择"配合",如图4-22(a)所示;在功能栏/特征栏里,点击"配合"命令,如图4-22(b)所示。在配合选择中选择右爪需要安装配合的位置(点、线、面均可),点选,再通过鼠标转到模型空间方向,点选右爪需要安装配合的位置(点、线、面均可),三维模型进入装配模型中。图4-23所示为面重合。

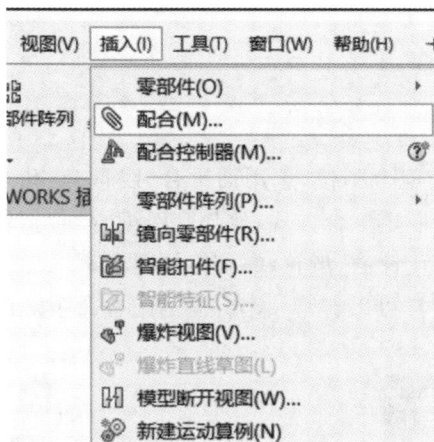

（a）命令栏"配合"命令　　　　　　　　　　（b）功能栏/特征栏"配合"命令

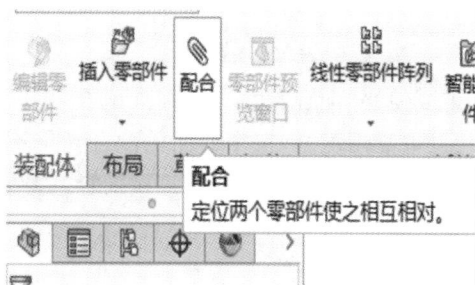

图4-22　"配合"命令

在使用"配合"命令时,应注意以下几点。

(1) 选择配合位置。需要在模型中选择右爪需要安装配合的准确位置,这通常涉及到点、线或面的选择。

(2) 模型空间操作。选择完成后,需要通过鼠标操作将视角转到模型空间方向,以确保配合的准确性。

点击"插入零部件"命令,进入文件夹,找出右爪三维模型,进入装配模型中。图4-24所示为插入气缸模型。

图4-23　配合命令:面重合

3)装配过程中的注意事项

在装配过程中,为了避免装配错误或数据丢失,需要注意以下几点:

(1) 确保配合准确性。在装配过程中,要反复检查所选配合位置是否准确,避免配合错误,导致模型装配失败。

(2) 适时保存工作。在装配的每个关键步骤后,应及时保存工作,以防软件崩溃等造成数据丢失。

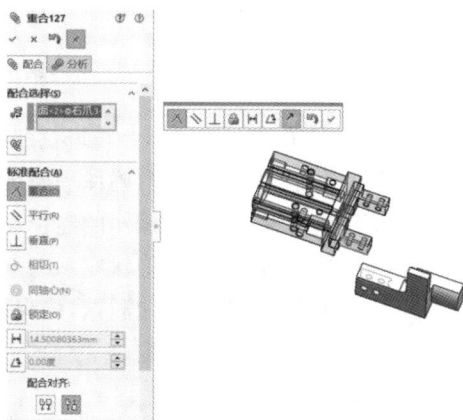

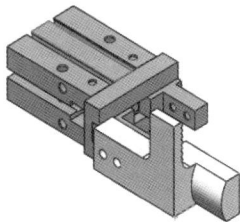

图 4-24　插入气缸模型

3. 三维模型装配过程"配合"

重复使用"配合"命令,如标准配合,将三个方向配合到位,选用面重合、线重合、孔重合均可,也可混用配合,三个方向的配合到位不局限于固定配合方式,比如高级配合,包括轮廓中心、对称等。甚至可以参考机械配合,如凸轮、槽口、铰链、齿轮、螺旋等的配合。

除了面重合(见图 4-25)外,也可以用孔重合,这样可以省略一个方向的配合命令操作。

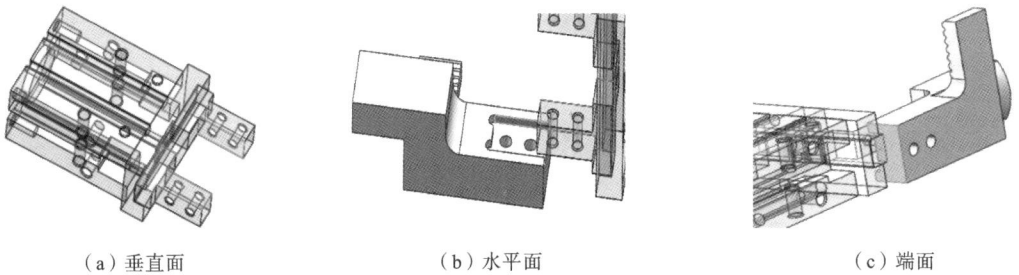

（a）垂直面　　　　　　　　　（b）水平面　　　　　　　　　（c）端面

图 4-25　面重合

右爪装配图如图 4-26 所示。在进行左爪与标准件气缸的配合操作时,应注意以下几点:
(1) 熟悉右爪的操作流程,确保理解配合的每个细节。
(2) 避免重复命令,确保操作的连贯性和效率。
(3) 仔细检查每个步骤,确保左爪与气缸的配合正确无误。
(4) 完成配合后,进行功能测试,确保机械手臂的运动流畅且符合预期。
夹取式机械手装配图如图 4-27 所示。

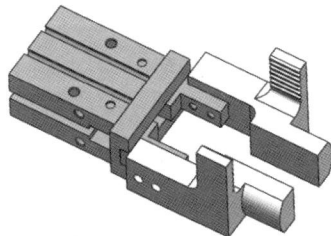

图 4-26　右爪装配图　　　　　图 4-27　夹取式机械手装配图

二、三维建模

点击草图，通过特征命令栏直接使用"拉伸凸台/基体"命令，输入给定深度 10 mm，点击"√"，如图 4-28 所示。完成本体的三维建模。法兰板雏形如图 4-29 所示。

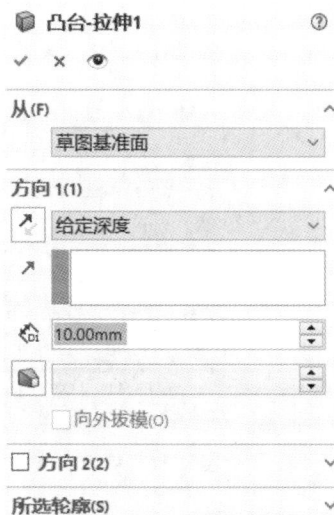

图 4-28　凸台拉伸参数设置

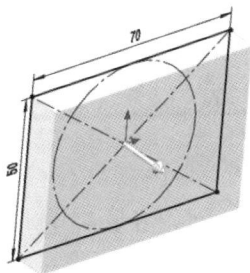

图 4-29　法兰板雏形

1. 导向孔

（1）启动评估测量。使用评估工具中的测量命令，对六轴连接法兰的盘面进行精确测量，确保直径为 50 mm。

（2）孔径均分设计。根据盘面直径，合理规划螺纹孔的位置，采用均分方式布局，以保证结构的对称性和均衡载荷。

（3）选择异型孔向导。在 SolidWorks 软件中，点击"异型孔向导"工具，进入导向孔的详细设置阶段。

（4）孔类型设置。在图 4-30 所示的"孔规格"界面中，展开"孔类型"选项，选择"台阶孔"图标，这适用于需要特殊配合的导向孔设计。

（5）标准和规格选择（见图 4-31）。在"标准"选项中选择"GB"（中国国家标准），确保设计符合国内行业规范。对于孔的规格，选择"M6"，适用于一般的机械连接需求。

（6）螺钉类型确定。在"类型"选项中，选择"内六角圆柱头螺钉 GB/T 70.1—2000"（软件中的标准具有滞后性，最新标准为 GB/T 70.1—2008），确保选用的螺钉类型满足导向孔的设计要求。

（7）细节优化。在设计过程中，注意导向孔的深度、角度等细节，确保孔的功能性和与法兰盘面的配合度。

（8）最终检查。完成设计后，进行最终检查，确保所有参数符合设计要求，且无遗漏或错误。

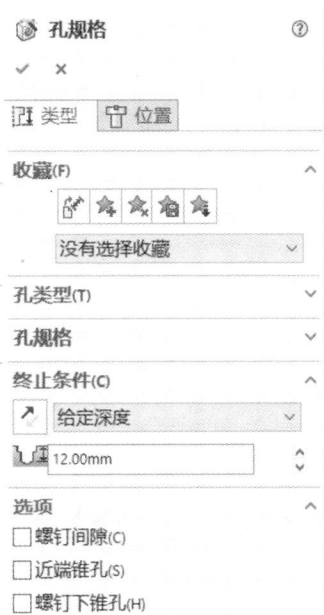

图 4-30 "孔规格"界面

图 4-31 标准和规格选择

2. 草图

选择原点,绘制螺纹孔分布圆(直径为 40 mm),螺纹孔分布角为 45°。将导向孔的位置选择在 45°重合线的交点上。依次选择 4 个位置,也可以通过环形阵列。导向孔草图规划如图 4-32 所示,导向孔开孔如图 4-33 所示。

图 4-32 导向孔草图规划

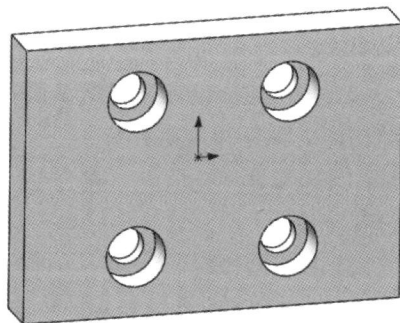

图 4-33 导向孔开孔

同时,反面也需要开 4 个安装孔,孔距如图 4-34 所示。点击"异型孔向导",在"孔类型"中展开设置,选择第一个台阶图标,"标准"中选择"GB","孔规格"中选择"M5","类型"中选择"内六角圆柱头螺钉 GB/T 70.1—2000"。

3. 特征"线性阵列"

1) 方法 1

选择"线性阵列",设置成构造线。阵列栏参数设置和阵列栏参数设置展开图分别如图4-35、图 4-36 所示。

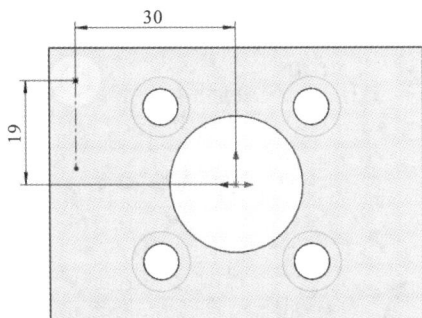

图 4-34　导向孔草图绘制

图 4-35　阵列栏参数设置

2）方法 2

"线性阵列"可以使用草图布置尺寸位置,也可以先点击需要阵列的方向边线,再设置阵列参数尺寸进行约束生成。本任务以草图布置为主,软件使用熟练后可以直接使用阵列、镜像等命令。图 4-37 所示为线性阵列图。

图 4-36　阵列栏参数设置展开图

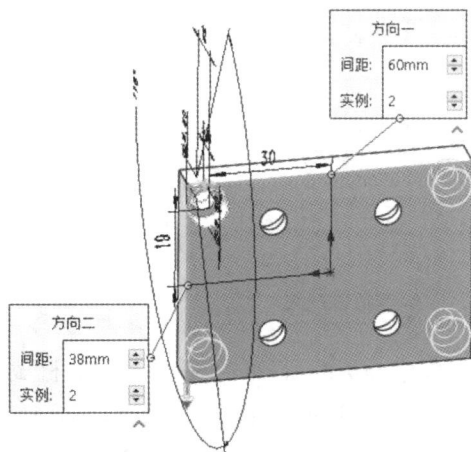

图 4-37　线性阵列图

4. 确定"√"

"√"表示已经完成工业机器人安装法兰建模任务。完成的工业机器人安装法兰板如图 4-38 所示。另一半与气缸的连接板操作步骤参考工业机器人安装法兰建模。

5. 文件属性

点击图 4-39 所示的"文件属性"命令,弹出图 4-40 所示的"摘要信息"对话框。在"摘要信息"对话框内分别对材料、重量、名称、代号、版本等进行设置,完成后点击"确定"。每一个零件完成之后,及时编辑文件属性,方便后续编辑零件图纸与装配图纸。

图 4-38　工业机器人安装法兰板

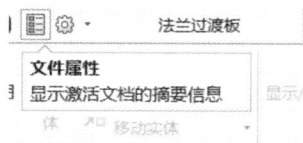

图 4-39　"文件属性"命令

图 4-40　"摘要信息"对话框

三、问题思考

（1）需求分析的深度。在设计夹取式机械手时，如何确保需求分析的全面性和准确性？考虑到不同行业和应用场景的特殊性，有哪些关键因素是必须考虑的？

（2）运动范围的优化。机械手的设计中，如何确定其运动范围以最大限度地提高工作效率？是否存在一种方法或标准来评估和优化机械手的运动范围？

（3）夹取机制的适应性。针对不同形状和材质的物体，如何设计夹取机制以提高夹取式机械手的适应性和抓取效率？是否有可能开发一种通用的夹取器，以适应不同的物体？

（4）控制系统的智能化。在设计控制系统时，如何实现夹取式机械手的智能化，以提高其自主操作能力和减少人为干预？当前的人工智能技术如何整合到控制系统中？

（5）传感器集成的策略。在机械手设计中，如何选择和集成必要的传感器来监测和反馈状态？如何确保传感器数据的准确性和实时性？如何利用这些数据进行故障诊断和预防性维护？

任务三　工业机器人安装法兰设计

在 SolidWorks 中进行工业机器人 ABB 1410 与夹取式机械手的组合设计。

在进行工业机器人 ABB 1410 与夹取式机械手的组合设计时,设计流程的起点是获取精确的 3D 模型。这些模型可以通过两种途径获得:一是直接从 ABB 官方网站下载,二是使用 ABB 的编程软件 RobotStudio 进行导出。设计过程中还应考虑法兰的安装和维护便捷性,以及操作的灵活性。细致的组合构思和迭代优化可以显著提高工业机器人的整体性能和工作效率,实现高效、稳定的自动化操作。最终的设计成果如图 4-41 和图 4-42 所示。经过精心设计的法兰能够实现机械手与机器人本体的精确对接。

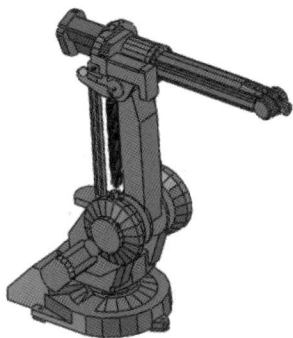

图 4-41　工业机器人 ABB 1410 模型

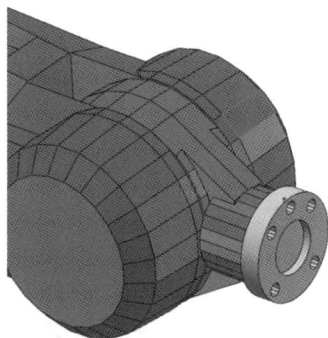

图 4-42　工业机器人第六轴法兰

将工业机器人第六轴法兰和夹取式机械手的 3D 模型插入新建的装配模型空间中。工业机器人第六轴法兰作为连接工业机器人和机械手的关键部件,其精确的几何尺寸和接口设计对于整个装配的稳定性和功能性至关重要。而夹取式机械手模型则包含了所有必要的夹取机构和驱动部件,这些部件需要与第六轴法兰精确对接。夹取式机械手装配图如图4-43所示。

图 4-44 所示为安装法兰组成件模型,从中可以看到夹取式机械手装配模型的概览、机械手的基本布局和关键组件,以及第六轴法兰与夹取式机械手在装配模型空间中的插入过程,包括它们是如何被放置、定位以及初步配合的。

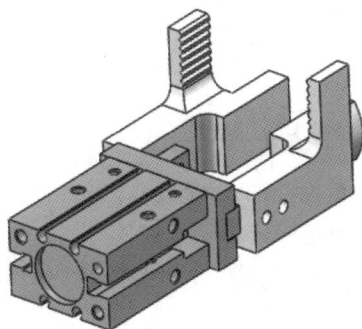

图 4-43　夹取式机械手装配图

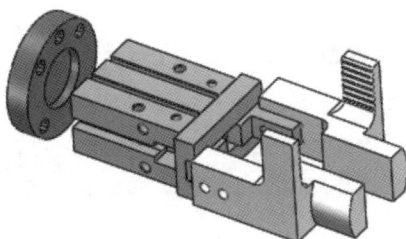

图 4-44　安装法兰组成件模型

一、草图构思

精确评估:在草图构思之初,准确测量并确保第六轴法兰的安装空间满足最小尺寸要求或超过 50 mm。

草图布局:在草图环境中,合理规划法兰的布局,确保有足够的空间来布置所有设计元素,避免干涉。

参考图示(见图 4-45):确保草图设计符合法兰的几何形状和尺寸规范要求。

尺寸与约束:使用智能尺寸工具进行精确标注,并应用几何约束以保证设计的对称性和准确性。

空间验证:在设计过程中,不断验证法兰与安装空间的兼容性,确保设计满足实际安装需求。

设计迭代:如有必要,进行设计迭代,调整尺寸或布局以确保安装空间充足。

最终检查:完成草图后,进行最终检查,确保所有设计参数符合技术要求,准备进入下一阶段的详细设计。

1. 评估

在 SolidWorks 中使用"评估"功能中的测量命令,可以对第六轴法兰的盘面直径进行精确测绘,确保其为 50 mm,满足设计规格要求。因为这直接影响机械手与机器人本体之间的连接精度和稳定性。我们可以直观地看到测量结果,验证法兰盘面直径的准确性。这种精确的测量不仅确保了装配的可行性,还为后续的设计优化和功能实现提供了可靠的数据支持。

使用"评估"中的"测量"命令,测绘出第六轴法兰盘面直径为 50 mm,如图 4-46 所示。

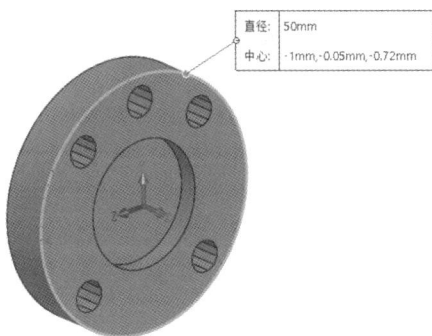

图 4-45　第六轴法兰直径测量

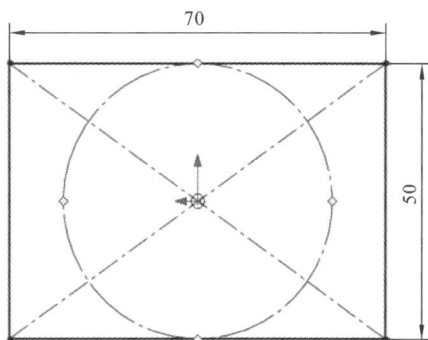

图 4-46　草绘底框

2. 草图绘制

在 SolidWorks 中进行精确的草图绘制是确保设计精确性的关键步骤。具体步骤如下:

(1)点击"草图绘制"进入草图空间,开始创建所需的几何形状。

(2)使用"圆"工具,选择构造线绘制一个直径为 50 mm 的圆。这个圆将作为后续设计的基础或参考。

(3)选择"中心矩形"工具,并确保该矩形与刚刚绘制的圆相切。根据设计要求,绘制一个尺寸为 70 mm×50 mm 的矩形。这个矩形可以用于确定法兰或其他组件的尺寸和位置。

（4）绘制完这些基本形状后，下一步是尺寸标注。通过尺寸标注，可以确保所有尺寸都准确且符合设计规格要求。在 SolidWorks 中，可以先标注尺寸，然后使用"智能尺寸"功能来圆整数字或者直接输入所需的参数尺寸，这样可以保证设计的灵活性和精确性。

（5）确保所有尺寸和约束都满足设计要求，并且检查草图的几何关系是否正确，比如确保矩形的一边与圆的直径对齐，以及矩形的尺寸符合所需的比例。这样的草图绘制过程为后续的 3D 建模和装配奠定了坚实的基础。

3. 确定

（1）保存草图：在 SolidWorks 中完成草图绘制后，首先需要保存工作。可以点击屏幕上方的"保存"图标或使用快捷键（"Ctrl"+"S"）来保存草图文件。

（2）文件命名：在"保存"对话框中为文件命名时，应遵循一定的命名规则，以便于识别和后续管理。文件名应包含零件的关键信息，如零件的名称、型号、版本号或设计阶段等。例如，如果草图是为一个特定型号的工业机器人法兰设计的，则文件名可以是"Robot 法兰_型号_V1.0"。

（3）分类存储：将文件保存在适当的文件夹中，根据项目或组件类型进行分类。例如，所有的工业机器人部件可能保存在一个名为"工业机器人部件"的文件夹中，而具体的法兰设计则可能保存在"法兰设计"子文件夹中。

二、零部件装配方法

项目进展到更高级的阶段，可能会涉及到多组件的复杂装配。需要根据零件间的装配关系和功能要求，采用逐步添加或一次性插入多个零件的方式进行装配。这种灵活的装配方法能够适应不同的设计需求，确保最终模型的准确性和功能性。

三、装配步骤

在 SolidWorks 中，选择"新建"以创建一个新的装配文档。这将打开一个空白的装配模型空间，为接下来的装配工作提供三维工作环境。

1. 插入零部件

在装配模型空间内，使用"插入零部件"功能来导入单个零件的 3D 模型。可以通过"文件"→"打开"来选择需要装配的零件文件，或者直接拖拽零件文件到装配模型空间中。

默认固定：当零部件被插入到装配体中时，SolidWorks 默认会将其固定，这意味着该零部件的位置和方向将被锁定，无法进行移动或旋转。这种固定方式适用于那些在装配中不需要移动或调整的零部件，确保它们在装配体中保持稳定。

手动固定：可以根据装配的需求，手动选择是否固定零部件。这提供了更大的灵活性，允许在装配过程中对零部件进行微调。手动固定通常在需要对零部件进行位置调整或与其他部件进行配合时使用。可以通过选择零部件并使用"装配"工具栏上的"固定"或"解除固定"命令来切换固定状态。

1）固定件

点击"插入零部件"（见图 4-47），选择"插入零部件"（见图 4-48）。首先打开文件夹，找到对应标准件气缸并将其导入装配模型空间内,鼠标移至装配模型空间内,单击鼠标左键,模型自动添加进来且默认首个零件固定,或者点击确定"√"。将机器人第六轴法兰依次插入装配模型空间内。

2)后续零件

点击"插入零部件"命令,进入文件夹,找出右爪三维模型,进入装配模型空间。要插入的气缸模型如图 4-49 所示。

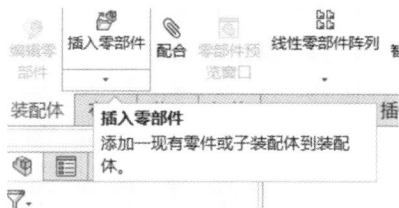

图 4-47　"插入零部件"命令　　　图 4-48　"插入零部件"下拉菜单　　　图 4-49　气缸模型

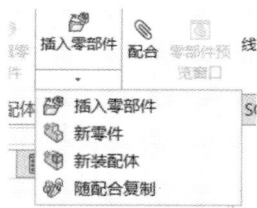

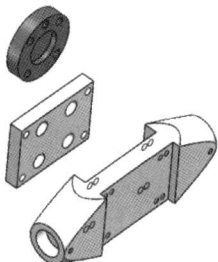

2. 配合

定义关系:通过"配合",可以指定两个或多个零部件之间的对齐、平行、垂直、距离和角度等关系。配合类型如表 4-8 所示。

表 4-8　配合类型

序号	约束/配合类型	基本描述	应用场景
1	重合	使两个表面或边缘在同一位置,消除它们之间的间隙或重叠	装配时确保两个平面完全接触,如盖子与容器的密封面
2	同心	使两个圆形特征同轴,保持它们的旋转中心点一致	确保轮子或轴与其他旋转部件同轴,如轴承安装
3	平行	使两个表面或特征平行,保持恒定的距离但不接触	装配导轨或滑块,确保它们在运动过程中保持平行
4	垂直	使两个表面或特征垂直,适用于需要直角定位的情况	确保结构件的垂直对齐,如书架的侧板与顶板
5	距离	定义两个表面或特征之间的距离,可以是固定的,也可以是可变的	控制部件之间的间隙或压缩,如弹簧的压缩量
6	角度	定义两个表面或特征之间的角度,确保特定的倾斜定位	调整部件的倾斜角度,如调整坡道或支架的角度
7	槽口	允许部件沿特定槽口移动,用于创建复杂运动	用于滑块或盖子沿槽移动,实现开关或调节功能
8	齿轮	用于齿轮啮合,确保齿轮正确配合并传递扭矩	机械传动系统中,确保齿轮正确啮合并同步旋转

续表

序号	约束/配合类型	基本描述	应用场景
9	螺旋配合	用于螺旋或螺纹配合,确保螺旋部件正确旋入或旋出	用于螺栓、螺钉和螺母的装配,确保紧密固定
10	对称	使部件沿对称线或对称面反射,创建对称结构	设计对称结构,如蝴蝶形状或对称图案
11	相切	使两个表面或边缘在接触点相切,适用于圆弧与直线或圆弧与圆弧的接触	确保部件平滑过渡,如轮胎与道路的接触面
12	限制	限制部件的运动范围,如旋转或滑动的最大值和最小值	控制关节或铰链的运动范围,防止过度旋转或移动
13	镜像	沿镜像线或镜像面复制部件,创建对称或重复的组件	快速创建对称的部件,如翅膀或对称的机械臂
14	路径配合	允许部件沿指定路径移动或旋转,用于模拟复杂运动	用于模拟滑块沿导轨的移动或旋转部件沿特定轨迹的旋转
15	接触	用于模拟部件之间的接触力,适用于非刚性体的相互作用	用于模拟柔性材料或部件在受力时的变形和接触行为,如软管或电缆

1）与固定件配合

在装配体功能组内,点击"配合"命令,在"配合选择"中,通过鼠标点击,选择过渡法兰板与机器人第六轴法兰盘面装配。过渡法兰板与第六轴法兰端进行面重合操作,如图 4-50 所示。接着充分利用基准面分别进行右视图与上视图基准面重合,如图 4-51、图 4-52 所示。实现两个零件在装配模型空间的装配,如图 4-53 所示。

图 4-50　面重合操作

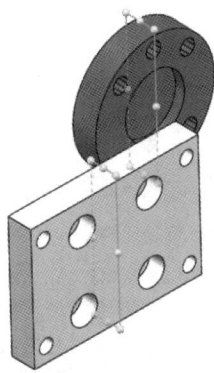

图 4-51　右视图基准面重合

2）与后续导入件配合

进行精确的"配合"操作是确保装配体各部件正确对齐和定位的重要环节。

首先,选择过渡法兰板的另一侧安装面和零件三工位座的安装面,然后应用"配合"命令并选择"重合"选项,以确保两个面在同一平面上,点击"确定"来应用这一配合。正面重合如图 4-54 所示。

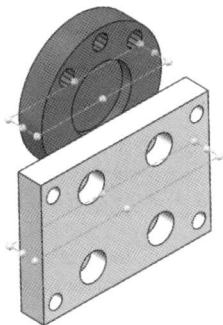

图 4-52　上视图基准面重合

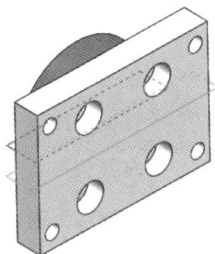

图 4-53　零件装配图

其次,需要重复这一过程,选择装配体中的另外两个面,并再次使用重合配合,确保它们在同一平面上。这可能涉及到不同部件的顶面或端面,以确保整个装配体的稳定性和对称性。顶面重合和端面重合分别如图 4-55 和图 4-56 所示。

图 4-54　正面重合

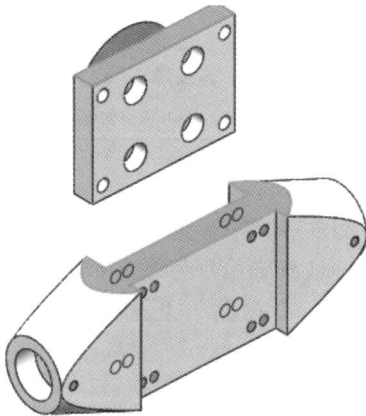

图 4-55　顶面重合

图 4-56　端面重合

最后,通过这一系列的配合操作,完成工业机器人法兰零件的模型装配。这不仅确保了各部件之间的正确对齐,还为后续的装配和功能测试奠定了基础。图 4-57 展示了装配完成后的模型,其中所有部件均已精确配合,满足了设计和功能要求。

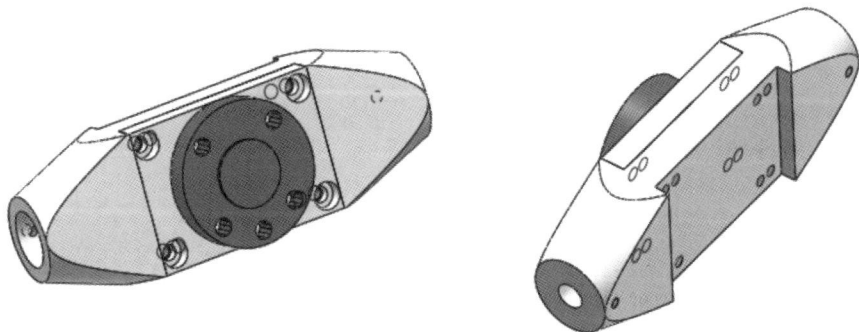

图 4-57　装配完成后的模型

这种细致的配合方法可以提高装配体的准确性和可靠性,确保工业机器人的法兰零件能够稳定地与其他组件配合,实现预期的工作性能。

四、问题思考

(1)兼容性设计问题。在设计工业机器人 ABB 1410 的安装法兰时,如何确保其尺寸、形状和材料与夹取式机械手的连接接口完全兼容,以实现无缝对接?

(2)结构稳定性优化。考虑到工业机器人在操作过程中会产生力和扭矩,如何设计法兰的结构以优化整体的稳定性和耐用性?

(3)维护与升级便利性。在设计过程中,如何实现法兰的快速安装和拆卸,以便于未来的维护和升级工作?

(4)操作灵活性与可服务性。如何设计法兰,使其在保持结构稳定性的同时,也允许一定程度的调整,以适应不同的安装角度和位置?

(5)精确装配的挑战。在使用 SolidWorks 进行装配时,如何利用各种装配工具和命令,比如"配合"功能,来确保第六轴法兰和机械手之间的正确对齐和连接?

◀ 任务四 典型多功能夹取手设计 ▶

在工业自动化领域,设计具有定位、吸取、夹持等多种功能的夹取手是实现高效、精准物料搬运的关键环节。夹取手的结构、材料选择以及驱动方式等设计要素直接影响其性能和适用范围。

一、草图绘制

前文已对草图绘制进行了详细介绍,本任务将介绍简化的草图绘制方法。设计师将直接输入带有尺寸标注的草图,跳过基础命令的详细介绍步骤。这种方法是基于用户已经掌握前几个项目介绍的草图绘制技能,侧重于提高设计效率,确保快速准确地实现设计意图。通过直接应用尺寸和约束,设计师可以专注于设计的精确性和功能性,而不是操作过程本身。

绘制图 4-58 所示的机械探针座草图,步骤如下。

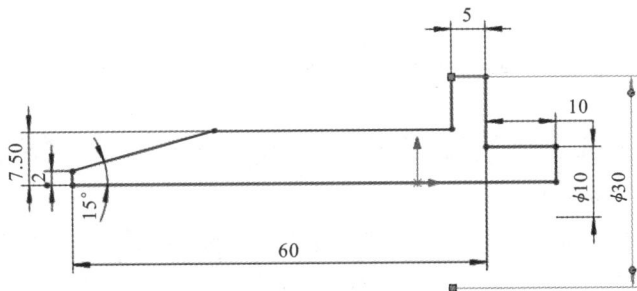

图 4-58 机械探针座草图

（1）选择基准摆放草图展示的平面。

（2）点选草图功能框中的草图绘制,进入草图绘制二维空间。

（3）根据给出的参照零件,在草图空间绘制矩形,可以使用矩形或者线条命令进行新增、修改、删除。

（4）结合参照物尺寸进行尺寸标注,调整到图中给出的尺寸值。

二、三维建模

1. 旋转

前文已经介绍过"旋转"命令的使用,这里直接应用。旋转角度设定为360度,围绕中心线旋转,如图4-59所示。模型围绕中心线旋转显示,如图4-60所示。

图 4-59　旋转命令

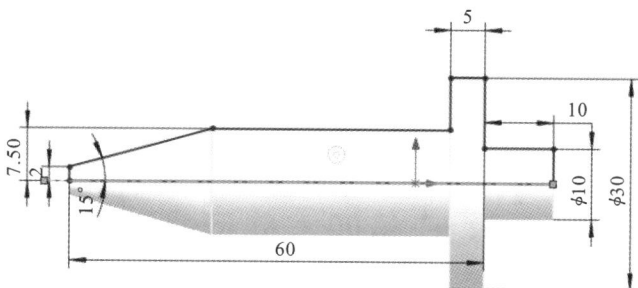

图 4-60　围绕中心线旋转显示的模型

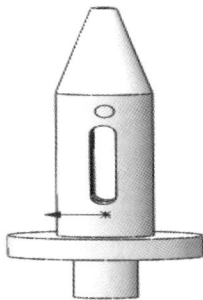

图 4-61　机械探针座模型

2. 确定"√"

"√"表示确认旋转命令,完成机械探针座三维建模,如图4-61所示。

三、配合

系统中的标准配合有重合、平行、垂直、相切、同心、锁定、距离及角度等方式。在处理一些相同零件时,可以通过复制、安装或者采用阵列、镜像等方法来实现。

1. 装配顺序

装配顺序应模拟现实中的安装流程,并考虑操作的可行性和效率。具体步骤如下。

（1）定位零件:在装配开始时,优先装配定位零件。这些零件为其他部件提供参照和定位基准。

（2）主要特征:在定位零件之后,装配基座、框架等主要特征。这些部件为整个装配体提供结构支撑,确保装配体的稳定性。

（3）次要零件:在主要特征装配完成后,按照既定顺序装配次要零件,如覆盖件、紧固件等。

（4）调整和优化:在装配过程中,要不断检查各部件的配合情况,必要时进行调整和优化。

2. 装配报错

重合配合关系：在装配中使用重合约束时，需确保两个配合面完全在同一平面上，避免过定义。

过定义问题：过多的约束会使装配体过约束，这会限制部件的自由度，使得装配难以调整或更新。

错误提示：装配错误通常以黄色或红色警告的形式出现，提示识别检查和修改装配关系。

解决策略：如果出现报错，应重新评估装配约束，去除不必要的约束或重新分配约束优先级。

动态装配：利用 SolidWorks 的动态装配功能，通过拖动部件进行实时装配检查，以避免配合错误。

3. 干涉检查

在装配过程中应定期用"干涉检查"命令进行干涉检查，确保零件间没有不必要的接触或干涉。

定期进行干涉检查：在装配过程中，定期使用 SolidWorks 的"干涉检查"命令来检测零件间是否存在不必要的接触或干涉。

全面审查：装配完成后，进行全面审查，确保所有零件正确装配，满足设计要求和功能需求。

根据报警提示调整：参照干涉报警提示，对装配体进行必要的调整、修改和优化。

问题解决策略：遇到装配问题时，回退并重新评估装配顺序或配合方式，以找到解决方案。

使用装配体特征：利用装配体特征，如装配体切割或装配体测量，来验证装配体的空间关系和配合情况。

4. 组件配合

选择菜单栏的"文件"，点击"新建"命令，弹出对话框，点击"装配体"→"确定"，进入装配模型空间。理解各种配合环境，更好地掌握配合的应用。在机械设计和制造领域，精准的配合是确保机械设备正常运转和性能发挥的关键因素。以下介绍标准配合、高级配合、机械配合。

1）标准配合

（1）重合配合。

重合配合主要用于确保两个平面或线段在装配时完全对齐。这种配合在需要精确对接的场合至关重要，例如在高精度的测量工具或光学仪器的装配中。通过确保两个配合表面完全重合，可以避免由不对齐引起的误差，从而保证设备的性能。

（2）平行配合。

平行配合用于确保零件在空间中保持平行的方向关系。这种配合在安装平面、台阶或板件时非常重要，因为它可以保证零件之间保持均匀的间隙，避免由安装不当引起的应力集中或过早磨损。

（3）垂直配合。

垂直配合用于确保零件在空间中保持垂直的方向关系。这在制造结构组件时尤为重要，如在建筑或桥梁的构件安装中，垂直配合可以确保结构的稳定性和安全性。

（4）相切配合。

相切配合用于确保两个圆形或圆柱形表面在接触点处相切。这种配合在轴承或轮子的装配中非常常见，它允许零件在接触点处平滑滚动或滑动，减少摩擦和磨损。

（5）同轴心配合。

同轴心配合确保两个或多个圆形特征共用一个中心线。这种配合在轴承和轮子的装配中至关重要，它保证了旋转零件的同心度，从而减少振动和提高运转效率。

（6）锁定配合。

锁定配合用于固定零件的位置和方向，使其在装配中不可移动或旋转。这种配合在制造固定结构或组件时非常有用，如在发动机缸体和变速箱壳体的装配中，锁定配合可以确保零件的稳定性和可靠性。

（7）距离配合。

距离配合用于控制零件之间的空间距离。这种配合在需要精确控制间隙或过盈量的应用场景中非常重要，它可以通过调整零件之间的距离来优化配合的紧密度。

（8）角度配合。

角度配合用于控制零件之间的相对角度。这种配合在制造需要精确调整角度的机械结构时非常重要，如在机械臂或旋转关节的装配中，角度配合可以确保零件之间的相对位置正确。

在设计和制造过程中，选择合适的配合方式对于确保机械系统的可靠性、稳定性和性能至关重要。深入理解每种配合方式的特点和应用场景，工程师可以更有效地解决设计问题，设计出高效、精确的机械系统。

2）高级配合

（1）轮廓中心配合。

轮廓中心配合技术用于确保两个或多个特征的中心线精确对齐。这种配合在制造具有严格同心度要求的零件时至关重要，例如在轴承安装或精密齿轮系统中，轮廓中心配合确保了零件的高效运转和减少磨损。

（2）对称配合。

对称配合能够创建关于某个平面或线的对称几何特征，确保了设计元素的平衡和协调。在汽车、飞机等交通工具的外观设计中，对称配合有助于实现美观和功能性的统一，同时也在机械部件的布局中保证了力量的均匀分布。

（3）宽度配合。

宽度配合是一种用于控制两个表面之间距离的配合方式。这种配合在制造需要精确间隙或过盈配合的零件时非常重要。例如，在液压缸的活塞和缸体之间，宽度配合确保了良好的密封性能和运动的平稳性。

（4）路径配合。

路径配合技术允许零件沿指定路径进行精确的移动或旋转。这种配合在自动化设备和机器人技术中非常常见，它确保了机械臂或移动部件能够按照预定轨迹准确无误地执行任务。

（5）线性/旋转耦合。

线性/旋转耦合允许零件沿直线或旋转轴线进行移动或旋转。这种配合在制造需要精确运动控制的设备时至关重要。例如，在数控机床和激光切割机中，线性/旋转耦合确保了加工过程的精确性和重复性。

（6）距离和角度配合。

距离配合用于精确控制特征间的空间距离,而角度配合则用于控制特征间的角度关系。这两种配合在制造需要精确定位和角度调整的机械结构时非常重要,例如在装配机械臂的关节或调整光学仪器的镜头角度时,距离和角度配合确保了机械结构的精确性和功能性。

3）机械配合

在机械工程领域,机械配合特性是确保机械设备精确运作的关键因素。下面对七种机械配合特性进行深入分析,包括它们的定义、工作原理以及在机械设计中的应用场景。

（1）凸轮配合。

凸轮配合涉及一个凸轮面与一个或多个随动件的相互作用。凸轮通常具有特定的轮廓形状,当它旋转时,会推动随动件沿特定路径往复或间歇运动。这种配合在自动化机械、发动机气门控制系统以及各种泵和压缩机中非常常见。

（2）槽口配合。

槽口配合是利用一个或多个槽口与键或销的配合来传递扭矩或实现精确定位。这种配合在需要传递动力或确保零件在特定位置固定不动的应用中非常重要,例如机床工作台的定位或汽车变速箱中的齿轮定位。

（3）铰链配合。

铰链配合提供了旋转运动,通常用于门、盖子和其他需要旋转开启的部件。铰链允许部件在一个固定轴线上旋转,同时承受一定的负载和磨损。高质量的铰链配合能够确保部件的平稳运行和延长部件的使用寿命。

（4）齿轮配合。

齿轮配合涉及两个或多个齿轮的啮合,用于传递旋转运动和动力。这种配合在机械传动系统、钟表、机器人关节等的应用中非常重要。正确的齿轮配合可以确保传动效率和减少能量损失。

（5）齿条小齿轮配合。

齿条小齿轮配合是一种特殊的齿轮系统,其中一个是直线齿条,另一个是小齿轮。这种配合能够实现直线运动与旋转运动的转换,常见于汽车转向系统、升降平台等。

（6）螺旋配合。

螺旋配合,如螺杆和螺母,用于实现直线运动。当螺杆旋转时,螺母沿螺杆轴线移动,这种配合在千斤顶、升降机、压力机等多种机械中都有应用。

（7）万向节配合。

万向节配合允许在不同平面上传递动力或运动。它由一个或多个万向节组成,能够在不同角度的轴之间传递扭矩,常用于汽车传动轴、机械臂关节等。

5.　插入零部件

在新建的装配模型空间内,将需要进行模型装配的所有零部件插入进来。其中,配合方式有 8 种标准配合、7 种高级配合、7 种机械配合,可以根据装配模型需求灵活选用。以下组件可以直接采用标准配合中的命令。

1）同轴心与重合

通过 ABB 官方网站下载所需的标准件探针模型,确保获取了精确且满足项目需求的

3D 模型。在 SolidWorks 中,利用"插入零部件"命令,将下载的探针模型(见图 4-62)导入装配文档中,这一步骤是实现模型集成化的第一步。随后,继续使用相同的命令将机械探针座(见图 4-63)加入到装配模型空间,确保其与探针模型的精确对接和装配。这种高效的模型插入流程不仅节省了设计时间,还提高了装配的准确性和可靠性,为后续的自动化设备设计和功能实现打下了坚实的基础。通过这种方式,设计师可以快速构建起复杂的机械组件,优化设计流程,同时确保装配体的功能性和效率。

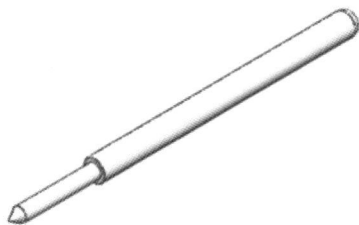

图 4-62 探针模型

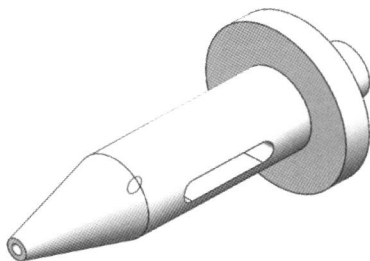

图 4-63 机械探针座

通过选择装配体功能栏中的"配合"命令,可以对零件进行各种空间关系的精确定义。选择同轴心配合(见图 4-64),这允许两个零件的圆柱形外表面共轴对齐,确保它们的旋转中心点在同一直线上。

当两个零件通过同轴心配合对齐后,进一步使用标准配合中的"重合"选项,使两个零件的表面完全重合(见图 4-65),提高了装配体的稳定性和精确度。

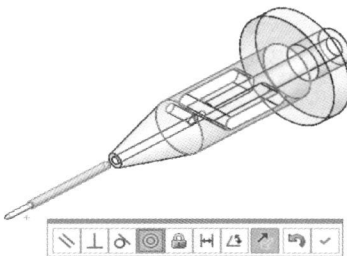

图 4-64 同轴心配合

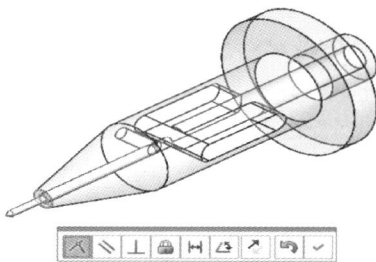

图 4-65 表面完全重合

这些步骤后,机械探针组的装配便完成,其结果展示在图 4-66 中。而对于吸盘组(见图 4-67),提供装配模型的步骤类似,但可能涉及不同的配合类型和零件。

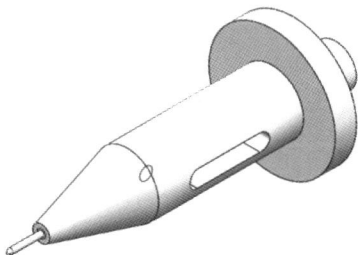

图 4-66 机械探针组

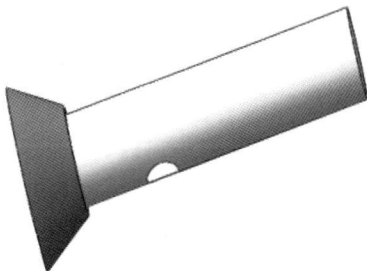

图 4-67 吸盘组

这种细致的配合过程能够确保每个零件都在正确的位置,并且与其他零件正确交互,从而实现复杂的装配体设计。这种方法不仅提高了设计的精确性,还有助于在后续的设计阶段进行有效的模拟和分析,确保装配体在实际应用中能够达到预期的性能并具有可靠性。

2) 同轴心与平行

三维建模中部分带有角度的零件(见图 4-68、图 4-69)在装配过程中需要使用平行配合命令,将旋转组件中的零件插入到新建的装配模型空间中。

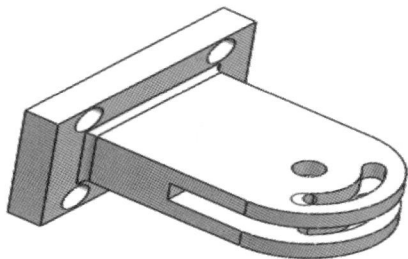

图 4-68　旋转气缸底座

图 4-69　旋转气缸连接底板

选择"装配体"功能栏,点击"配合",选择"同轴心",分别选中两个配合零件的圆柱形表面,如图 4-70 所示。自动同轴显示重合后,点击"确认"。

当"标准配合"中的面重合(见图 4-71)后,点击"确认"。

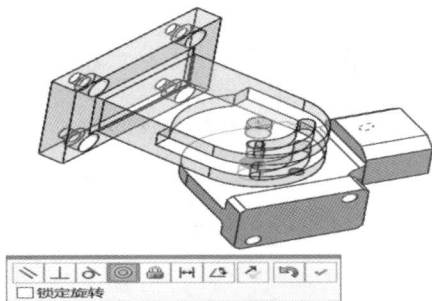

图 4-70　与旋转气缸底座同轴心配合

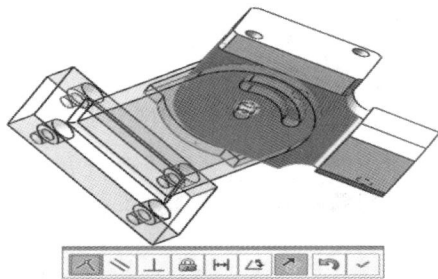

图 4-71　与旋转气缸底座面重合

点击重合中的"平行"命令,如图 4-72 所示。完成后,依次将螺钉等附件装配进去,完成旋转气缸组件装配,如图 4-73 所示。

6. 总装图

在 SolidWorks 中,进行总装图的绘制和装配是一项系统化的工作,涉及多个步骤和技巧,以确保装配过程的精确性和高效性。从零部件的创建到装配体的约束,每一个步骤都至关重要。这些步骤和技术可以有效提高装配效率,减少设计错误,为后续的装配过程模拟奠定坚实的基础。

7. 装配过程模拟

在 SolidWorks 装配模型空间内,模拟装配过程是实现总装图的关键步骤。经过前面的

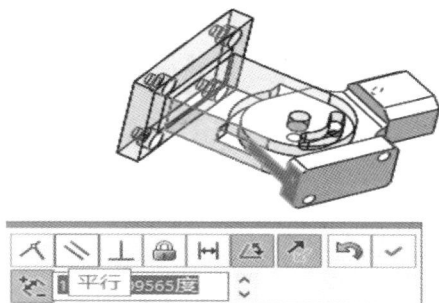

图 4-72　与旋转气缸底座平行配合

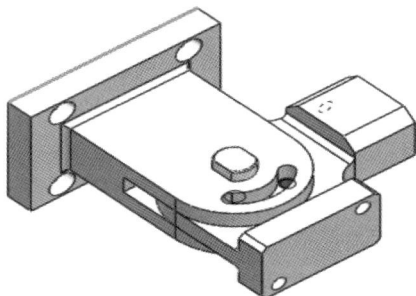

图 4-73　旋转气缸组件装配

装配功能设置和优化,接下来需要在模型空间中逐步插入所有零部件,并按照设计要求进行配合和定位。如图 4-74、图 4-75 所示,通过模拟装配过程,用户可以直观地检查零部件之间的装配关系,确保整个装配体的完整性和功能性良好。

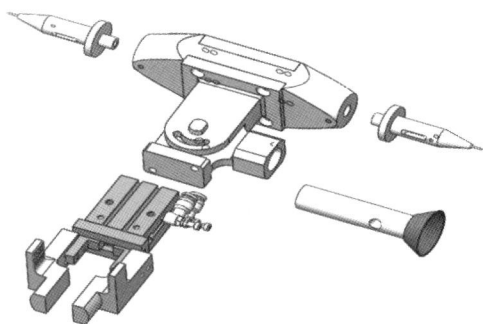

图 4-74　典型夹取手的组成部件

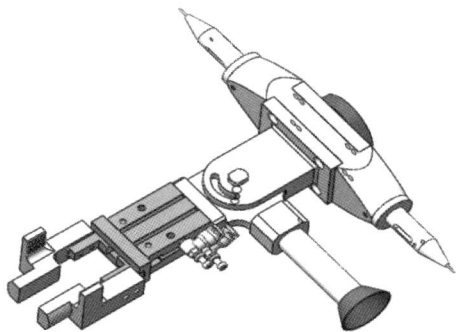

图 4-75　装配好的典型夹取手

8. 问题归纳与自我测评

1)问题归纳

(1)描述在 SolidWorks 中导入夹取式机械手和工业机器人安装法兰 3D 模型的过程,并解释这样做的好处。

(2)解释 SolidWorks 中"智能尺寸"工具的作用,并举例说明如何在草图绘制中应用它。

(3)讨论在装配过程中使用"同轴心"和"重合"标准配合的重要性,并说明它们如何增强装配体的稳定性和精确度。

(4)阐述在 SolidWorks 中进行装配体设计时,如何利用镜像功能来优化装配体结构,并举例说明其应用。

(5)分析在装配体设计中,如何通过"装配过程模拟"来确保装配体的运动和功能符合设计要求。

2)自我测评

自我测评表见表 4-9。

表 4-9　自我测评表

测评领域	具体指标	测评内容描述	自我评分	备注/改进建议
导入 3D 模型	操作熟练度	评估自己导入夹取式机械手和工业机器人安装法兰 3D 模型的熟练程度和准确性		
测量工具应用	尺寸和距离测量准确性	根据教材描述,评估自己使用 SolidWorks 测量工具进行尺寸和距离测量的准确性		
动态模拟和运动学分析	装配空间集中的效用	评价自己在集中模型于装配空间以进行动态模拟和运动学分析方面的能力		
装配策略	配合特征理解和应用	根据教材中提到的标准配合、高级配合和机械配合,评估自己对这些配合特征的理解和应用能力		
镜像功能应用	对称结构创建能力	评估自己使用镜像功能创建对称结构的能力,以及在装配体设计中利用镜像进行优化的能力		
装配过程模拟	零部件配合和定位	评估自己在模拟装配过程中,对零部件进行配合和定位的能力,确保装配体的运动和功能符合设计要求		
优化迭代	解决装配问题的能力	根据教材中的优化迭代步骤,评估自己在识别和解决装配体中潜在问题(如干涉检查)的能力		
爆炸视图和动画	展示装配体工作原理的能力	评估自己使用爆炸视图和装配体动画功能的能力以及直观展示装配体工作原理和装配顺序的能力		
综合应用能力	多功能夹取手装配流程设计	结合教材内容,评估自己设计一个完整的夹取手装配流程的能力,包括装配顺序、配合选择和装配策略		

任务五　延长点火器

一、创意

设计延长点火器,解决固体酒精炉点火不方便的难题。

在冬日寒冷的时节,人们喜欢使用固体酒精炉来取暖或煮食。然而,使用打火机枪点燃固体酒精炉时,往往会面临烧到手的危险。这种情况不仅影响点火,也存在一定的安全隐患。因此,需要设计一种延长点火器,既方便点火,又能确保安全。

延长点火器的设计构思必须考虑到实际使用需求。首先,它需要有足够的长度,以便可以在安全距离外点燃固体酒精炉,降低烧伤风险。其次,延长点火器手柄部分的设计应符合人体工程学,握持舒适,操作便捷。最重要的是,延长点火器的点火功能必须稳定可靠,能够在各种环境条件下正常工作。

二、设计

设计一个延长点火器,以避免在使用打火机枪时烧手。

三、装配建模

（1）观看延长点火器图片（见图4-76），分解零部件。

（2）观看模型（见图4-77）和建模视频（见图4-78）。

（3）延长点火器部分组成零件如图4-79所示。

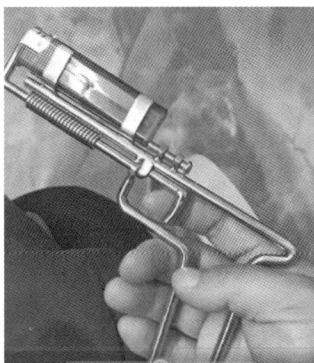

图4-76　延长点火器

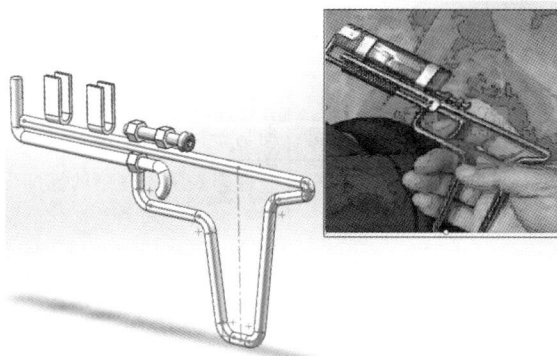

图4-77　模型

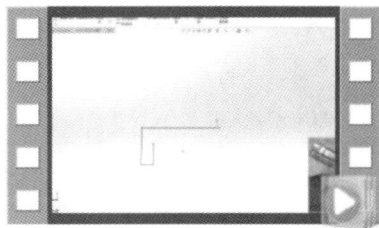

图4-78　建模视频

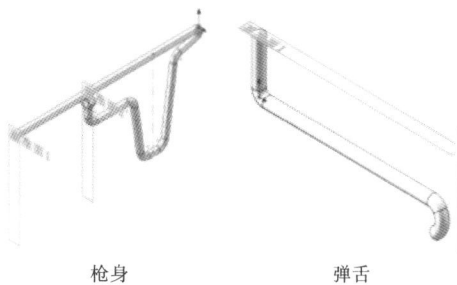

枪身　　　　　　　弹舌

图4-79　部分组成零件

使用SolidWorks软件进行建模通常需要遵循以下步骤：

（1）打开SolidWorks软件。启动SolidWorks并创建一个新的零件文件。

（2）观看视频教程。找到关于使用SolidWorks为延长点火器建模的视频教程。确保视频是详细且易于理解的，以便能够跟随步骤建模。

（3）理解延长点火器的结构。在建模之前，先理解延长点火器的基本结构和组件，这有助于在建模过程中做出正确的决策。

（4）草图绘制。在SolidWorks中，通常首先创建一个草图。使用草图工具来绘制延长点火器的轮廓和主要形状。

（5）添加特征。在完成草图后，可以添加各种特征，如拉伸、旋转、倒角、圆角等，来形成延长点火器的三维模型。

（6）细节处理。添加细节，如螺钉孔、按钮等，这些细节将使模型更加逼真。

（7）装配。如果延长点火器由多个部件组成，则需要在SolidWorks中创建每个部件的模型，并将它们装配在一起。

项目小结

知识归纳：

项目四介绍了如何从单个零件升级到装配体，并强调了在装配过程中运用平行、垂直、同轴等配合命令的重要性。学生通过技能矩阵学习了装配方法，如导入、复制、阵列和镜像，并在装配体中修改零件，解决了设计中的干涉问题。

在思政教育中，通过"潜移默化铸品格"的概念，强调了思政教育在个人品德和价值观形成中的作用，鼓励学生在技术学习的同时，培养社会责任感和优良的品德。

夹取式机械手的设计任务介绍了装配步骤，包括插入零部件、配合命令的使用，以及三维建模技巧。学生学习了如何评估测量、绘制草图、创建特征，并运用线性阵列等工具优化设计。

复习和讨论问题：

（1）思政教育中的"潜移默化"与"铸品格"：讨论"潜移默化"在思政教育中的作用，以及它如何与"铸品格"相结合，共同促进个人形成正确的价值观和良好的道德品质。

（2）夹取式机械手的设计要素：根据文档内容，讨论设计夹取式机械手时需要考虑的关键要素，包括需求分析、运动范围、夹取机制等，并解释每个要素的重要性。

（3）SolidWorks软件在机械手设计中的应用：描述SolidWorks软件在夹取式机械手设计和建模过程中的应用，包括装配步骤、三维建模、特征使用等，并讨论使用该软件的优势。

（4）装配模型中的配合技术：解释在SolidWorks软件中进行装配模型时可用的配合技术，并讨论这些技术如何帮助精确组装零部件。

（5）工业机器人安装法兰设计：讨论工业机器人安装法兰设计的过程和重要性，包括评估测量、草图绘制、零部件装配方法，并解释这些步骤如何确保设计的准确性和功能性。

技能训练

一、任务布置与要求

任务目标：延长点火器的创意设计与实际问题的解决（不能与任务五重复，重在创新）。参考图4-80。

1. 任务布置

设计一款延长点火器，旨在解决冬天使用传统打火机枪点火时可能烧到手的安全问题。该设计应满足实际使用需求，同时兼具创意性、安全性、耐用性和环保性且符合人体工程学。

2. 任务要求

（1）需求分析：调研并确定在使用打火机枪时遇到的问题和需求。

（2）创意构思：提出创新的设计方案，以增加延长点火器的使用距离，同时保证操作的便捷性和安全性。

（3）材料选择：选择耐高温、隔热性能好的材料，如陶瓷、金属或特殊复合材料。

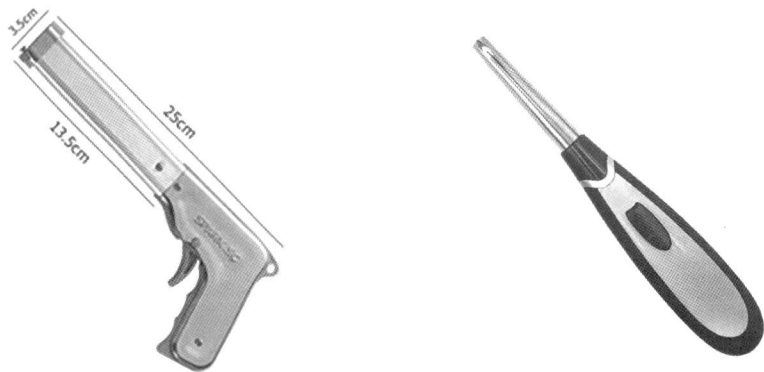

图 4-80　延长点火器参考图

（4）人体工程学设计:确保延长点火器的握持部分符合人体工程学,提供舒适的握持体验。

二、任务实施与记录

1. 任务实施

（1）确定组长与副组长,组长负责指导组员解决任务实施过程中遇到的困难,副组长负责记录。

（2）分析讨论建模过程中容易出错的步骤,提前规划。

（3）研究与分析:研究固体酒精炉的使用场景,分析现有打火机枪的不足。

（4）草图绘制:使用 SolidWorks 绘制延长点火器的基本草图和形状。

（5）三维建模:基于草图,添加特征,形成完整的三维模型。

（6）装配建模:如果设计包含多个部件,则创建每个部件的模型,并在 SolidWorks 中进行装配。

2. 任务单

根据任务完成过程中的实际情况认真填写任务单,如表 4-10 所示。

三、成果提交与展示

完成设计后,导出模型并准备展示材料,包括设计说明和模型图片。

四、任务评价与分析

在展示过程中,认真听取评价,并记录反馈意见,用于改进设计。

五、课后巩固与提高

（1）利用课后时间进行额外的 SolidWorks 练习,加深对设计工具的掌握程度。

（2）参与竞赛模型训练,提高解决实际问题的能力。

（3）定期复习课堂所学知识。

（4）探索 SolidWorks 的新功能,拓宽设计视野。

（5）加入学习小组或论坛,与他人讨论问题,共同进步。

表 4-10 任务单

任务名称		小组编号	
日期		时间	
组长		副组长	
小组成员			

任务讨论及方案说明

存在问题与解决措施

成果形式与规格说明

完成任务(评价)得分	

任务完成情况分析

优点	不足

项目五

绘制工程图纸

. . . .

学习目标

（1）了解 BOM(bill of material) 的工程材料明细表。

（2）理解几何工程设置参数的重要性。

（3）掌握新建与保存工程图纸的方法。

（4）掌握尺寸标注和技术要求的标注技巧。

技能矩阵

技能分类	技能细节	掌握程度
BOM 知识	理解 BOM 的工程材料明细表的作用和结构	了解
几何工程设置	理解并应用几何工程设置参数	理解
工程图纸创建与保存	新建工程图纸并进行保存	掌握
尺寸标注	对工程图纸进行尺寸标注	掌握
技术要求标注	在工程图纸中标注技术要求	掌握
工程出图修改	修改工程图纸以满足不同需求	掌握
CAD 转存与批量打印	将工程图纸转存为 CAD 格式并进行批量打印	掌握
BOM 清单整理能力	整理和管理 BOM 清单	掌握
投影方式区分	区分并应用第一角投影与第三角投影	掌握

能力目标

（1）具有 BOM 处理能力：能够理解和操作 BOM，进行材料清单的整理和管理。

（2）具备工程图纸创建与编辑能力：掌握新建工程图纸的技能，并能够根据需要进行编辑和保存。

（3）尺寸标注与技术要求：能够准确地在工程图纸上进行尺寸标注和技术要求的说明。

（4）CAD图纸处理：能够将工程图纸转存为CAD格式，满足不同平台和工具的兼容性需求。

（5）投影法应用：能够区分并正确应用第一角投影和第三角投影，以符合国际和行业标准。

（6）会设置图纸比例与摆放图纸：理解图纸比例的重要性，并能够合理摆放图纸，确保信息的清晰和有序。

（7）材料明细表创建：掌握在SolidWorks中创建和编辑材料明细表的技能。

（8）自动零件序号生成：能够使用SolidWorks的自动零件序号功能，提高图纸的标准化程度和工作效率。

（9）图纸标注与管理：掌握图纸标注工具，进行有效的标注管理，包括尺寸链、尺寸排除和尺寸过滤，能够在工程图纸中添加必要的文字注释和技术要求，提升图纸的完整性和专业性。

项目思政

如春在花、如盐化水

学生在学习绘制工程图纸的过程中，思政教育如同春风化雨，润泽学生心田，又似盐溶于水，虽无形却滋养灵魂。绘制工程图纸需要严谨细致，这不仅是技术要求，更是对工匠精神的追求。学生在反复练习中，体会精益求精的重要性，这正是思政教育中倡导的工匠精神。

在团队协作绘制装配图纸时，学生学会分工与配合，理解集体的力量。这不仅是完成任务的需要，更是培养团队意识和社会责任感的契机。思政教育引导学生在合作中体会团结的力量，明白个人成长与集体利益的紧密联系。

工程图纸绘制不仅是技术学习，更是思政教育的生动课堂。它让学生在实践中感悟责任、团队与坚持的意义，将思政教育融入专业学习的点滴之中，如春在花、如盐化水，润物无声却又深刻有力。

◀ 任务一　基础知识 ▶

一、工程图纸绘制准备

1. 工程图基础知识

1）工程图组成元素

工程图由多个基本元素构成，包括但不限于图纸格式、标题栏、视图、尺寸、公差、注释和明细表。

图纸格式：根据国际或国家标准，选择合适的图纸大小，如 A0 至 A4。

标题栏：包含图纸标题、图号、修订记录、公司或组织信息等关键信息。

视图：展示产品不同方向的图形表示，包括基本视图、剖面图、断面图和局部放大图。

尺寸：详细标注产品各部分的尺寸，确保制造时的精确性。

公差：标注尺寸的允许偏差范围，以满足特定制造和功能要求。

注释：提供额外的制造信息，如材料、热处理、表面处理等。

明细表：列出组成产品的各个部件，包括部件数量、材料和部件号。

2）工程图标准与规范

工程图的标准化是确保设计意图准确传达给制造人员的关键。

国际标准：如 ISO（国际标准化组织）标准，规定了图纸的格式、线型、尺寸标注等。

国家标准：不同国家可能有特定的工程图标准，如美国的 ANSI（美国国家标准学会）标准。

行业规范：特定行业可能有自己的一套规范，如汽车行业的 DIN（德国标准化学会）标准。

公司标准：企业可能会根据自己的生产流程和需求，制定公司内部的工程图标准。

遵循原则：在绘制工程图时，需要遵循清晰性、一致性、简洁性和完整性的原则。

本项目将详细介绍如何根据这些标准和规范来创建工程图，并通过案例分析来展示如何在实际设计工作中应用这些标准和规范。此外，本项目还提供了关于如何解读和应用工程图标注的指导，确保学习者能够理解并正确使用工程图中的各种符号和标记。

2. 工程图创建流程

1）新建工程图文档

新建工程图文档是绘制工程图的第一步。在 SolidWorks 中，可以通过以下步骤来新建工程图文档。

（1）化启动工程图模块：在 SolidWorks 中，选择"文件"菜单中的"新建"选项，然后选择"工程图"模板。

（2）选择图纸大小：根据设计要求选择合适的图纸尺寸，如 A3 或 A4。

（3）设置图纸方向：确定图纸是横向还是纵向。

（4）图纸格式：设置图纸的标题栏、边框和背景等格式。

本项目将详细解释如何根据设计需求选择合适的图纸大小和格式，并展示如何自定义图纸格式以满足特定的工程图标准。

2）工程图设置与配置

在新建工程图文档后，需要进行一系列的设置和配置以确保工程图的准确性和专业性。

（1）单位设置：根据设计标准选择合适的单位系统，如毫米或英寸。

（2）图层管理：合理设置和管理图层，以区分不同的视图和标注。

（3）线型和线宽：设置不同的线型和线宽，以区分中心线、剖面线等。

（4）字体和文本样式：选择合适的字体和文本样式，确保图纸的可读性。

二、零件基本信息设置

1. 零件名称定义

零件名称是工程图纸上的重要标识，它能够简洁明了地反映零件的功能和特性。例如，对于轴承座,其名称应直接体现其用途和结构特点,如"自调心球轴承座"或"双列圆锥滚子轴承座"。名称的确定应遵循公司或行业的命名规则,以确保在设计、制造和装配过程中的一致性和可追溯性。

2. 材料规格选择

材料的选择对零件的性能和成本有直接影响。在定义材料规格时,应考虑零件的工作条件、负载特性以及环境因素。例如,铝合金因轻质、高强且具有良好的导热性,常用于制造轴承座,以满足其轻量化和散热要求。材料规格应包括材料的类型、等级、热处理状态等信息,并符合相关的国际标准,如 ISO 标准或 ASTM(美国材料与试验协会)标准。

3. 零件编号与修订记录

零件编号是图纸管理的关键,它有助于快速识别和检索图纸。编号系统应具有逻辑性和可扩展性,通常包括系列号、图号和修订号。修订记录则记录了图纸的所有变更历史,包括变更日期、变更内容和变更人员。这有助于追踪设计变更过程,并确保所有相关人员都能访问到最新版本的图纸。修订记录应清晰地标注在图纸的标题栏或修订区域,并按照一定的格式进行管理。

三、视图选择与布局

1. 视图创建与管理

1)视图关系与布局

视图之间的关系和布局对于确保工程图的清晰性和逻辑性至关重要。以下将讨论如何管理视图之间的关系,并优化视图布局以提高可读性。

视图对齐:确保视图之间正确对齐,以反映产品的真实几何关系。

视图排列:合理排列视图,以便于阅读和理解,通常按照顺时针或逆时针方向排列。

视图关联:在 SolidWorks 中,视图之间的修改可以自动更新,确保视图的一致性。

视图优化:根据图纸大小和视图数量,优化视图布局,避免重叠和拥挤。

2)视图编辑与调整

在创建视图后,可能需要对视图进行编辑和调整以满足特定的设计要求或改善图纸的表达效果。

视图旋转:调整视图的旋转角度,以展示产品的不同方向。

视图缩放:改变视图的大小,以适应图纸空间或强调某些特征。

视图剪裁:剪裁视图以去除不需要的部分,使图纸更加简洁。

视图断裂:在复杂的视图中,使用断裂线来分割不同的区域,以提高可读性。

视图属性:修改视图的属性,如线型、线宽和颜色,以区分不同的视图或特征。

通过实际操作演示这些编辑和调整技巧,并解释如何根据不同的设计需求选择合适的编辑方法。

2. 主视图的确定与绘制

主视图是工程图纸中最重要的视图之一,通常用于展示零件的正面形状和尺寸。在确定主视图时,应选择最能代表零件特征的面作为观察面,确保所有关键尺寸和特征都能清晰地展示出来。

主视图选择原则:选择主视图时,应遵循"最大特征面"原则,即选择包含零件最大特征的面作为主视图。例如,对于轴承座,如果其外径是主要特征,则应选择外径面作为主视图。

绘制方法:使用 SolidWorks 软件中的"投影视图"功能,根据选定的面生成主视图。确保视图比例和图纸布局一致,且所有尺寸和公差均已标注。

3. 侧视图与俯视图的添加

侧视图和俯视图用于补充展示零件的其他特征,如高度、深度等。这些视图应与主视图配合使用,以提供零件的完整几何信息。

侧视图:通常从零件的侧面观察,展示零件的高度和侧面特征。在 SolidWorks 中,可以通过"投影视图"功能从与主视图的垂直方向生成侧视图。

俯视图:从零件的顶部观察,展示零件的顶部特征和宽度。在 SolidWorks 中,可以通过旋转主视图或侧视图来生成俯视图。

4. 剖面图与细节放大图的制作

1)剖面图的选取与绘制

剖面图是展示零件内部结构的重要手段,它通过假想的切割面揭示了零件的内部特征。

2)细节放大图的应用

细节放大图用于展示零件的细小特征,如螺纹、孔、凹槽等,这些特征在常规视图中可能难以清晰表达。

3)剖面线与标注的规范

剖面线和标注是剖面图和细节放大图的重要组成部分,它们的规范性直接影响图纸的可读性和准确性。

四、尺寸标注

设计者需要掌握一系列方法和技巧,才能在 SolidWorks 中进行有效的尺寸标注。

直接标注:使用 SolidWorks 的标注工具直接在视图中添加尺寸。

链式标注:通过链接尺寸来确保视图之间的一致性和准确性。

基线和中心线标注:使用基线和中心线来标注对称或重复的特征。

智能尺寸:利用 SolidWorks 的智能尺寸功能自动识别并标注尺寸。

尺寸关联:确保尺寸与模型的关联性,以便在模型更改时自动更新尺寸。

通过实例演示这些标注方法,并解释如何根据不同的设计场景选择合适的标注技巧。

五、表面粗糙度

表面粗糙度是指加工表面上具有的较小间距和微小峰谷的不平度。这种不平度是微观的几何形状误差,通常在 1 mm 以下的尺度上进行测量和描述。表面粗糙度是影响零件性能的关键因素之一,其数值等级将直接影响零件的耐磨性、配合稳定性、疲劳强度、耐蚀性、密封性、接触刚度以及测量精度等。表面粗糙度参数如表 5-1 所示。

表面粗糙度是衡量加工零件表面光滑程度的一个重要参数,它直接影响零件的性能、耐用性和外观。不同的表面粗糙度等级适用于不同的应用场景,表 5-2 展示了一些常见的表面粗糙度值及其应用场景。

表 5-1　表面粗糙度参数

参数	符号	单位	描述
轮廓算术平均偏差	Ra	微米(μm)/微英寸(μin)	取样长度内轮廓偏距绝对值的算术平均值
轮廓最大高度	Rz	微米(μm)/微英寸(μin)	轮廓峰顶线和谷底线之间的距离，在幅度参数常用范围内优先选用
轮廓均方根偏差	Rq	微米(μm)/微英寸(μin)	轮廓偏距的均方根值,反映表面粗糙度的均一性

表 5-2　表面粗糙度值及其应用场景

表面粗糙度 Ra 值/μm	应用场景描述
0.025	非常精细的表面,通常用于高精度的测量工具或光学部件
0.05	适用于需要极低摩擦系数的场景,例如某些类型的轴承或密封件
0.1	适用于高精度的机械加工,如仪器导轨面、阀的工作面等
0.2	用于工作时承受较大变应力作用的重要零件的表面,如气缸套的内表面、活塞销的外表面
0.4	适用于液压传动用的孔表面,以及要求气密性的表面和支承表面
0.8	适用于保证精确定心的锥体表面,以及与直径小于 80 mm 的 E、D 级轴承配合的轴颈表面
1.6	适用于安装直径超过 80 mm 的 G 级轴承的外壳孔,以及普通精度齿轮的齿面
3.2	适用于一般机械加工表面,如箱体、外壳、端盖等零件的端面
6.3	适用于非配合表面,如支柱、支架、外壳、衬套、轴、盖等的端面
12.5	适用于粗加工后所得到的粗加工面,如焊接前的焊缝、粗钻孔壁等
25	适用于粗制后得到的粗加工面,可能用于某些未加工的间隙区域或具有应力要求的间隙表面

请注意,实际应用中表面粗糙度的选择应根据具体的工程需求和功能要求来确定。例如,对于需要承受高负载或高应力的零件,可能需要较低的表面粗糙度以提高其耐磨性和疲劳强度;而对于某些铸造或锻造的零件,可能允许有较高的表面粗糙度。

六、几何公差

在 SolidWorks 软件中,几何公差(geometric tolerances)和形状公差(form tolerances)是用于控制零件尺寸精度和形状精度的重要工具。它们有助于确保零件在制造和装配过程中满足设计要求。几何公差是指对零件的几何形状(如直线度、平面度、圆度、圆柱度等)或位置(如平行度、垂直度、倾斜度等)的精度要求。这些公差通常用于控制零件的制造精度。几何公差及其控制要素如表 5-3 所示。

表 5-3　几何公差及其控制要素

序号	公差类型	表示符号	描述	控制要素	应用示例
1	直线度	—	确保指定线或边缘在长度方向上保持统一的直线性,无显著弯曲	线或边缘的直线性	机床导轨的直线度评估
2	平面度	▱	保证平面在宏观上无翘曲、扭曲或凹凸,适用于平板类零件	表面的平面性	机械基座的平面度检查
3	圆度	○	控制圆形特征的几何精度,确保圆上所有点与圆心距离均相等	圆或圆柱表面的圆滑度	轴承内圈的圆度要求
4	圆柱度	⌀	适用于圆柱形零件,要求在整个高度上保持一致的圆形截面	圆柱表面的圆柱形	活塞的圆柱度测量
5	面轮廓度	⌒	控制线形特征上任意两点的高度差或形状偏差	线形特征的轮廓精度	齿轮齿形的线轮廓度检验
6	线轮廓度	⌒	控制曲面或平面上任意两点的相对高度差	曲面或平面的轮廓精度	凸轮表面的面轮廓度要求
7	平行度	∥	确保两个平面或直线没有角度偏差,保持平行	平面或线之间的平行性	滑块导轨的平行度校验
8	垂直度	⊥	保证两个平面或直线互相垂直,适用于直角结构	平面或线之间的垂直性	工作台的垂直度调整
9	倾斜度	∠	控制两平面或直线之间的角度,适用于角度特定的零件	平面或线之间的角度	角度构件的角度精度控制
10	圆跳动	↗	控制一个圆周表面上的任意两点相对于基准轴线的径向距离	圆周表面的径向跳动	密封圈槽的圆跳动要求
11	全跳动	↗↗	控制整个表面或边缘在所有方向上的摆动量	表面或边缘的整体摆动量	机床主轴的全跳动精度控制
12	位置度	⌖	规定特征(如孔或凸台)相对于基准的位置精度	特征相对于基准的位置	汽车零件孔位的位置度要求
13	同轴度	◎	确保两个或多个特征(如孔或轴)共轴	特征之间的共轴性	轴承装配的同轴度要求
14	对称度	═	控制零件的对称元素相对于其对称中心的准确性	对称元素的准确性	镜像零件的对称度检验

七、工程图纸的审核与修改

1. 审核流程的建立

建立一个有效的图纸审核流程对于确保工程图纸的准确性和合规性至关重要。以下是审核流程的关键步骤。

（1）初步审核：由设计工程师完成，检查图纸的完整性，包括所有必要的视图、尺寸和注释；确认图纸符合行业标准和公司规范，如 ISO 标准或 DIN 标准。

（2）详细审核：深入检查图纸的每个细节，包括尺寸精度、公差标注、材料规格等；确保图纸中的所有信息都是最新的，并且与设计意图一致。

（3）多部门审核：涉及制造、质量控制、生产等相关部门的专业人员，以确保图纸的可制造性和符合质量标准。

（4）客户审核：如果图纸是为客户定制的，则需要经过客户的审核和批准。

（5）法律合规性审核：确保图纸符合所有相关的法律和环境要求。

（6）最终批准：所有审核步骤完成后，由授权人员进行最终批准，图纸方可发布。

2．粗糙度标注的审查和验证

自我审查：设计工程师在完成图纸后，首先进行自我审查，确保粗糙度标注的正确性和一致性。

同行评审：由另一位工程师或设计团队其他成员进行同行评审，以识别可能遗漏或错误的地方。

软件工具辅助验证：利用 SolidWorks 等 CAD 软件的标注检查工具，自动验证粗糙度标注是否符合设计要求。

制造工艺审查：与制造工程师合作审查，确保粗糙度标注符合实际的加工工艺要求。

质量控制审核：质量控制部门审核粗糙度标注，确保其满足质量标准和检验要求。

持续改进：根据反馈和审核结果，不断提高粗糙度标注的准确性和完整性。

八、制作装配图纸

1．装配图纸的优势与重要性

装配图纸是机械设计和制造过程中不可或缺的技术文档，它详细展示了装配体的组成、结构、尺寸和装配关系。对于生产人员来说，它是指导装配工作的蓝图；对于设计人员来说，它是验证设计合理性的重要依据。

指导性：装配图纸提供了装配顺序、零件定位和连接方式等关键信息，确保装配过程的准确性和效率。

交流性：装配图纸作为设计意图和技术要求的载体，是设计团队、生产团队和供应商之间沟通的桥梁。

规范性：符合工业标准的装配图纸有助于保证产品质量，减少生产中的误差和返工。

装配图纸的优势和重要性分别见表 5-4 和表 5-5。

表 5-4　装配图纸的优势

优势/特性	描述
从三维到二维转换	SolidWorks 能够直接从三维模型生成标准的二维工程图，包括平面视图、剖面图和尺寸标注
尺寸和公差标注	支持 ISO 标准、ANSI 标准等标准的尺寸标准和公差标注，确保图纸的规范性和精确性

优势/特性	描述
自动 BOM 生成	自动提取模型信息以生成材料明细表(BOM),减少人工错误,提高工作效率
高级视图管理	提供断开视图、交替位置视图、剖面视图和局部放大图等高级视图管理功能
爆炸视图	展示装配体组件间的相互关系,便于理解制造和装配
图纸与模型关联性	模型的任何更改都会实时反映在工程图纸上,保证图纸的一致性
定制和模板	可根据需求定制图纸格式和属性,或利用模板快速创建新图纸
多文档支持	支持同时打开和编辑多个工程图纸,提高多任务处理能力
兼容性和共享	支持将工程图纸导出为 DWG、DXF、PDF 等格式,便于共享和协作
界面和工具	直观的界面和丰富的工具栏,简化了图纸制作过程

表 5-5　装配图纸的重要性

重要性	描述
沟通工具	作为设计者、生产者和检验者之间的沟通桥梁,确保设计意图的准确传达
制造依据	提供制造过程中的详细指导,是不可或缺的依据
质量控制	有助于质量控制,减少制造过程中的错误和返工
法律效力	在合同和规范中具有法律效力,明确工程责任和权利
创新记录	记录设计创新和改进,对技术发展和知识产权保护至关重要
教育价值	对于学生和新手工程师,是学习和实践的重要环节
维护和修理指南	提供产品维护和修理的详细指导,能够延长产品使用寿命并提高服务品质

2. 装配图纸的基本组成

装配图纸通常包含以下基本元素。

标题栏:包含图纸名称、图号、比例、设计者、审核者等信息。

视图:包括主视图、侧视图、俯视图等,展示装配体的不同观察方向的结构。

剖面图和断面图:用于展示内部结构和装配体的截面。

材料明细表(BOM):列出所有零件的名称、数量、材料等信息。

尺寸标注:提供装配体和零件的关键尺寸,确保加工和装配的精度。

技术要求:包括装配、安装等技术要求。

视图布局和比例选择:根据图纸内容优化布局,避免拥挤,确保图纸整洁、美观。

图纸格式:统一规范,便于存档和使用。

这些组成部分共同确保了装配图纸的完整性和实用性,使其成为机械设计和制造中的关键文档。

3. 打印装配图纸

1）打印设置和打印预览

在 SolidWorks 中打印装配图纸时，打印设置和打印预览是确保图纸输出质量的关键步骤。

选择打印机：根据图纸的大小和精度要求，选择合适的打印机。SolidWorks 支持多种打印机类型，包括普通打印机、绘图仪和 PDF 虚拟打印机。

设置纸张尺寸和方向：确保纸张尺寸与图纸格式（如 A3、A4 等）一致，并选择正确的打印方向（横向或纵向）。在 SolidWorks 中进行打印设置时，可以通过"页面设置"对话框进行调整。

调整打印比例：根据需要调整打印比例，确保图纸内容完整且清晰可读。SolidWorks 允许用户自定义打印比例，或者选择"满纸打印"以自动调整比例。

打印预览：在正式打印前，使用打印预览功能检查图纸的布局、尺寸标注和视图完整性，避免打印错误。SolidWorks 的打印预览功能提供了详细的视图，用户可以在此阶段调整打印设置。

2）打印装配图纸的技巧

分批打印：对于复杂的装配图纸，建议分批打印，便于检查和修正。

标记和注释：在打印前，确保图纸上的所有标记和注释清晰可见，避免遗漏重要信息。

4. 装配图纸的输出格式

在 SolidWorks 中，装配图纸可以导出为多种格式，以满足不同平台和工具的兼容性要求。

1）PDF 格式

在 SolidWorks 中，可以通过以下步骤将装配图纸导出为 PDF 格式：选择"文件"菜单中的"打印"选项；在"打印"对话框中选择"Adobe PDF"作为打印机；点击"打印"按钮，选择保存路径并命名文件；点击"保存"，完成 PDF 文件的导出。

2）DWG/DXF 格式

DWG 和 DXF 格式是 CAD 软件常用的图纸格式，具有高度的兼容性和可编辑性，适合与其他 CAD 软件的交互和进一步的修改。

在 SolidWorks 中，可以通过以下步骤将装配图纸导出为 DWG/DXF 格式：选择"文件"菜单中的"另存为"选项；在"另存为"对话框中，选择"DWG"或"DXF"格式；选择保存路径并命名文件；点击"保存"，完成文件的导出。

3）JPEG/PNG 格式

这些图像格式适用于快速查看和简单的共享，但不推荐用于正式的工程图纸存档或打印，因为这些格式可能会丢失部分细节。

在 SolidWorks 中，可以通过以下步骤将装配图纸导出为 JPEG/PNG 格式：选择"文件"菜单中的"另存为"选项；在"另存为"对话框中，选择"JPEG"或"PNG"格式；选择保存路径并命名文件；点击"保存"，完成文件的导出。

4）其他格式

根据具体需求，装配图纸还可以导出为其他格式，如 SVG（矢量图形格式）或 BMP（位图格式）。这些格式适用于特定的使用场景，如网页展示或图像处理。

在 SolidWorks 中，可以通过"另存为"功能选择相应的格式并完成导出。

九、爆炸图纸

1. 爆炸图纸功能

爆炸图纸是一种在工程、建筑和产品设计领域中应用广泛的图纸类型,其主要目的是通过图形化的方式展示一个复杂结构或产品的各个组成部分及其相互关系。这种图纸通常用于装配指导、维修手册、产品设计说明等场景。

爆炸图纸是一种将一个整体结构拆解成多个部分,并将这些部分以一定顺序排列开来的图形表示方法。它能够清晰地展示出每个部件的位置、形状和相互之间的连接方式。

爆炸图纸的主要功能如下。

清晰展示:使观看者能够快速理解产品的结构组成。

辅助装配:在产品装配过程中提供指导,帮助技术人员按照正确的顺序和方法进行组装。

维修指导:在产品维修时,展示部件的拆卸顺序和方法。

设计验证:在设计阶段,验证部件之间的配合关系和空间布局是否合理。

教学工具:作为教学工具,帮助学生理解复杂结构的工作原理和组成部分。

2. 爆炸图纸制作流程

制作爆炸图纸通常遵循以下步骤:

设计准备:在开始之前,需要确保所有部件的三维模型都已准备好,并且模型的尺寸和比例都是准确的。

选择软件工具:根据项目需求和个人偏好选择合适的三维建模软件。

创建装配体:在软件中创建一个装配体,将所有部件按照实际装配关系放置好。

制作爆炸视图:使用软件的爆炸视图功能,将装配体中的部件分离开来,并调整它们的位置以清晰展示空间关系。

调整部件间距:为了更好地展示部件之间的连接和间隙,需要适当调整部件之间的距离。

标注部件:为每个部件添加编号或名称,确保在装配或维修时可以快速识别。

检查和修正:检查爆炸图的准确性,确保所有部件的位置和方向都是正确的,并进行必要的修正。

输出图纸:将制作好的爆炸图输出为所需的格式,如 DWG、DXF、PDF 等,以便打印或进一步使用。

评审和批准:在一些项目中,爆炸图可能需要经过设计团队的评审和客户的批准。

存档和分发:将最终的爆炸图纸存档,并根据需要分发给相关人员或部门。

3. 爆炸图纸的应用领域

1)工程设计与分析

爆炸图纸在工程设计与分析中的应用至关重要,它能够帮助工程师和设计师深入理解产品的内部结构和装配关系。

设计验证:通过爆炸图,设计师可以在产品开发的早期阶段验证设计概念,确保所有部件能够正确配合,避免后期修改,从而增加成本。

装配分析:在产品装配过程中,爆炸图提供了详细的部件位置信息,帮助工程师分析装配顺序和方法,优化装配流程。

故障诊断:当产品出现问题时,爆炸图可以帮助工程师快速定位故障部件,优化维修过程,减少停机时间。

2）产品展示与教育培训

爆炸图纸也是产品展示和教育培训中的重要工具,它以直观的方式传达复杂的信息。

产品展示:在产品营销和展示中,爆炸图纸能够吸引潜在客户的注意力,展示产品的精密构造和设计特色。

教育培训:在教育领域,爆炸图纸作为教学辅助工具,帮助学生理解复杂机械和设备的工作原理,提高学习效率。

互动体验:结合现代技术,如增强现实（AR）和虚拟现实（VR）,爆炸图纸可以提供更具互动性和沉浸式的学习体验,帮助学生掌握知识。

在实际应用中,爆炸图纸清晰展示了产品结构,不仅提高了设计和生产的效率,也加强了产品在市场上的竞争力。随着技术的发展,爆炸图纸的应用领域将更加广泛,其重要性也日益凸显。

4. 动态爆炸图的类型与特点

1）动态爆炸图的类型

动态爆炸图是一种将爆炸图以动态形式展示的技术,它能够更加生动和直观地展现产品或结构的组装和拆卸过程。以下是动态爆炸图的几种类型。

GIF 动画:GIF 格式的动态爆炸图是最常见的一种形式,它通过连续的帧展示部件的移动和变化,适合在网页和社交媒体上分享。

视频演示:视频格式的动态爆炸图可以提供更好的视觉效果和更流畅的动画,适合在产品演示和教学中使用。

交互式演示:交互式动态爆炸图允许通过点击或拖动来控制动画的播放,增强了用户的参与度和体验感。

增强现实（AR）:AR 技术可以将动态爆炸图叠加在现实世界中,通过移动设备观看产品在现实环境中的组装过程。

虚拟现实（VR）:VR 技术提供了一种完全沉浸式的体验,用户可以进入虚拟环境中,以第一人称视角观察和学习产品的爆炸图。

2）动态爆炸图的特点

增强可视化:动态效果使得复杂的结构和装配关系更加容易被理解。

提高信息传递效率:动态展示可以在短时间内传递大量信息,提高沟通效率。

增强记忆效果:动态过程比静态图像更容易被人脑记住,有助于加深对产品结构的理解。

提升体验感:动态和交互式的特点可以提升用户的参与感和满意度。

适应多种平台:动态爆炸图可以适应不同的展示平台,包括网页、移动设备、AR/VR 设备等。

在制作动态爆炸图时,需要考虑的关键要素包括动画的流畅性、部件的清晰标识、正确的装配顺序以及交互的设计。合理运用这些要素,可以制作出既专业又吸引人的动态爆炸图。

◀ 任务二 末端操作器连接板 ▶

一、工程常识

在 SolidWorks 中制作工程图时,需要区分第一角投影(first-angle projection)和第三角投影(third-angle projection),因为这两种投影方式在视图的显示和标注上有所不同,它们分别适用于不同的应用场景和设计需求。

1. 第一角投影

第一角投影是一种正视图,其中视图的左侧是前视图,右侧是后视图。这种投影方式在欧洲地区和一些其他国家的工程图纸中较为常见。

第一角投影具有以下特点:

(1) 主视图位于左侧,俯视图位于上方,左视图位于右侧。

(2) 尺寸标注通常位于视图的右侧,即从左到右。

(3) 这种投影方式在设计和制造过程中较为直观,便于理解零件的正面和背面。

2. 第三角投影

第三角投影是一种正视图,其中视图的右侧是前视图,左侧是后视图。这种投影方式在北美地区和一些其他国家的工程图纸中较为常见。

第三角投影具有以下特点:

(1) 主视图位于右侧,俯视图位于下方,左视图位于左侧。

(2) 尺寸标注通常位于视图的左侧,即从右到左。

(3) 这种投影方式在设计和制造过程中也较为直观,但可能需要额外的解释来适应不同国家的工程图纸标准。

3. 选择投影方式

在选择投影方式时需要考虑以下因素。

设计需求:根据设计的具体需求和目的来选择最合适的投影方式。例如,如果设计需要强调零件的正面特征,则第一角投影可能更合适;如果需要强调零件的侧面特征,则第三角投影可能更合适。

制造和阅读:即需要考虑制造过程中的便利性和阅读图纸的难易程度。不同的投影方式可能会影响零件的制造和装配。

二、零件图纸

以法兰过渡板为例介绍零件图纸的创建,采用 GB A4 的图框,如图 5-1 所示。

1. 新建

根据零件大小和复杂程度,通过"新建"来选择配套图纸。例如,选择 A4 图框模板 gb_a4,可在右侧预览框内观测,查看是否是所需的图框,若是所选的图框,则点击"确定",如图 5-2 所示。

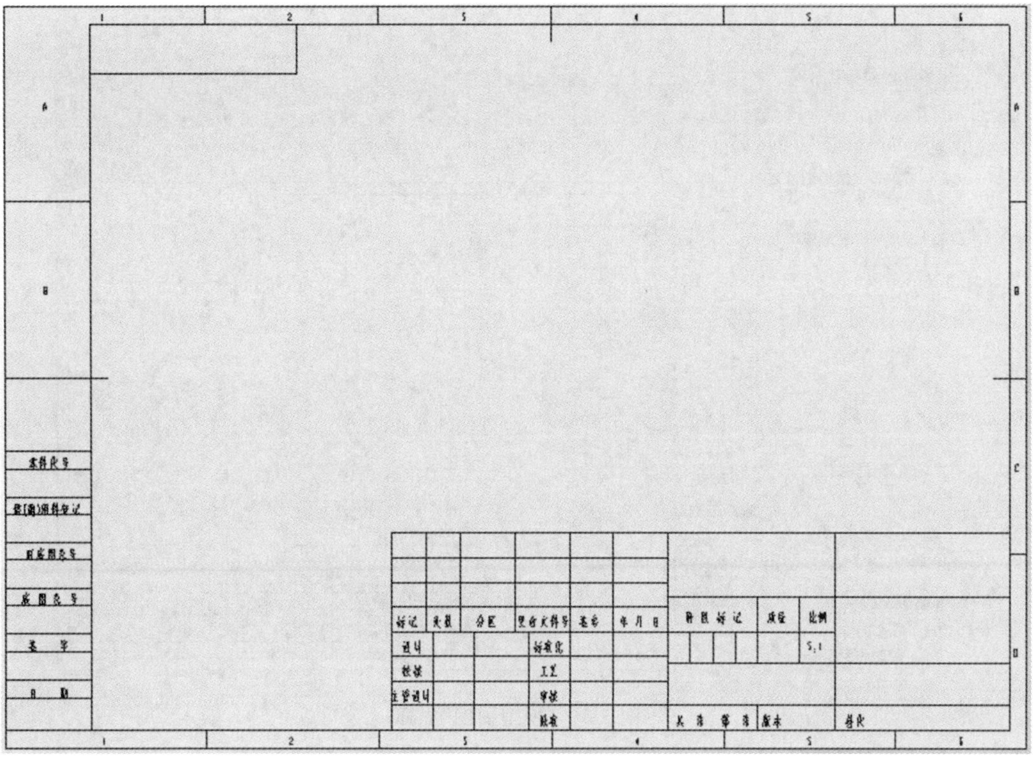

图 5-1 A4 零件图纸模板

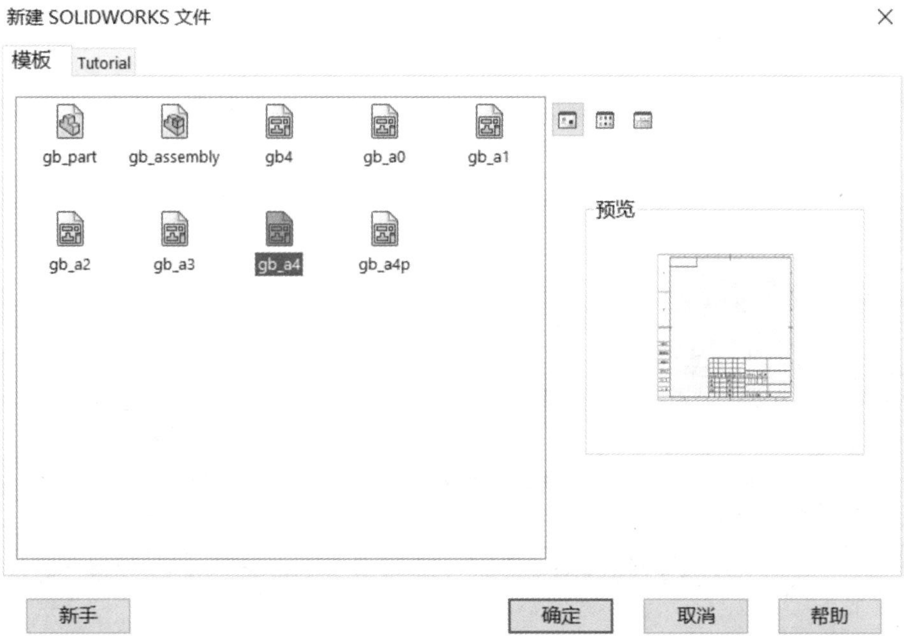

图 5-2 新建 A4 图框模板

进入"模型视图"后,通过"打开文档"选择出图零件,如图 5-3 所示。

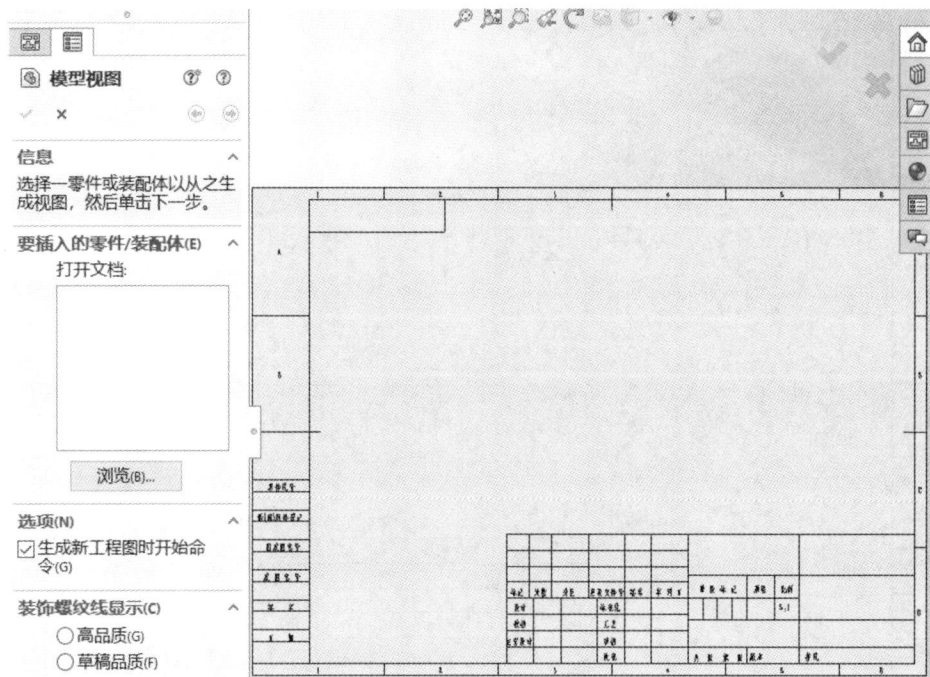

图 5-3　"模型视图"界面

2. 视图布局

在"视图布局"功能里点击"标准三视图",如图 5-4 所示,会出现标准三视图的下拉框,提示要插入的零件或装配体,点击"浏览",如图 5-5 所示。

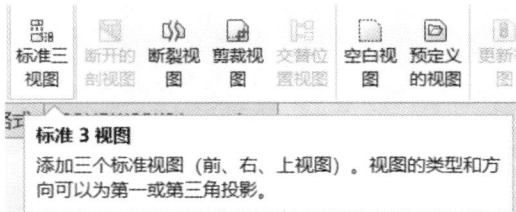

图 5-4　"标准三视图"命令图标

图 5-5　"标准三视图"下拉框

3. 浏览

点击"浏览"进入文件夹。以大图标的形式展现模型零件的可视状态,便于直观查找。我们以法兰过渡板为例出图。

选中"法兰过渡板",点击"打开",如图 5-6 所示。使用"插入零部件"命令来插入零部件。

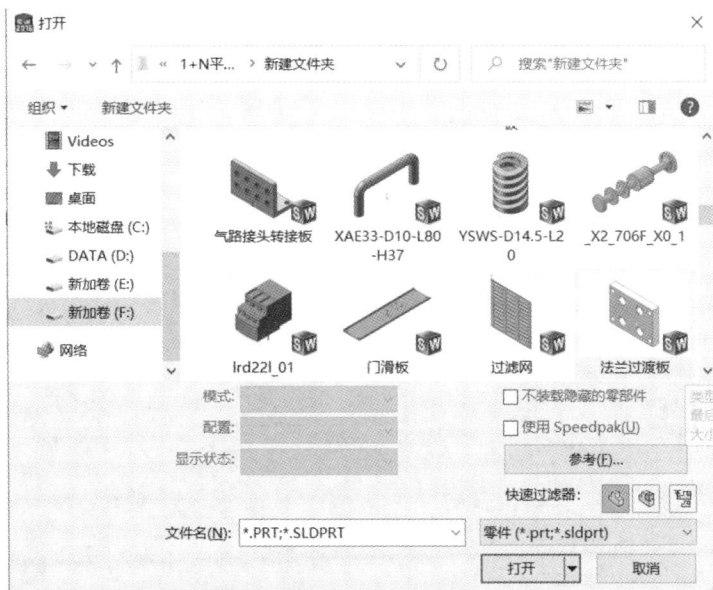

图 5-6　模型存储文件夹

4. 布置三视图

通过软件的自动功能快速布置三视图。具体操作如下：完成模型绘制后，进入工程图模块，选择"自定义三视图"功能。软件将自动根据模型生成主视图、俯视图和左视图，并按标准布局排列，如图 5-7 所示。此功能可高效完成工程图绘制，节省手动布置时间。

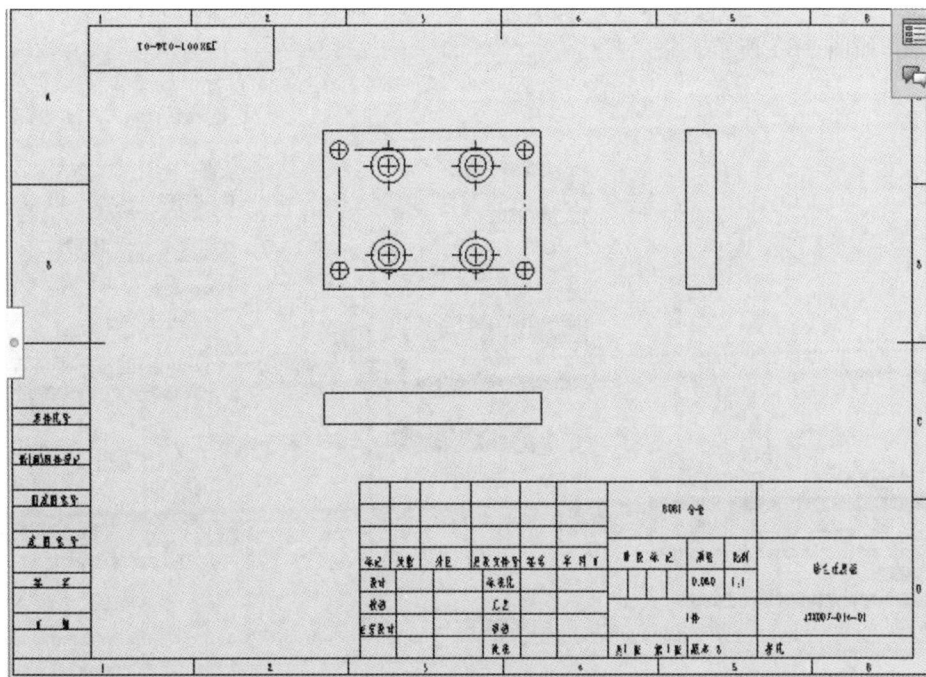

图 5-7　三视图自动布置

在图纸空间里调整图形位置。点击需要调动的视图,拖动鼠标,将视图摆放到需要放置的位置,同时调整比例等,如图 5-8 所示。

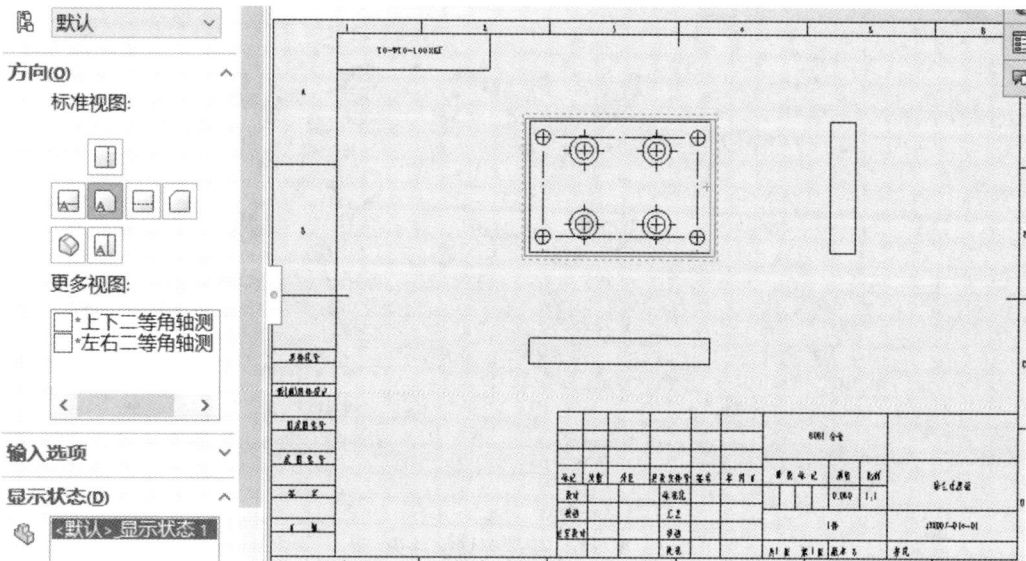

图 5-8　调整图形位置

由于图纸界面中已经打开零件模型,需要增加等轴测视图,可以直接调用。

点击"视图布局"功能中的"模型视图",如图 5-9 所示。

"打开文档"的框内显示已有零件的名称,即法兰过渡板,如图 5-10 所示。双击"法兰过渡板"后,进入参考配置,先观察左侧视图方向,再点击需要放置的视图方向,选择需要的等轴测视图,如图 5-11 所示。

图 5-9　模型视图命令

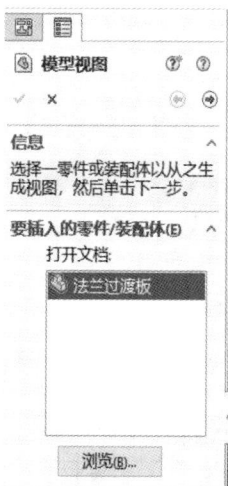

图 5-10　模型视图信息

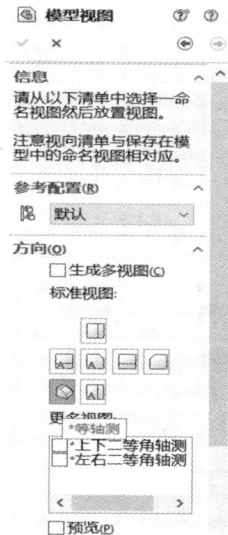

图 5-11　模型视图参考配置

将鼠标移到图纸空间进行轴测模型位置摆放,在图纸上点击一下以确认。轴测模型在图纸上显示,点击"√",表示已完成,如图 5-12 所示。

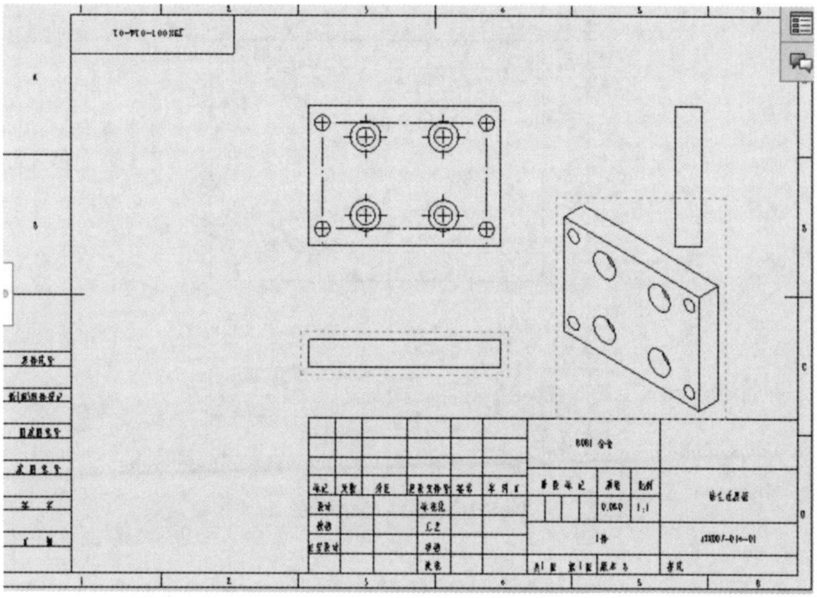

图 5-12　零件轴测模型添加

5. 中心符号线/中心线

在注解功能栏内分别选择"中心符号线"/"中心线"为零件图添加中心线,如图 5-13、图 5-14 所示。对应操作步骤如图 5-15 所示。

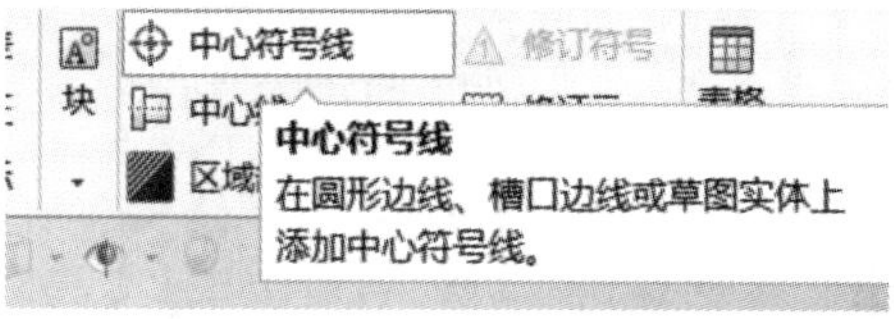

图 5-13　"中心符号线"命令

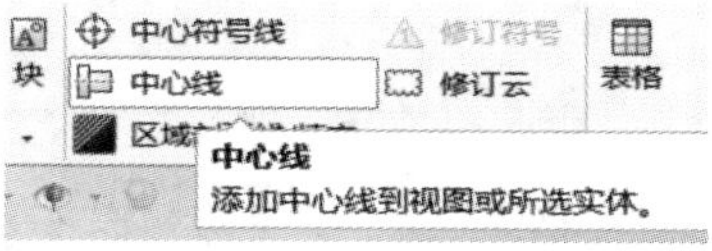

图 5-14　"中心线"命令

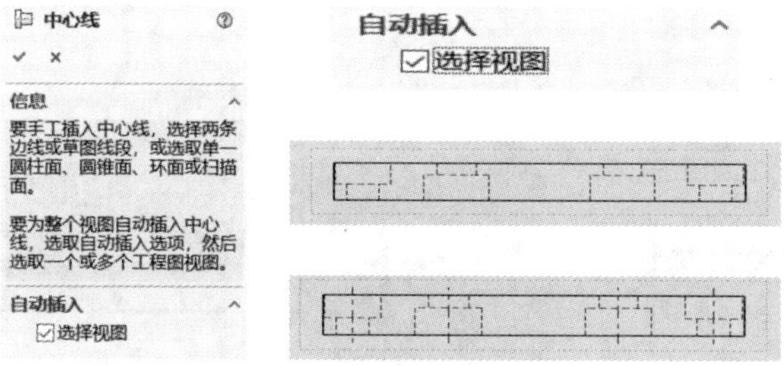

图 5-15　对应操作步骤

6. 智能尺寸

根据视图需要,调整所需的视图数量与摆放位置。在注解功能栏内,点击"智能尺寸",

依据模型样式,在基本视图内进行尺寸标注,如图 5-16 所示。

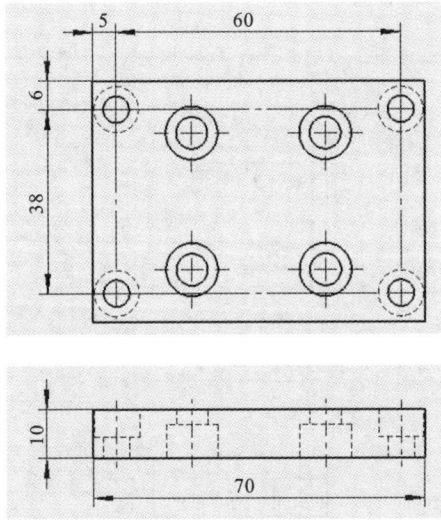

图 5-16　零件尺寸标注

7. 尺寸

点击标注尺寸,高亮显示后,左侧尺寸栏展开,可以看到"公差/精度"栏,如图 5-17、图 5-18所示。详细参数设置如图 5-19～图 5-21 所示。

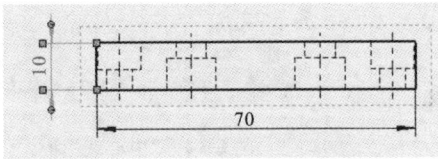

图 5-17　标注尺寸高亮显示

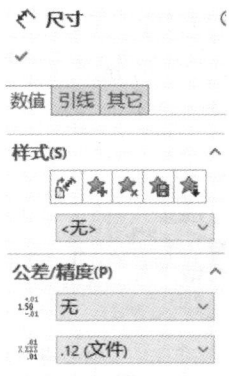

图 5-18　尺寸命令栏展开

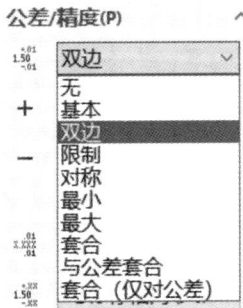

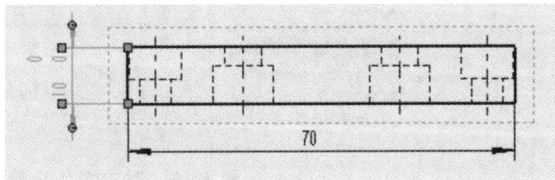

图 5-19　公差类型设置

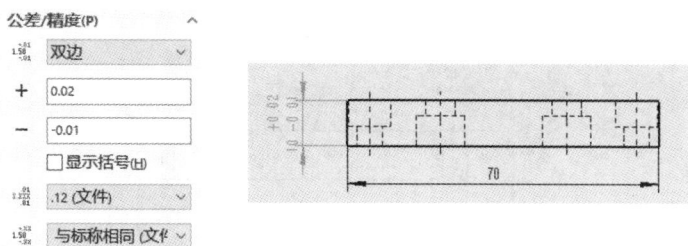

图 5-20　公差标注设置

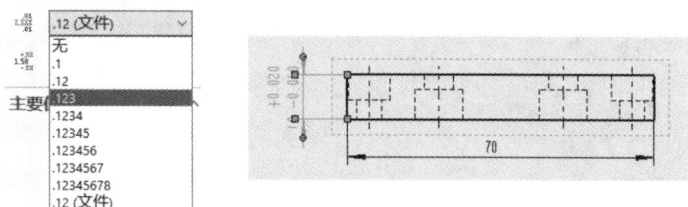

图 5-21　公差精度设置

8. 形位公差

在注解功能栏里点击"形位公差"，先在图纸中选择需要加入形位公差的线段，如图 5-22、图 5-23 所示。点击"形位公差"命令，跳出形位公差参数设置框。形位公差参数设置框如图 5-24 所示，形位公差设置如图 5-25 所示，形位公差参数设置步骤如表 5-6 所示。

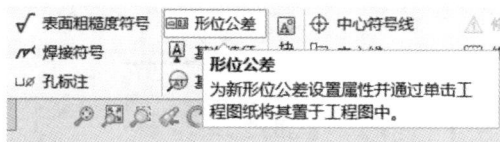

图 5-22　"形位公差"命令

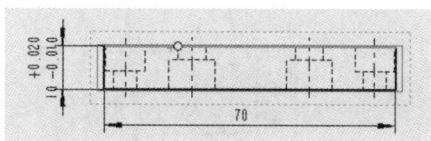

图 5-23　选择高亮位置线段

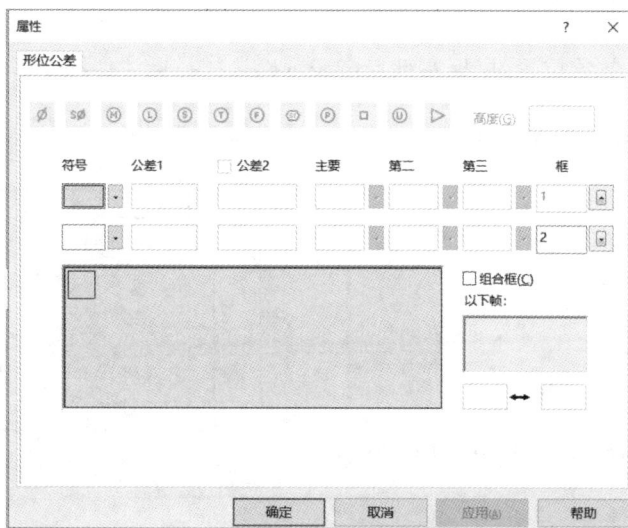

图 5-24　形位公差参数设置框

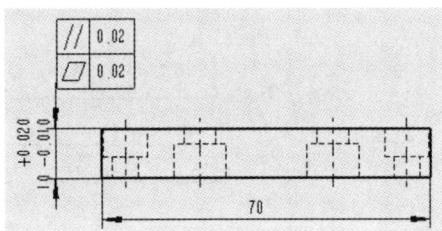

图 5-25　形位公差设置

表 5-6　形位公差参数设置步骤

设置步骤	参数输出结果
第一行公差符号选择 	平行度
第二行公差符号选择 	平面度

9. 孔标注

在注解功能栏里点击"孔标注",如图 5-26 所示。点击需要标注的螺钉沉头孔外圆,孔尺寸自动标出,选择放置位置,鼠标左键点击表示确认。孔标注如图 5-27 所示。

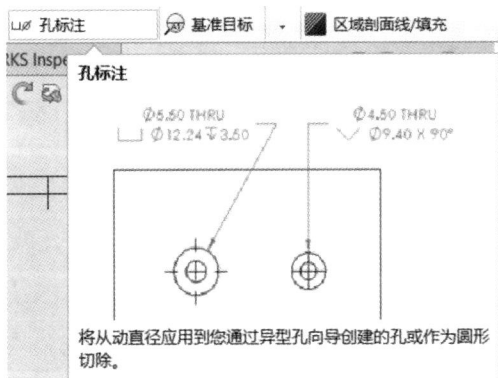

图 5-26　"孔标注"命令

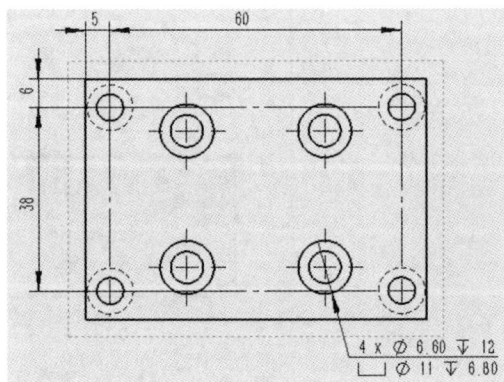

图 5-27　孔标注

如果是背面(反向)进行孔标注,鼠标先选中标注位置,再将鼠标移至尺寸标注栏的标注尺寸文字框,增加"反向"二字,点击确定"√",完成标注。孔标注命令栏编辑反向如图 5-28 所示。如果一张视图中有两种沉头孔需标注,则可以参考与螺纹孔标注的区别。孔标注示例如图 5-29～图 5-31 所示。

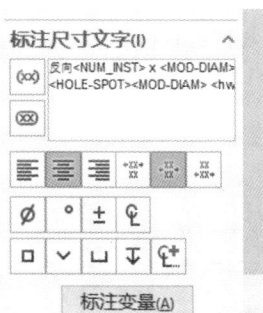

图 5-28　孔标注命令栏编辑反向

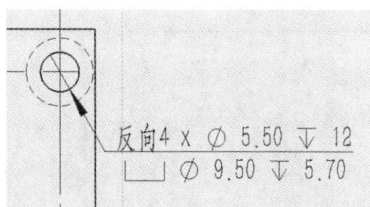

图 5-29　反向孔标注

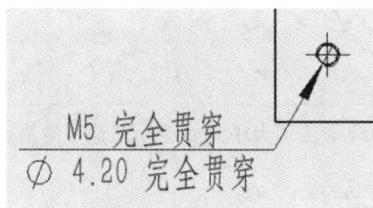

图 5-30　螺纹孔标注

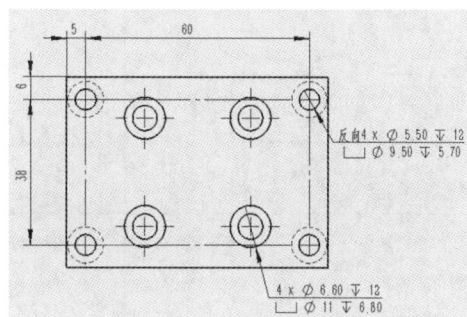

图 5-31　正反向孔标注

10. 表面粗糙度符号

在注解功能栏内找到"表面粗糙度符号",如图 5-32 所示。选择需要增加表面粗糙度符号的尺寸线进行编辑,也可以先编辑表面粗糙度,再选择零件的线段进行位置摆放。表面粗糙度符号命令栏如图 5-33 所示。

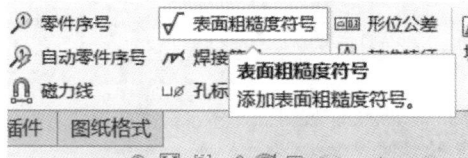

图 5-32　"表面粗糙度符号"命令

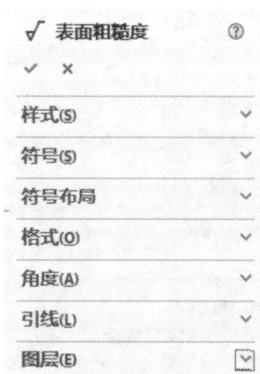

图 5-33　表面粗糙度符号命令栏

表面粗糙度符号命令栏展开对照表如表 5-7 所示。

表 5-7　表面粗糙度符号命令栏展开对照表

初始命令栏展开	命令栏选择与填写
样式(S)　〈无〉	一般情况下不变
符号(S)	符号(S)
符号布局	符号布局　6.3　其余　无
格式(O)　☑使用文档字体(U)　字体(F)...	一般情况下不变;人为改变比例大小需要手动调整字体格式
角度(A)　0度	一般情况下不变;如果表示在图纸中,则需要根据实际角度调整
引线(L)	一般情况下不变;通常在标识位置不足,且需要引线远距离标识的情况下使用
引线样式　☑使用文档显示(U)　实线　0.18mm	一般情况下不变

初始命令栏展开	命令栏选择与填写
图层(E) 图框	一般情况下不变

应注意,表面粗糙度符号命令设置好后,在图纸右上角的区域点击鼠标左键,表面粗糙度符号显示在图纸右上角,再点击确认"√",或者敲击"回车键"完成。表面粗糙度符号标识如图 5-34 所示。

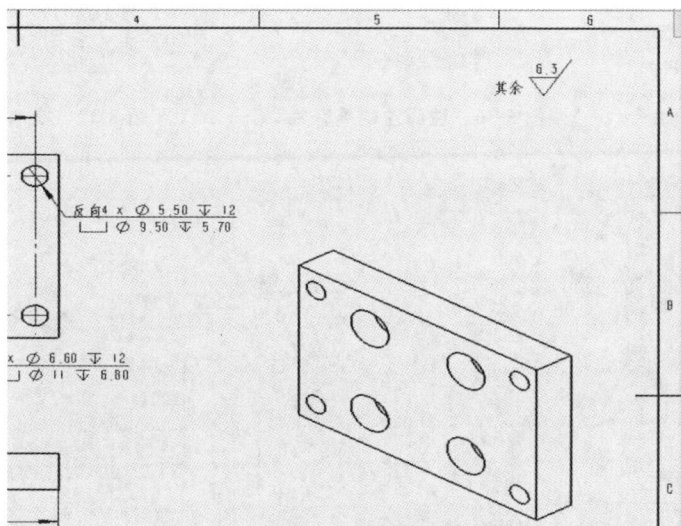

图 5-34　表面粗糙度符号标识

11. 注释

在 SolidWorks 中,注释功能是创建工程图时非常重要的一部分,它允许向图纸添加文字说明、标注尺寸、符号以及其他重要信息。在注解功能栏中,点击"注释",如图 5-35 所示。注释左侧展开栏如图 5-36 所示。在图纸空间下方空白位置点击鼠标,则可以在方框内进行技术要求编辑,如图 5-37 所示。

技术要求放置在图纸空间下方的右侧,基本视图与模型视图中间靠下的位置,如图 5-38 (a)所示。如果此处没有空间放置技术要求,则也可以放置在图纸下方的左侧区域,如图 5-38(b)所示。

12. 图纸标题栏

图纸标题栏需要填写以下零件模型的信息。

图纸名称:法兰过渡板。

图纸代号:JSX007-014-01。

材料:6061 合金。

数量:1 件。

质量:0.081 kg。

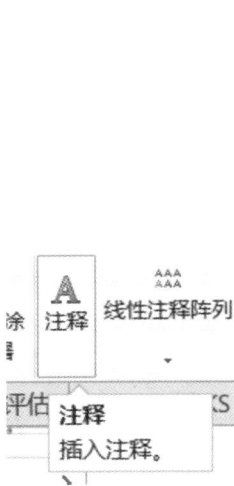

图 5-35 "注释"命令

图 5-36 注释左侧展开栏

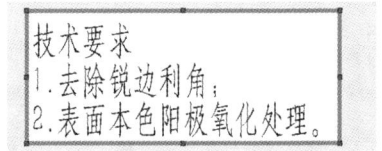

图 5-37 技术要求编辑

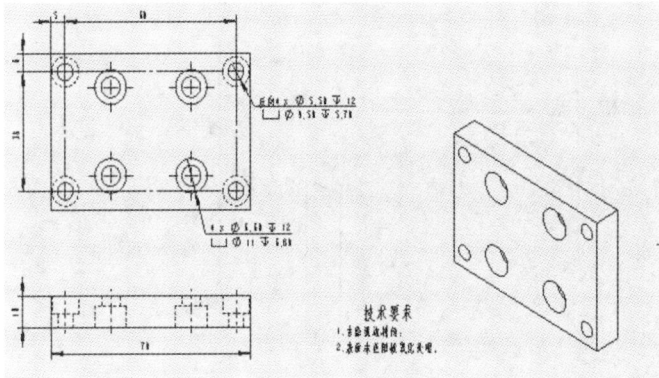

（a）靠右放置

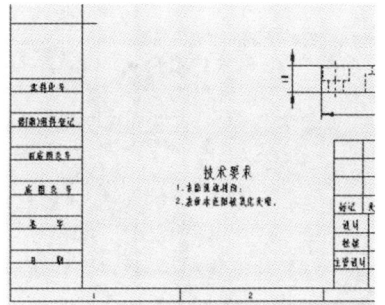

（b）靠左放置

图 5-38 技术要求放置位置

比例：1∶1。

图纸标题栏还包括图纸张数与版本编号内容，如图 5-39 所示。此处为自动导出，不再对各项参数设置进行详述。最后将图纸文件保存为 DRW 格式。

						6061 合金					
标记	处数	分区	更改文件号	签名	年月日	阶段标记	质量	比例	法兰过渡板		
设计			标准化				0.081	1:1			
校核			工艺				1件		JSX007-014-01		
主管设计			审核								
			批准			共1张 第1张 版本 B			替代		
3			4			5			6		

图 5-39 图纸标题栏

三、装配图纸

典型夹取式机械手三维模型如图 5-40 所示。

1. 新建

点击"新建",然后根据装配图大小、复杂组成等因素,合理选择 A4 或者 A3 图框。例如,选择 A3 图框,点击"gb_a3",点击"确定",则可以编辑装配图纸,如图 5-41 所示。

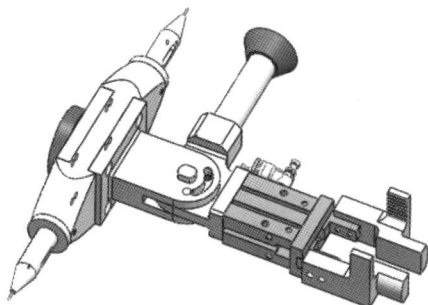

图 5-40　典型夹取式机械手三维模型

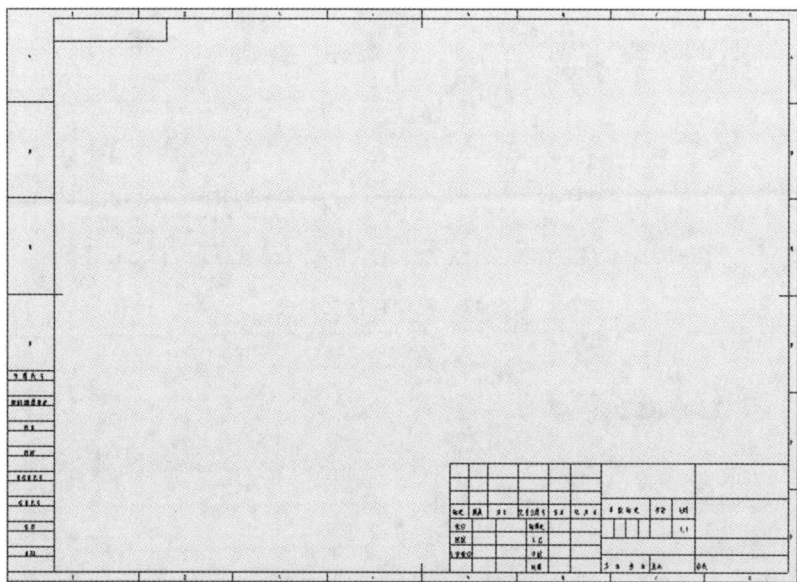

图 5-41　A3 装配图纸模板

具体操作过程见零件图操作步骤,此处不再赘述。

2. 视图布局

在"视图布局"功能里点击"标准三视图",出现标准三视图的下拉框。提示插入的零件或装配体,点击浏览框。与零件图操作步骤一致。

3. 浏览

点击"浏览"进入文件夹。以大图标的形式展现模型零件可视状态,方便我们看到所有的装配体模型,便于直观查找。在文件属性中选择装配体,选中装配部件"1410 工装.3",点击"打开",如图 5-42 所示。

1）图纸比例

在图纸中调整比例,设置步骤如图 5-43、图 5-44 所示。

应注意,在 SolidWorks 软件中进行工程出图时,图纸的摆放是一个重要的步骤,因为它直接影响工程图的布局、阅读性和美观性。合理的图纸摆放可以确保图纸上的信息清晰、有序,便于阅读和理解。

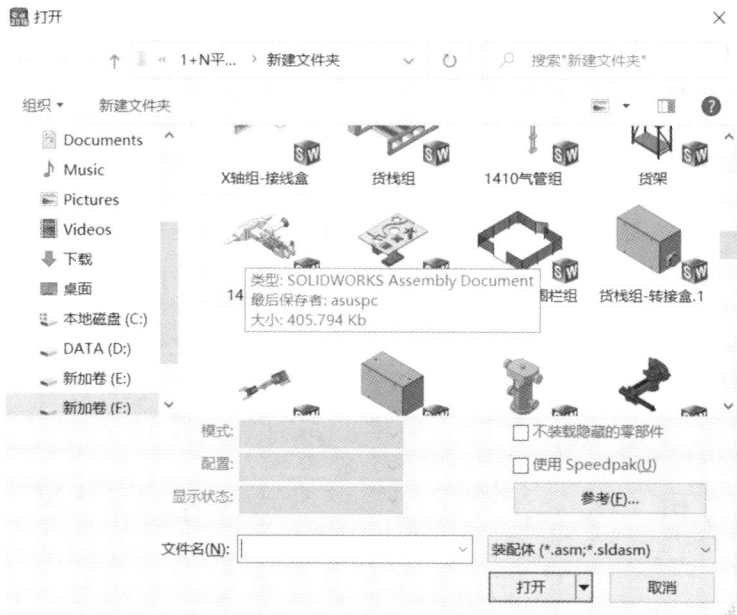

图 5-42　模型存储文件夹

图 5-43　"比例"命令

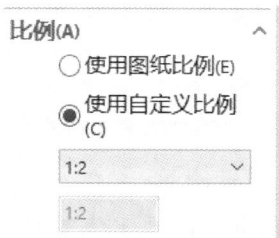

图 5-44　"比例"设置

2）视图布局

布局合理：合理布局视图，使得图纸整体布局合理，便于阅读和理解。

避免拥挤：避免视图过于拥挤，确保每个视图都有足够的空间进行标注和注释。

3）使用视图模板

SolidWorks 提供了多种视图模板，可以根据需要选择合适的模板，以便于快速创建工程图。图纸的二维图摆放应匀称，如图 5-45 所示。

4. 智能尺寸

在注解功能栏里标注装配部件外形尺寸（如长、宽、高）及关键尺寸。为了方便快速检索到关键尺寸，通常会醒目标出。编辑装配组件技术要求。装配图纸最终效果如图 5-46 所示。

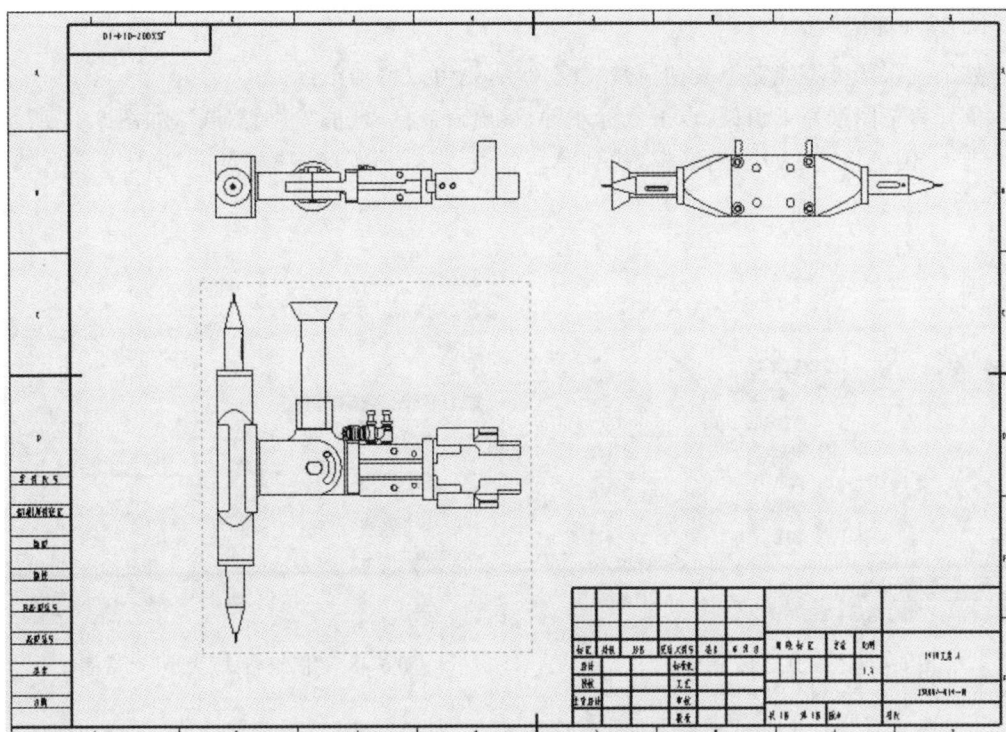

图 5-45 装配部件比例调整与摆放

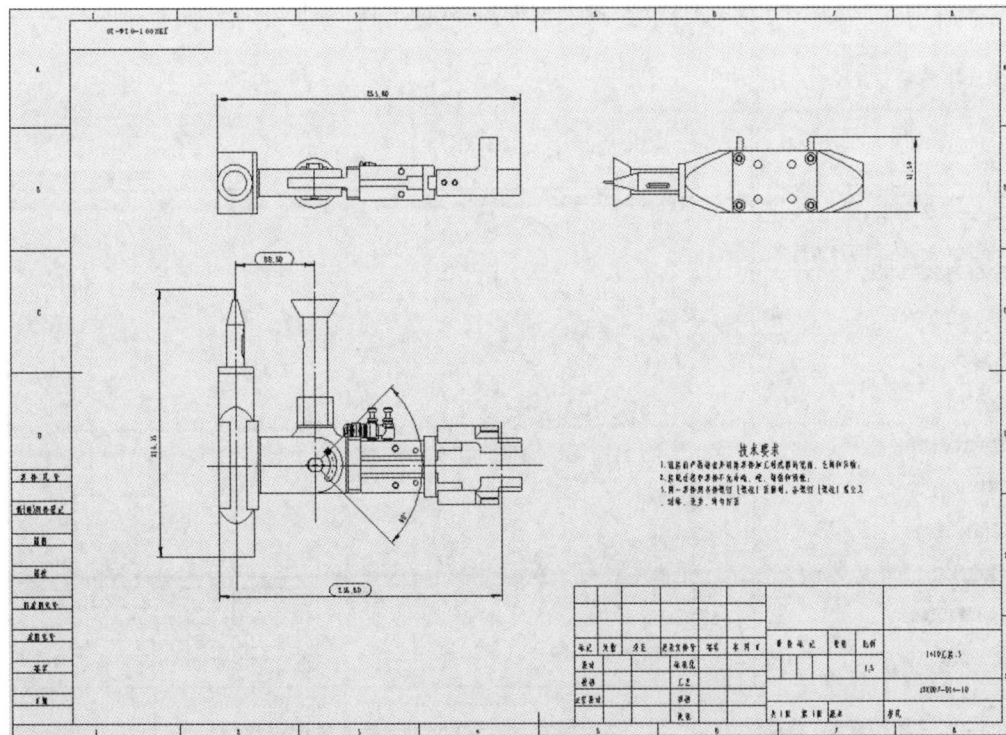

图 5-46 装配图纸最终效果

5．添加图纸

如果一张图纸不能完全表达清楚装配关系，则可以增加图纸。

鼠标移至图纸左下角处，点击鼠标左键，跳出命令栏，点击"添加图纸"，如图 5-47 所示。

进入"图纸格式/大小"对话框，找到 A3(GB)，观察预览区图框，点击"确定"，如图 5-48 所示。

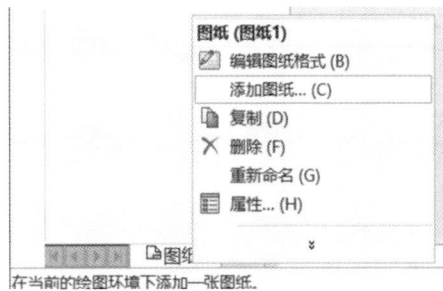

图 5-47 "添加图纸"命令

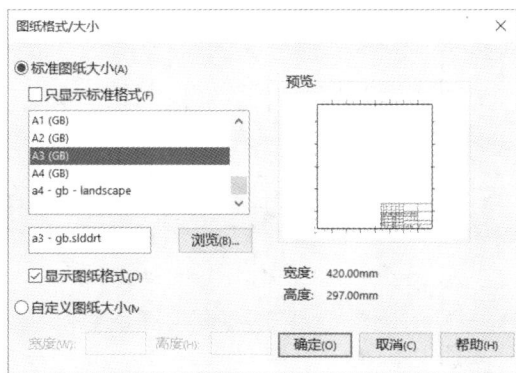

图 5-48 "图纸格式/大小"对话框

6．模型视图

在视图布局功能中选择"模型视图"，如图 5-49 所示，参照设置表调整对应设置。将装配组模型导入工程图纸内，并对方向、比例等进行设置，如图 5-50 所示。

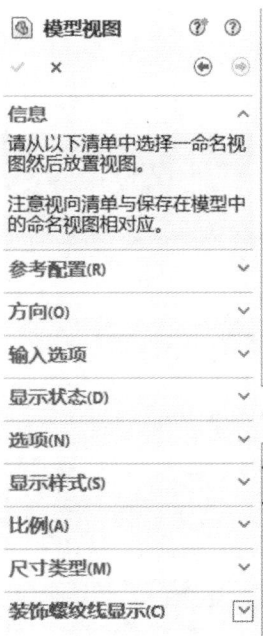

图 5-49 "模型视图"菜单

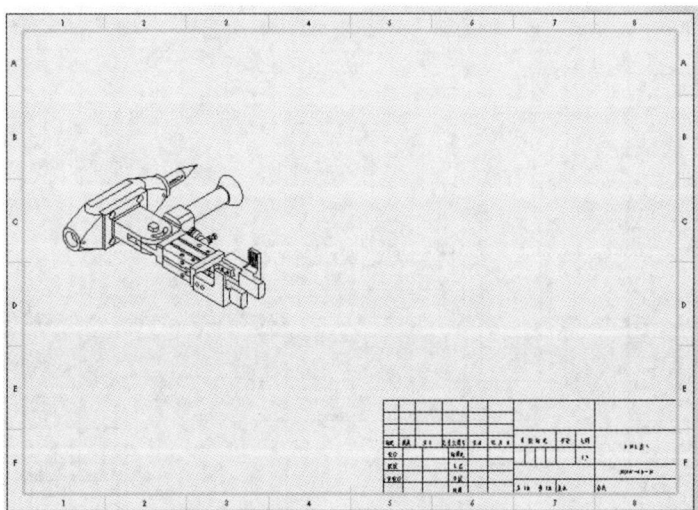

图 5-50 导入装配组模型

7. 表格

点击装配体部件,将鼠标移至注解功能栏,点击"表格",再点击"材料明细表",弹出"材料明细表"设置栏,如图 5-51、图 5-52 所示。

图 5-51 "表格"下拉命令栏

图 5-52 "材料明细表"设置栏

1) 材料明细表

在 SolidWorks 软件中,工程出图时的材料明细表(BOM)是一个重要的组成部分,它详细列出了装配体中所有部件的材料、数量、规格等信息。以下是创建和编辑材料明细表的一般步骤。

(1) 打开包含装配体的工程图文件。

(2) 右击"图纸格式",选择"编辑图纸格式"命令。

(3) 在标题栏右上方设定一个定位点,用于后续插入材料明细表。

(4) 选择"插入"→"表格"→"材料明细表"命令,然后选择主视图用以生成明细表,并在"材料明细表"对话框中设置表格位置和类型。

点击右侧图标,打开材料明细表的表格模板。一般情况下,新安装软件没有配置 gb-bom-material 模板,需要自行放置到文件夹内,首次调用后会成为默认的表格模板,如图 5-53 所示。只需找到存放文件夹,把模板放入即可。这里直接调用已有的材料明细表模板,如图 5-54 所示。

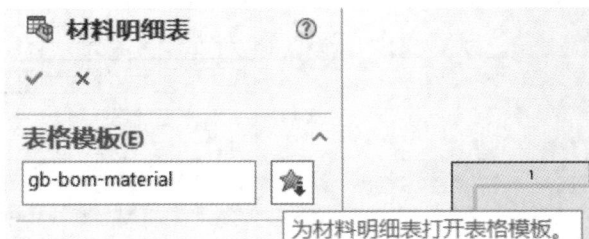

图 5-53 BOM 表格模板调用

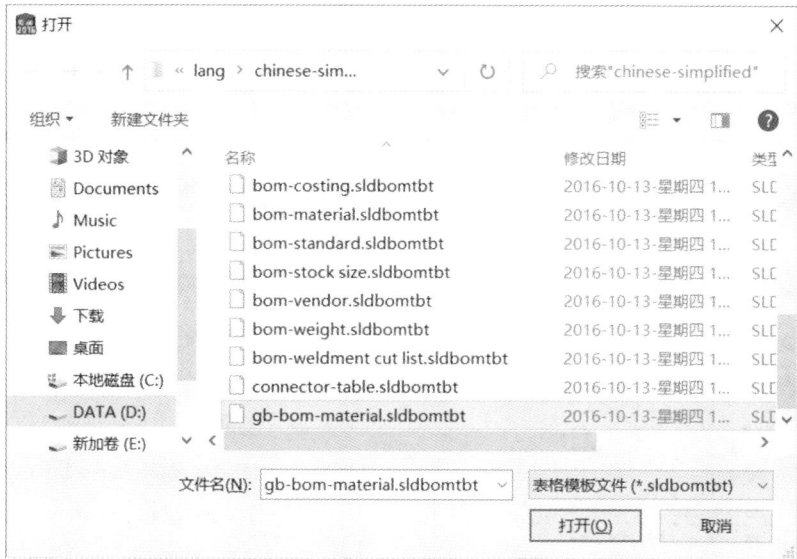

图 5-54　调用已有的材料明细表模板

2）表格模板

确认打开模板后，点击"✓"确定。有时候为了方便查找，可以直接按照模型装配部件的顺序调整标识序号。此外，考虑到材料明细在各类材料件的采购、加工等清单中需要一次性导出，可以调整材料明细表，将标准件、采购件、市购件进行归类。然后将调整后的材料明细表插入工程图上，放置在右下角的标题栏上，顶点需与图框的顶点重合，如图 5-55 所示。

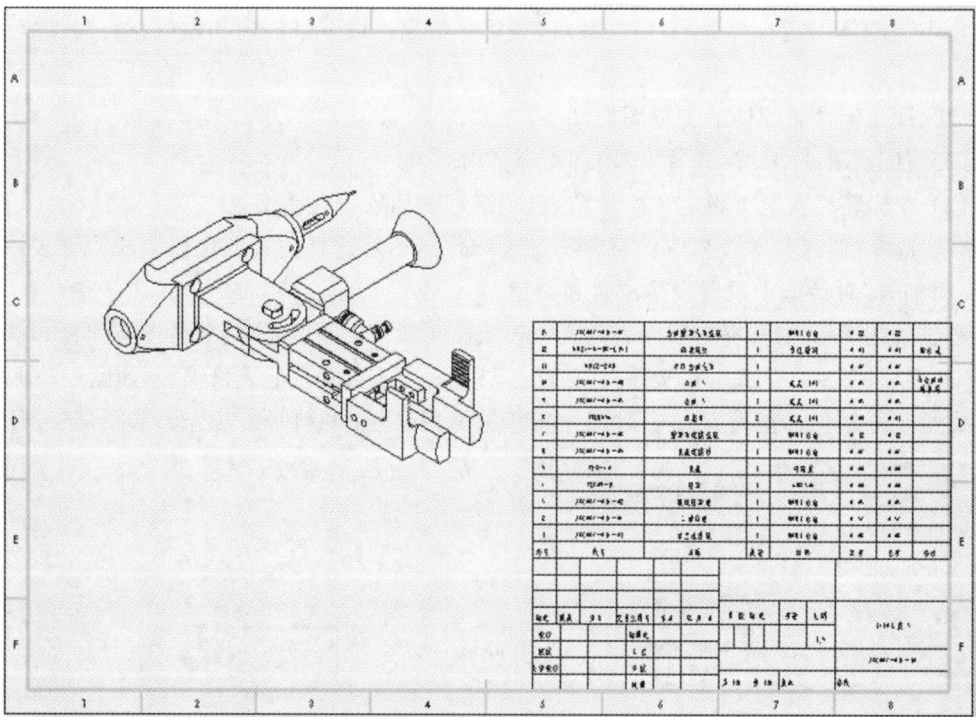

图 5-55　加入材料明细表的图纸

8. 自动零件序号

点击装配部件,将鼠标移至注解功能栏,点击"自动零件序号",自动生成零件编号,如图 5-56、图 5-57 所示。

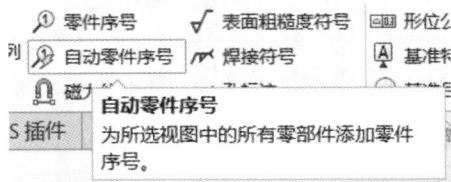

图 5-56　自动零件序号命令

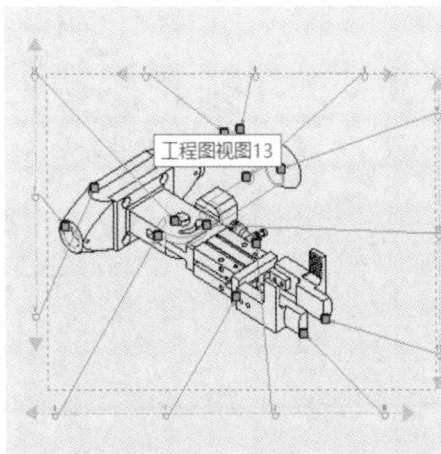

图 5-57　自动生成零件序号

在阵列类型中进行以下设置。

引线附加点:面。

零件序号类型:圆形。

详细设置见表 5-8,设置后的效果如图 5-58 所示。

表 5-8　自动生成零件序号设置对照表

自动零件序号命令栏	操作步骤对应图片	

9. 图纸明细栏

图纸明细栏的设置步骤与零件图的明细栏设置步骤一样,此处不再赘述。

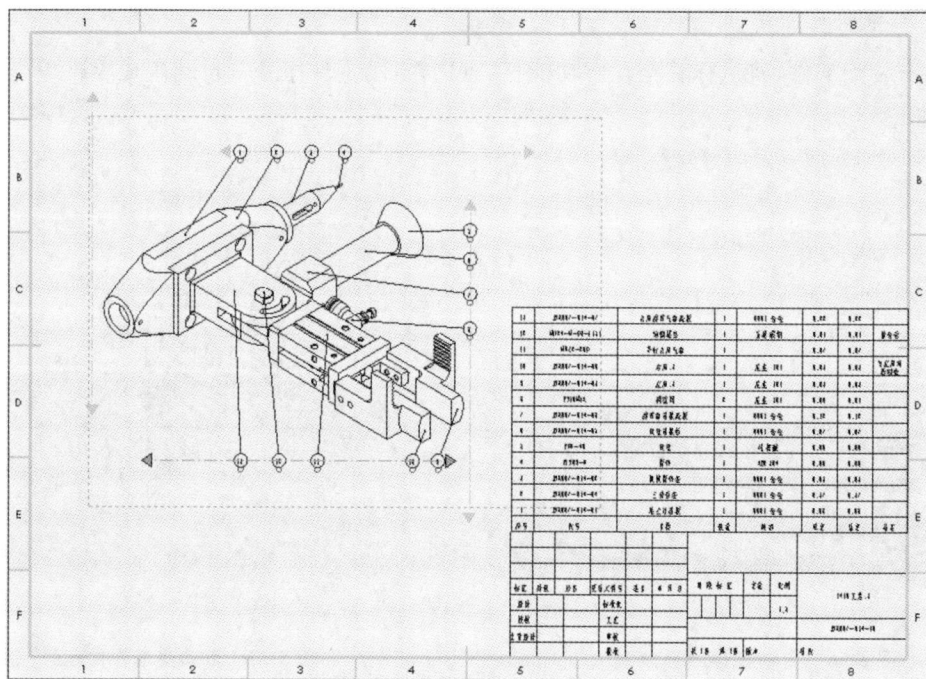

图 5-58　零件序号

四、材料明细表

1. 另存为

鼠标移至材料明细表内，如图 5-59 所示。点击鼠标右键，找到"另存为"并点击，如图 5-60所示。

图 5-59　装配图中的材料明细表

弹出文件框后,编辑文件名,选择保存类型,如图 5-61 所示,点击"保存"。

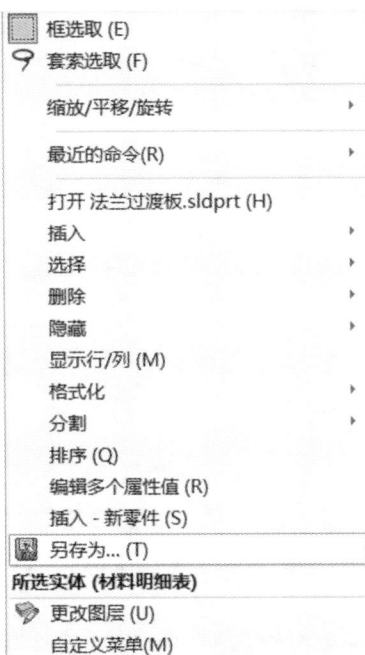

框选取 (E)

套索选取 (F)

缩放/平移/旋转　▶

最近的命令(R)　▶

打开 法兰过渡板.sldprt (H)

插入　▶

选择　▶

删除　▶

隐藏　▶

显示行/列 (M)

格式化　▶

分割　▶

排序 (Q)

编辑多个属性值 (R)

插入 - 新零件 (S)

另存为... (T)

所选实体 (材料明细表)

更改图层 (U)

自定义菜单(M)

图 5-60　"另存为"命令

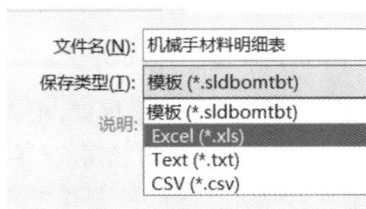

文件名(N):	机械手材料明细表
保存类型(T):	模板 (*.sldbomtbt)
说明:	模板 (*.sldbomtbt)
	Excel (*.xls)
	Text (*.txt)
	CSV (*.csv)

图 5-61　保存类型选择

2. 新建

打开导出的材料明细表内容,如图 5-62 所示。直接将表格内容复制并粘贴到新建的 Excel 文档,保存后再进行编辑。这样可以将"共享"文档变成可编辑文档。典型机械手材料明细表清单编辑完成,如图 5-63 所示。

	A	B	C	D	E	F	G	H
1	13	MIT24-M-D8-L151	轴锁螺钉	1	普通碳钢	0.01	0.01	怡合达
2	12	MHZ2-20D	平行夹爪气缸	1		0.07	0.07	
3	11	PSL6M5A	调整阀	2	尼龙 101	0	0.01	
4	10	PFG-40	吸盘	1	硅橡胶	0	0	
5	9	PLS09-B	探针	1	AISI 304	0	0	
6	8	JSX007-014-08	旋转缸连接底板	1	6061 合金	0.12	0.12	
7	7	JSX007-014-07	夹爪旋转气缸底板	1	6061 合金	0.22	0.22	
8	6	JSX007-014-06	右爪.3	1	尼龙 101	0.03	0.03	与左爪对称制作
9	5	JSX007-014-05	吸盘连接柱	1	6061 合金	0.07	0.07	
10	4	JSX007-014-04	三功位座	1	6061 合金	0.37	0.37	
11	3	JSX007-014-02	机械探针座	1	6061 合金	0.03	0.03	
12	2	JSX007-014-03	左爪.3	1	尼龙 101	0.03	0.03	
13	1	JSX007-014-01	法兰过渡板	1	6061 合金	0.08	0.08	
14	序号	代号	名称	数量	材料	单重	总重	备注

图 5-62　导出的材料明细表内容

典型机械手材料明细表

序号	代号	名称	数量	材料	单重	总重	备注
1	JSX007-014-01	法兰过渡板	1	6061 合金	0.08	0.08	机加工件
2	JSX007-014-03	左爪.3	1	尼龙 101	0.03	0.03	
3	JSX007-014-02	机械探针座	1	6061 合金	0.03	0.03	
4	JSX007-014-04	三功位座	1	6061 合金	0.37	0.37	
5	JSX007-014-05	吸盘连接柱	1	6061 合金	0.07	0.07	
6	JSX007-014-06	右爪.3	1	尼龙 101	0.03	0.03	
7	JSX007-014-07	夹爪旋转气缸底板	1	6061 合金	0.22	0.22	
8	JSX007-014-08	旋转缸连接底板	1	6061 合金	0.12	0.12	
9	PLS09-B	探针	1	AISI 304	0	0	采购件
10	PFG-40	吸盘	1	硅橡胶	0	0	
11	PSL6M5A	调整阀	2	尼龙 101	0	0.01	
12	MHZ2-20D	平行夹爪气缸	1		0.07	0.07	
13	MIT24-M-D8-L15I	轴锁螺钉	1	普通碳钢	0.01	0.01	

图 5-63 典型机械手材料明细表图示

五、问题思考

（1）投影方式选择的影响因素：在选择第一角投影还是第三角投影时，除了考虑设计需求和标准外，还有哪些因素可能影响最终的选择？

（2）工程图的细节展示：在制作工程图时，如何平衡图纸比例和细节展示的关系，以确保图纸既清晰又包含所有必要的信息？

（3）图纸的国际化和标准化：在全球化的背景下，如何确保工程图纸满足不同国家和地区的标准和要求？ISO 标准或 ANSI 标准等在工程图纸中扮演什么角色？

（4）图纸的可读性和功能性：在 SolidWorks 中创建工程图时，应如何考虑图纸的可读性和功能性，以便于制造、检验和使用？

（5）材料明细表（BOM）的重要性：材料明细表在工程设计和制造过程中扮演什么角色？如何确保 BOM 的准确性和及时更新？

◀ 任务三　拓展练习——鼠标包装礼盒创意设计 ▶

一、设计前的准备

1. 收集素材

在开始设计之前，收集鼠标的相关信息，包括尺寸、形状、材质、颜色以及品牌元素等。同时，收集一些包装礼盒的图片，了解当前市场上流行的包装设计趋势，为设计提供灵感。创意鼠标如图 5-64 所示，常规鼠标如图 5-65 所示。

2. 明确设计目标

确定包装礼盒的设计目标，例如是否需要展示鼠标的全貌、是否需要突出品牌元素、是否需要考虑环保材料等。明确目标后，才能更好地规划设计方向。鼠标礼盒如图 5-66 所示。

图 5-64　创意鼠标

图 5-65　常规鼠标

图 5-66　鼠标礼盒

二、包装礼盒

1. 创建基础形状

在 SolidWorks 中,首先创建一个基础的包装礼盒形状。根据鼠标的尺寸,使用"拉伸"功能来创建一个合适的长方体或不规则形状,作为包装礼盒的主体。例如,如果鼠标是椭圆形的,可以先创建一个椭圆,然后拉伸成一个椭圆柱体作为礼盒的基础形状。

2. 添加细节

如果需要设计一个抽屉式的包装礼盒,可以使用"组合"功能,将礼盒分成上下两部分,并设置合适的配合关系,确保抽屉可以顺畅地推拉。

3. 实现形状过渡

利用 SolidWorks 的"圆角"和"倒角"功能,对包装礼盒的边缘进行处理,使其与鼠标的形状相呼应。例如,如果鼠标是流线型的,则可以对礼盒的边角进行较大的圆角处理,让礼盒的形状与鼠标相配。

三、任务

1. 任务分析

1）任务布置

鼠标包装礼盒设计：创意设计不仅需要吸引消费者的眼球，还要解决实际问题。例如，鼠标包装礼盒可以采用磁吸闭合方式，方便用户快速打开和关闭。同时，包装材料可以选用环保再生纸板，减轻对环境的污染。

2）任务背景

产品包装设计的重要性：产品包装设计是品牌方与消费者沟通的重要媒介。对于鼠标这类电子产品，包装不仅要保护产品免受运输过程中的损害，还要传达产品的科技感和便捷性。包装设计可以通过使用鲜明的色彩对比、独特的图形和文字排版来吸引目标消费者的注意力。

3）任务目标

创新鼠标包装礼盒设计要求：不仅要具备基本的保护和展示功能，还要提供额外的价值，如通过包装设计传达品牌理念、提升开箱体验，或者通过包装的再利用为消费者提供便利。

市面上的无线鼠标如图 5-67、图 5-68 所示。考虑建模过程参考实物和目前计算机机房使用的鼠标外形，提供简化鼠标尺寸和图形（见图 5-69），以及基础版包装礼盒（见图 5-70）。

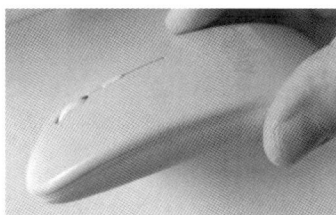

图 5-67　无线鼠标 1

图 5-68　无线鼠标 2

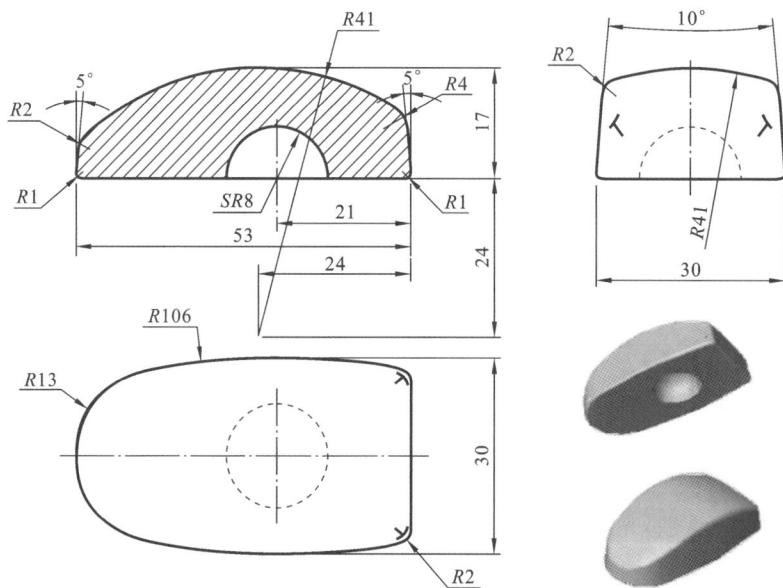

图 5-69　简化鼠标尺寸和图形

拓展任务：看图，鼠标建模；创意设计，即鼠标包装礼盒；绘制工程图纸，包括零件图、装配图；生成材料明细表。

2. 市场调研

市场调研是设计的第一步，目的是深入理解鼠标包装设计的现状和市场趋势。通过分析市场上的包装设计，我们可以识别出消费者的偏好和潜在的需求；分析设计元素，如颜色、形状、材料和品牌标识的使用；收集

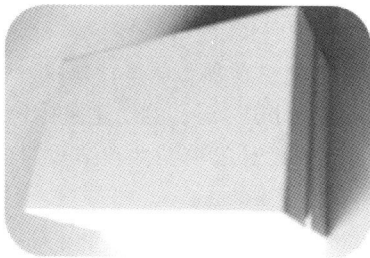

图 5-70　基础版包装礼盒

消费者对于鼠标包装的喜好和不满意的地方；研究设计趋势，预测可能流行的包装设计元素，为创新设计提供方向。市面上的鼠标包装礼盒如图 5-71、图 5-72 所示。

图 5-71　翻盖式包装礼盒

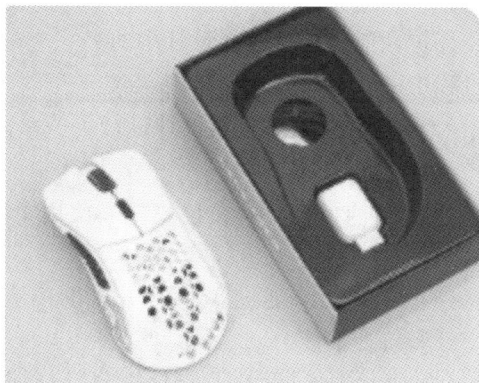

图 5-72　鼠标包装礼盒

3. 需求分析

需求分析是确保设计满足目标期望的关键步骤。通过调研，我们可以确定消费者对鼠标包装的具体需求和期望。

4. 设计构思

1）创意草图

创意草图阶段是将市场调研和需求转化为初步设计概念的过程。

2）设计目标确定

在设计目标确定阶段，需要明确设计的具体目标，包括满足需求、具有创意性，同时考虑成本效益。

保护性能：设计的包装应确保鼠标在运输和存储过程中安全，防止因冲击和压力而造成的损害。可以采用防震材料和缓冲结构来实现。

易开启性：包装应便于消费者打开，无须额外工具，同时保持一定的密封性，以防止未授权使用。

外观设计：包装应具有吸引力，通过独特的图案、色彩和形状来吸引消费者的注意，同时反映产品的高端技术感或时尚风格。

品牌一致性：包装设计应与品牌的风格保持一致，加强品牌印象。

5. SolidWorks 建模

1）创建基础形状

在 SolidWorks 中创建鼠标包装的基础形状,这是建模过程的关键起点。这一阶段的目标是确保设计的功能性和结构的稳定性。

2）细节设计

细节设计阶段注重包装的美观性、品牌识别度以及互动体验。

6. 功能性考量

1）易开启性

易开启性是体验的关键要素之一,对于鼠标包装设计来说,这一点尤为重要。在设计过程中,应采取相关措施来确保包装的易开启性。

2）保护性能

保护性能是鼠标包装设计中的另一个核心考量点。以下是我们为确保鼠标在运输和存储过程中的安全所采取的措施。

（1）冲击测试:对包装设计进行了一系列的跌落和冲击测试,以评估其在不同条件下的保护能力。

（2）缓冲材料应用:在包装内部使用了定制的缓冲材料,以吸收可能的冲击和压力,使鼠标免受损害。

（3）结构优化:通过 SolidWorks 的模拟功能,对包装结构进行了优化,以提高其整体的稳定性和抗变形能力。

（4）密封性能:设计了密封机制,确保包装在潮湿或多尘的环境中也能保护鼠标不受损害。

7. 材料与结构

1）环保材料选择

环保材料的选择是现代包装设计中的重要环节,旨在减轻对环境的污染并提高产品的可持续性。

2）结构稳定性

鼠标包装的结构稳定性是确保产品在运输和存储过程中免受损害的关键。

8. 人体工程学

在鼠标包装设计中,人体工程学的运用重点在于提升手持舒适度。以下是针对手持感受所采取的设计策略。

（1）尺寸适配:基于手部尺寸的统计数据,设计包装的宽度和高度,确保大多数消费者能够单手舒适地握住包装。

（2）表面处理:选择具有良好触感的材料,如磨砂塑料或具有柔软触感的纸张,以增强手持时的舒适感和稳固性。

（3）边缘设计:对包装的边缘进行圆滑处理,避免尖锐或粗糙的边缘给消费者带来不适。

（4）重量分布:通过合理的内部结构设计,确保包装的质量分布均匀,避免由质量分布不均匀引起手持疲劳。

四、鼠标建模

1. 建模步骤

草图设计：首先在建模软件中创建一个新的草图，定义鼠标的基本轮廓和尺寸。绘制草图和修剪草图分别如图 5-73、图 5-74 所示。

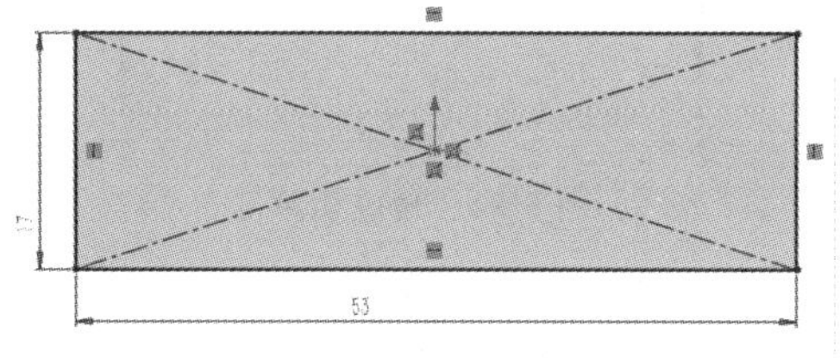

图 5-73　绘制草图

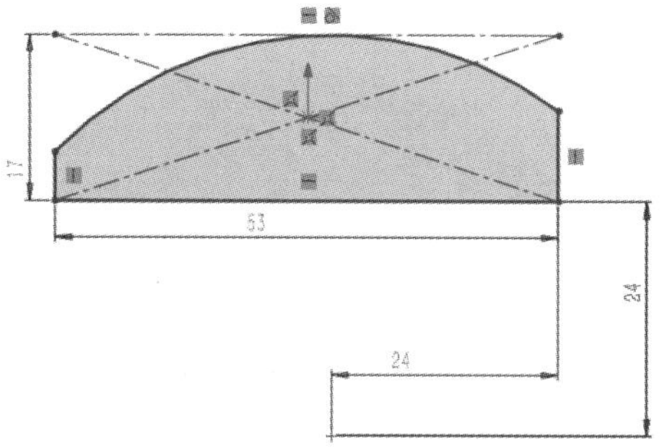

图 5-74　修剪草图

主体建模：使用拉伸、旋转、切除等基本建模命令构建鼠标的主体形状，如图 5-75～图 5-78所示。

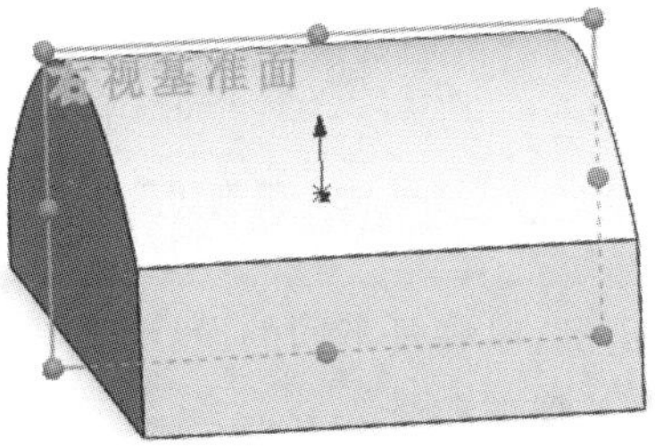

图 5-75　扫描切除

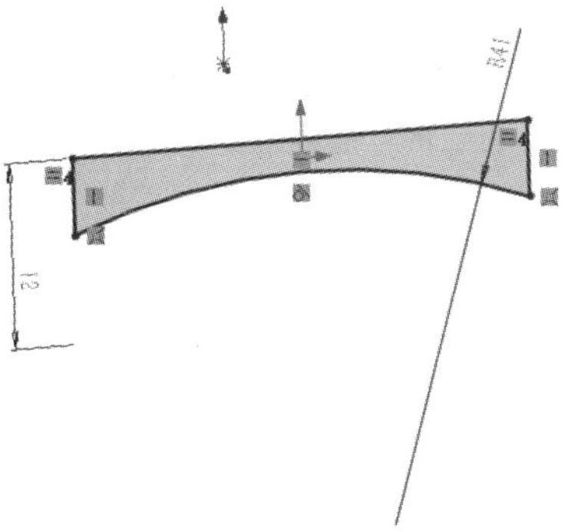

图 5-76　截面

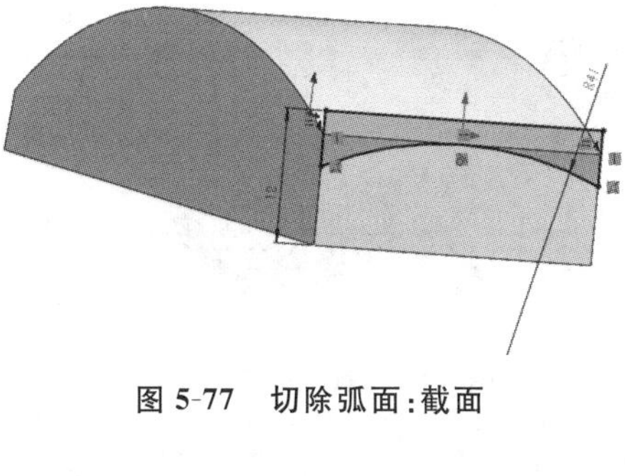

图 5-77　切除弧面：截面

图 5-78　切除弧面：轨迹

细节雕刻：细化鼠标的滚轮、按键等细节部分，确保模型的精确性和功能性。
材质和纹理：为模型选用适当的材质和纹理，增强视觉效果和真实感。

2. 建模技巧

对称性利用:鼠标设计通常具有对称性,可以利用这一特点简化建模过程。结合人体工程学,完成两侧对称的角度切除,如图 5-79、图 5-80 所示。

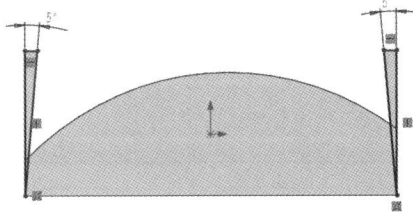

图 5-79　角度切除 1

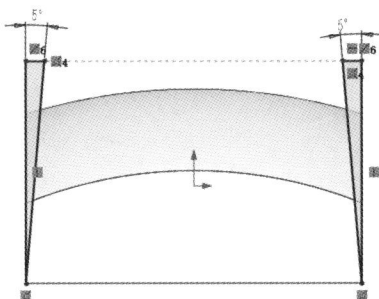

图 5-80　角度切除 2

完成弧度切除,如图 5-81、图 5-82 所示;完成球体切除,如图 5-83 所示。

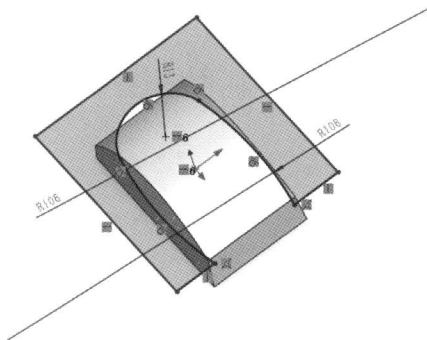

图 5-81　弧度切除 1

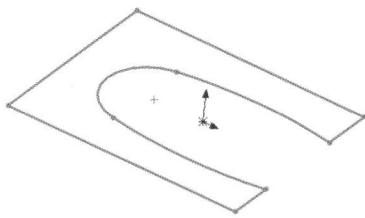

图 5-82　弧度切除 2

参数化建模:使用参数化方法调整鼠标的尺寸和比例,以满足不同的设计需求。
模块化设计:将鼠标分解为多个模块进行建模,便于管理和修改。
鼠标模型最终效果如图 5-84 所示。

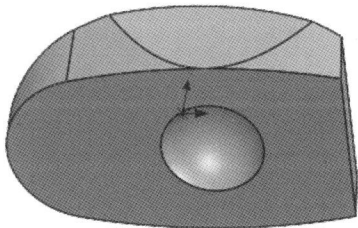

图 5-83　球体切除

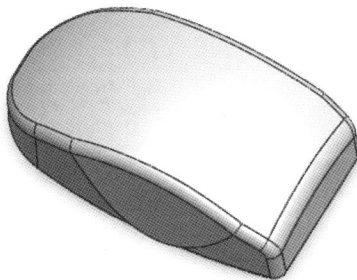

图 5-84　鼠标模型

3. 建模注意事项

尺寸精度:确保所有尺寸符合设计规范和实际使用需求。

模型检查:定期检查模型的完整性及是否存在错误,避免后期返工。

反馈调整:在建模过程中考虑操作习惯和舒适度,接收反馈意见,必要时进行调整。

五、鼠标包装礼盒建模

1. 鼠标包装礼盒设计

鼠标包装礼盒的设计是产品呈现给消费者的第一印象,它不仅要保护鼠标,还要吸引消费者的注意。在材料选择方面,使用环保材料,如可回收纸张或生物降解塑料,以降低对环境的污染。在结构创新方面,设计易于打开且能重复使用的包装结构,提升体验感。

2. 设计流程

创意设计需要经过精心的规划和反复修改。

市场调研:了解目标消费者群体的喜好和需求,为设计提供方向。

概念开发:基于调研结果,开发多个设计概念,并进行评估和筛选。

扫码看视频

原型制作:制作包装礼盒的原型,进行实际测试并收集反馈意见。

最终设计:根据反馈优化设计,完成最终的包装礼盒设计。基础版本如图 5-85、图 5-86 所示。

扫码看视频

图 5-85　盒体

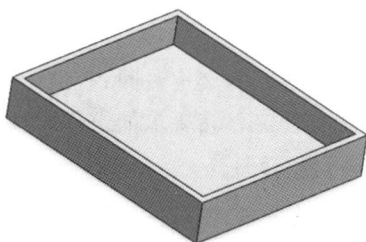

图 5-86　盖子

六、工程图纸绘制

1. 零件图绘制

零件图是展示单个组件的详细图纸,它为生产和装配提供了精确的尺寸和规格。

尺寸标注:确保所有尺寸都清晰标注,包括长度、宽度、高度以及半径等。

公差标注:根据制造工艺和装配要求,合理标注尺寸公差。

表面粗糙度:标注零件表面的粗糙度要求,以确保零件的质量和功能。

材料说明:指明零件的材料类型,如塑料、金属等,以及相应的材料标准。

2. 装配图绘制

装配图展示了所有零件如何组合在一起,以形成完整的产品。

组件列表:列出所有需要的零件,并提供零件编号,方便识别和采购。

装配关系:清晰展示各零件之间的相对位置和连接方式。

爆炸视图:使用爆炸视图展示零件的分离状态,便于理解装配顺序和结构。

装配标记:使用标记或注释说明装配过程中的注意事项或特殊要求。

七、材料明细表

1．材料明细表概述

材料明细表(BOM)是产品制造过程中的关键文档,它详细列出了所有需要的材料和组件。

2．材料明细表的构成

一个完整的材料明细表通常包含以下要素。

组件列表:这是材料明细表的核心,包括所有零件的编号和名称,确保每个零件都能被准确识别。

描述和规格:每个组件的尺寸、材料类型和性能规格都被清晰记录,以指导采购和质量检验。

数量:材料明细表明确指出生产单位产品所需的每种组件的数量,这有助于计算材料需求量和成本。

供应商信息:记录每种组件的供应商信息,包括供应商名称、联系方式和供应能力,以优化供应链管理。

替代供应商:列出替代供应商,化解供应链风险。

价格和成本:材料明细表可以包含每种组件的单价和总成本,为财务规划和成本分析提供依据。

交货时间:列出供应商的交货时间,有助于生产计划制订和库存控制。

存储条件:对于有特定存储要求的组件,材料明细表应提供相应的存储条件说明。

3．材料明细表的重要性

生产计划:材料明细表是制订生产计划的基础,确保生产过程中材料的及时供应。

成本控制:通过材料明细表可以准确计算产品成本,实现成本控制。

库存管理:材料明细表有助于优化库存管理,减少库存积压和提高库存周转率。

八、最终呈现

在最终呈现阶段,我们利用 SolidWorks 的高级渲染工具,为设计模型添加逼真的视觉效果,以展示包装设计的最终外观。

(1)真实材质渲染:应用不同的材质和纹理,如金属光泽、塑料质感或纸张纹理,以增强渲染图的真实感。

(2)多角度展示:从不同视角渲染包装,包括正面、侧面和顶部视图,确保全面展示设计的每个细节。

(3)环境设置:模拟实际使用环境,如桌面、货架或手持状态,使渲染效果更贴近实际。

(4)动画演示:创建动画以演示包装的开启过程和功能特点,提供动态的展示效果。

(5)交互式展示:开发交互式展示平台,允许设计者通过点击和拖动来探索包装的不同部分和功能。

九、问题归纳与自我测评

问题归纳与自我测评见表5-9。

表 5-9　问题归纳与自我测评表

问题分类	问题描述	自我测评选项
理解程度	你是否理解第一角投影和第三角投影的区别及各自的应用场景？	完全理解/部分理解/不理解
操作流程	你是否掌握了在 SolidWorks 中设置和选择投影方式的步骤？	是/否/需要复习
工程图制作	你是否能够根据设计需求和标准,制作符合要求的工程图？	熟练/基本掌握/不熟练
视图选择	在制作工程图时,你是否能根据钣金件的几何形状和制造需求选择合适的视图？	总是/有时/从不
尺寸标注	你是否能够在工程图中准确标注所有必要的尺寸,包括长度、宽度、高度以及折弯半径和安装孔直径等？	总是/有时/从不
公差标注	你是否能合理标注尺寸公差,确保加工精度满足设计标准？	总是/有时/从不
材料与处理	你是否能正确注明所用材料的类型、厚度以及任何特定的表面处理要求？	总是/有时/从不
技术要求	你是否能够在工程图中明确提出技术要求,包括材料标准、加工精度、表面粗糙度等？	总是/有时/从不
检验标准	你是否能列出钣金件制造过程中的检验标准和验收标准？	总是/有时/从不
展开图标注	你是否能够在展开图中清晰、完整、一致地进行尺寸标注？	总是/有时/从不
装配图制作	你是否能够根据装配体模型制作出装配工程图,包括组件列表、装配关系和爆炸图？	熟练/基本掌握/不熟练
创意设计	你是否能够在鼠标包装礼盒设计中融入创意元素,同时解决实际问题？	有创意/一般/需要提高
材料明细表	你是否了解如何创建和编辑材料明细表,包括组件编号、描述、数量和供应商信息？	了解/部分了解/不了解

项目小结 ////

知识归纳：

本项目首先介绍了工程图纸的重要性,并强调了第一角投影与第三角投影在工程图纸中的区别及各自的应用场景；其次,详细演示了如何创建零件图纸和装配图纸,包括选择图框、视图布局、模型视图的插入与配置,以及中心线和智能尺寸的标注方法；最后,还讲解了形位公差、孔标注、表面粗糙度符号的添加,以及如何运用注释工具进行文字注释和表格的创建。

在工程图纸的创建过程中,强调了图纸比例和摆放的重要性,指出合理的比例和位置摆放可以提高图纸的阅读性和美观性。同时,介绍了如何使用 SolidWorks 的视图模板和自动零件序号功能,以及材料明细表(BOM)的创建和编辑操作,这对于装配体的管理和材料采购至关重要。

本项目鼓励学生通过实际操作来巩固所学知识,包括零件建模,以及完成零件图和装配图的工程出图。通过任务布置与要求,学生需要在团队合作中实施任务、记录过程、提交成果,并根据评价与反馈进行技能的改进和提升。

复习和讨论问题:

(1) 工程图纸的创建与保存:讨论在 SolidWorks 中创建和保存工程图纸的步骤,并解释为何这一过程对于工程设计至关重要。

(2) 对工程材料明细表(BOM)的理解:描述 BOM 的作用,并讨论如何在 SolidWorks 中创建和编辑材料明细表。

(3) 第一角投影法与第三角投影法的区别:解释第一角投影和第三角投影在工程图纸上的差异,并讨论它们各自的应用场景。

(4) 几何工程设置参数:讨论在 SolidWorks 中设置几何工程参数的重要性,并举例说明这些设置如何影响最终的工程图纸。

(5) 尺寸标注与技术要求:描述在 SolidWorks 工程图纸中进行尺寸标注和技术要求添加的过程,并讨论这些步骤对于确保设计精度和满足制造标准的重要性。

技能训练

一、任务布置与要求

1. 任务布置

拓展:创意设计与实际问题解决——传统小吃包装礼盒设计。

2. 任务要求

(1) 市场调研:研究现有传统小吃包装礼盒的设计,分析消费者偏好和市场趋势。

(2) 目标用户分析:确定目标用户群体,并分析其审美偏好。

(3) 创意构思:基于调研结果,构思创新的包装礼盒设计,考虑外观设计、开启方式、内部布局等。

(4) 人体工程学:确保包装礼盒的开启和使用过程符合人体工程学原理。

二、任务实施与记录

1. 任务实施

(1) 组建团队:确定组长与副组长,组长负责指导组员解决任务实施过程中遇到的困难,副组长负责记录和协调。

(2) 任务分配:根据团队成员的专长,分配调研、设计、原型制作等任务。

(3) 创意研讨:组织头脑风暴会议,激发创意,确定设计方案。

(4) 设计开发:利用设计软件(如 SolidWorks、Adobe Illustrator 等)进行包装礼盒的详细设计。

(5) 原型制作:根据设计图纸,选择合适的材料制作包装礼盒原型。

2. 任务单

根据任务完成过程中的实际情况,认真填写任务单,如表 5-10 所示。

表 5-10 任务单

任务名称		小组编号	
日期		时间	
组长		副组长	
小组成员			

任务讨论及方案说明

存在问题与解决措施

成果形式与规格说明

完成任务（评价）得分	

任务完成情况分析	
优点	不足

三、成果提交与展示

提交设计报告,包括市场调研、分析、设计概念、材料选择、成本分析、测试结果和优化方案。

提交包装礼盒原型,展示最终设计成果。

四、任务评价与分析

(1) 设计创新性:评估设计方案的独创性和市场竞争力。

(2) 体验:评估包装礼盒的易用性、舒适性和吸引力。

(3) 环保性:评估所选材料和生产过程的环保性。

(4) 成本效益:评估设计方案的经济合理性。

五、课后巩固与提高

(1) 利用课后时间继续完善设计,进行更多的测试和迭代。

(2) 参与相关的设计竞赛,获取更多反馈。

(3) 探索设计软件的新功能,提高设计技能。

(4) 加入与设计相关的学习小组或论坛,与他人交流想法和经验。

项目六

曲面拉伸与渲染

学习目标

（1）掌握曲面建模基础：理解曲面建模的基本概念，会使用拉伸曲面、投影曲线等工具。

（2）熟悉 SolidWorks 渲染功能：学会使用 SolidWorks 的渲染插件（如 PhotoView 360），掌握材质应用、光源设置和相机视角调整。

（3）提升复杂模型建模能力：通过实际操作，掌握复杂模型的建模技巧，包括草图绘制、特征操作和模型优化。

（4）理解设计与渲染的关系：明确渲染在产品设计中的作用，以及如何通过渲染技术提升设计验证和展示效果。

技能矩阵

技能分类	技能细节	掌握程度
曲面建模基础	理解拉伸曲面的概念和应用场景	理解
	掌握拉伸曲面的操作步骤，包括草图绘制、深度设置等	掌握
	学会使用投影曲线工具，完成复杂形状的建模	掌握
渲染技术应用	熟悉 PhotoView 360 插件的基本功能，包括材质应用、光源设置	掌握
	能够调整相机视角和环境设置，生成高质量的渲染图像	掌握
	理解渲染设置对模型展示效果的影响	理解
复杂模型建模	能够独立完成复杂模型的建模任务，如"紧箍"模型	掌握
	掌握扫描曲线、镜像特征等高级建模工具的使用	掌握
	学会优化模型结构，添加圆角、倒角等细节	掌握

续表

技能分类	技能细节	掌握程度
工程实践能力	能够分析实际问题,提出解决方案并完成建模	掌握
	具备团队协作能力,能够与同学共同完成复杂任务	掌握
	养成良好的工程设计习惯,注重细节和质量	掌握

能力目标

(1) 具备曲面建模能力:能够熟练使用 SolidWorks 的曲面建模工具,完成从草图到三维模型的转换。

(2) 掌握渲染技术:能够运用渲染插件进行高质量的模型展示,满足设计验证和营销需求。

(3) 提升复杂模型建模技巧:通过实际操作,掌握复杂模型的建模流程,优化模型结构,提升建模效率。

(4) 培养工程实践能力:通过任务驱动的学习方式,培养解决实际问题的能力,培养学生的实践性、创新性和系统性思维。

(5) 增强团队协作能力:通过小组任务,学会与同学合作,共同完成复杂建模任务,提升团队协作能力。

项 目 思 政

持之以恒,方能致远

在工程技术领域,SolidWorks 不仅是三维设计的工具,更是培养工程师专业素养的重要平台。持之以恒的探索精神,是掌握这门技术的核心素养。初学 SolidWorks 时,复杂建模常让人望而却步。许多学习者在面对烦琐的操作时,往往因缺乏耐心而放弃。然而,坚持是突破的关键。通过反复练习,操作技能逐步提升。例如,圆角特征的添加顺序会影响后续操作,唯有在实践中反复练习,才能掌握其中的技巧。进阶学习中,SolidWorks 的精髓在于精准传达设计意图。基础操作仅是入门要求,专业能力的提升需要通过复杂项目的实践来实现。例如,工程图模板的定制涉及图纸属性、注释添加、格式保存等多项步骤,任何一环疏漏都会影响最终结果。

在 SolidWorks 的学习中,持之以恒不仅是技术提升的保障,更是工程师职业素养的基石。从初学的耐心积累,到进阶的精益求精,再到持续学习与责任担当,持之以恒的精神贯穿始终。只有秉持这种精神,才能在工程技术领域中走得更远,为行业发展贡献更多力量。

◀ 任务一 紧箍 ▶

"紧箍咒"通常指的是《西游记》中唐僧用来控制孙悟空的一种咒语,它能够使孙悟空头上的紧箍收紧,使他感到痛苦。本任务将介绍在SolidWorks 软件中创建一个类似于紧箍的三维模型,如图6-1 所示。

图 6-1 紧箍模型

一、选择新建零件选项

在 SolidWorks 中创建紧箍模型的第一步是新建一个零件文件。在"文件"菜单中选择"新建",然后从列表中选择"零件"选项,如图 6-2 所示。

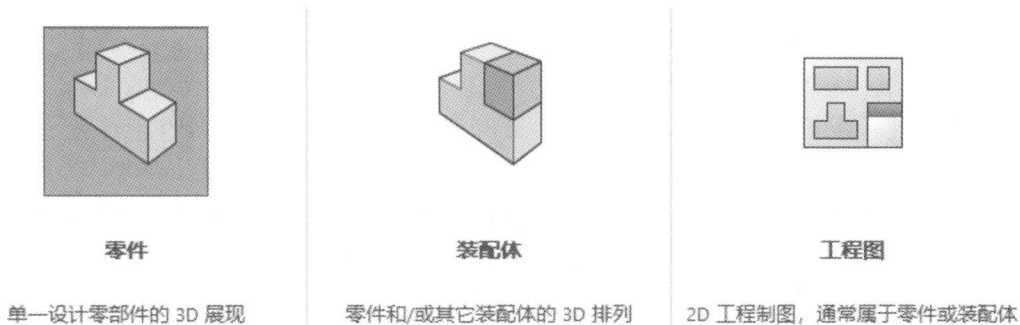

零件	装配体	工程图
单一设计零部件的 3D 展现	零件和/或其它装配体的 3D 排列	2D 工程制图,通常属于零件或装配体

图 6-2 新建零件

二、绘制紧箍基本形状

在 SolidWorks 中绘制紧箍的基本形状,我们需要从草图开始,定义其轮廓和尺寸。

扫码看视频

(1)圆形轮廓:绘制一个圆形作为紧箍的轮廓,如图 6-3 所示。可以指定圆的半径或直径,确保其大小符合设计要求。

(2)环形截面:如果紧箍设计为非圆形截面,则可以使用草图工具中的"多边形"来绘制三角形,之后进行修剪以达到所需的形状。修剪草图如图 6-4 所示。

(3)对称性:考虑到紧箍的对称性,草图应对称绘制,以便后续可以顺利应用特征工具。

(4)尺寸标注:对草图进行尺寸标注,包括半径、直径、宽度等,确保所有尺寸都符合设计规范。

(5)几何关系:应用几何关系,如"水平""垂直""共线"等,以确保草图的准确性和设计意图。

(6)检查草图:使用 SolidWorks 的检查工具,确保草图完全定义且没有错误,这对于后续建模步骤至关重要。

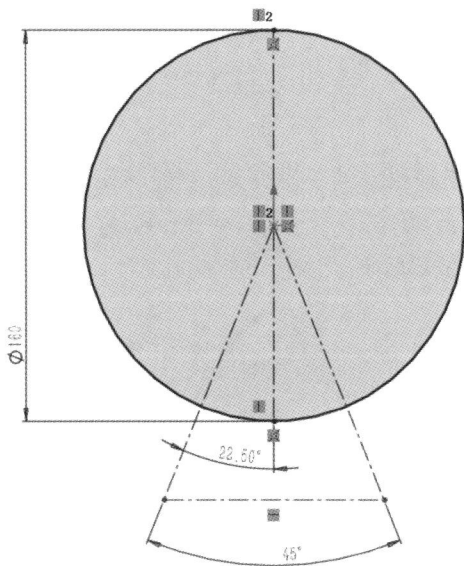

图 6-3　绘制圆形

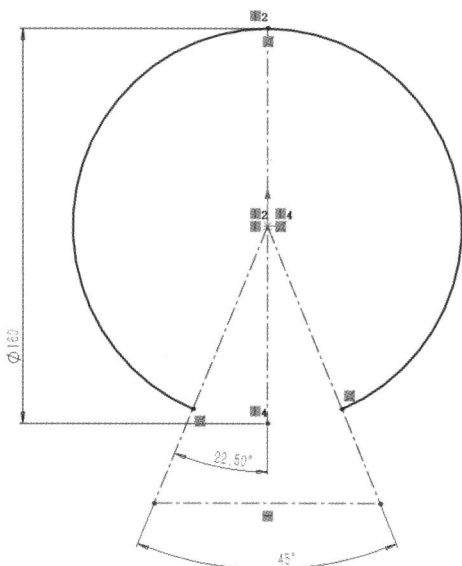

图 6-4　修剪草图

（7）退出草图：完成草图绘制和检查后，退出草图模式，准备应用特征工具来生成三维模型。扫描生成时，需要区分新版本软件与旧版本软件的建模区别。比如，2024 版本软件能够直接自动生成模型，如图 6-5 所示。而旧版本软件则是在创建基准面及绘制截面草图后再进行扫描生成模型，如图 6-6 所示。请注意，根据建模后套用的目标不同（如头、手指、手腕），需要对尺寸进行调整。

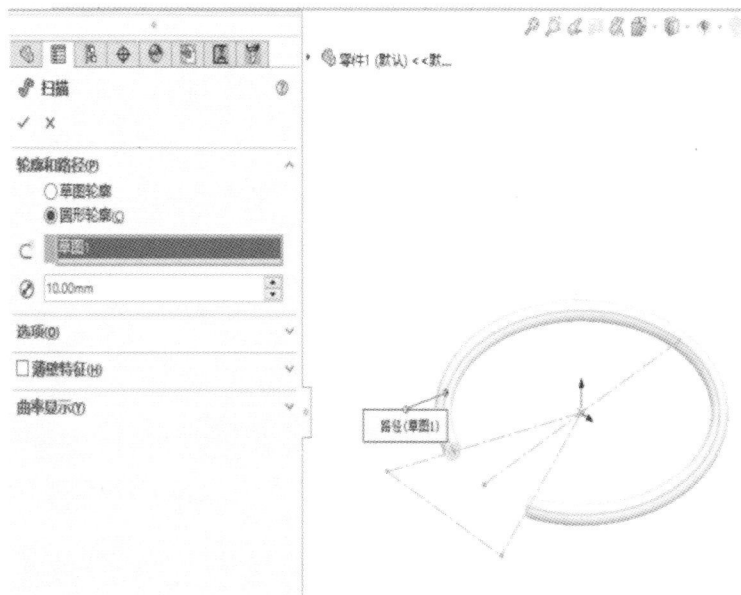

图 6-5　2024 版本软件自动生成模型

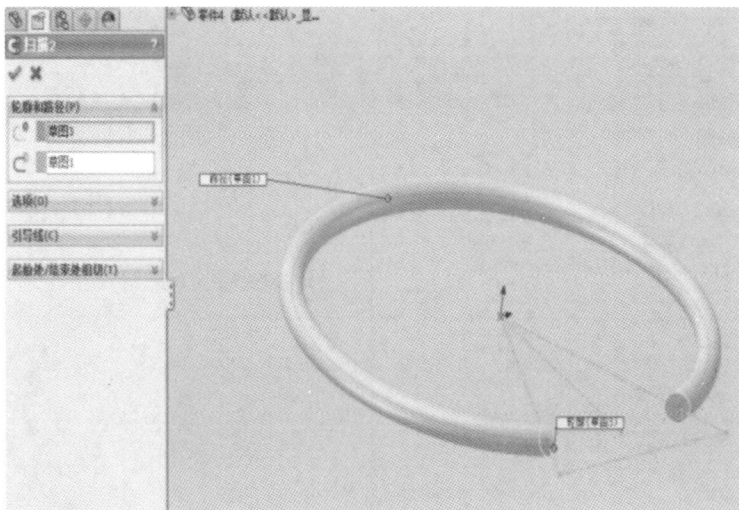

图 6-6　2012 版本软件扫描生成模型

三、拉伸曲面

1. 拉伸曲面的定义

拉伸曲面是 SolidWorks 中用于创建三维几何体的一种功能,它从一个二维草图轮廓开始,通过指定一个深度值来生成三维曲面。

(1) 基本概念:拉伸曲面通常由一个开放或闭合的草图轮廓定义,该轮廓可以是直线、圆弧、样条曲线或这些形状的组合。

(2) 操作过程:首先在选定的平面上绘制草图,然后使用拉伸曲面命令,输入拉伸深度,软件将自动生成相应的三维曲面。

2. 拉伸曲面的应用场景

拉伸曲面在 SolidWorks 中有多种应用场景,它可以用来创建产品外壳、零件的局部特征或者复杂的几何形状。

3. 拉伸曲面的操作步骤

1) 选择基准面

选择一个基准面是进行拉伸操作的前提。在 SolidWorks 软件中可以通过特征管理树选择一个已有的平面或创建一个新的基准面。

通常,会选择前视图、上视图或右视图作为基准面,这些视图在特征管理树中以不同的图标表示。通过"插入"→"曲面"→"拉伸曲面"命令来选择拉伸曲面基准,如图 6-7 所示。

2) 绘制草图

在选定的基准面上绘制草图是拉伸曲面操作的关键步骤。需要使用 SolidWorks 软件中的草图工具来绘制所需的轮廓。

草图工具:可以使用直线、圆、样条曲线等工具来绘制草图。

约束与尺寸:为了确保草图的准确性,需要对草图进行适当的约束和尺寸标注。

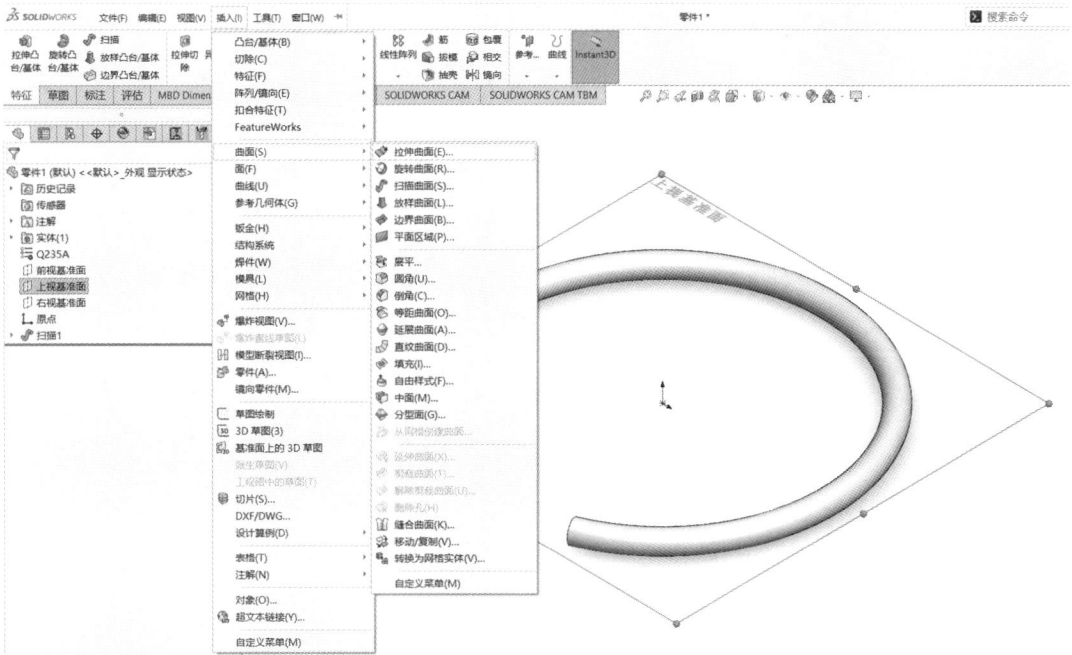

图 6-7　拉伸曲面基准选择

　　草图验证：在进行拉伸操作之前，需要确保草图完全定义，即不存在未解决的几何关系。

　　3）应用拉伸命令

　　启动拉伸：在草图绘制完成后，通过点击"特征"工具栏中的"拉伸"按钮或通过"插入"菜单选择"拉伸"命令来启动拉伸操作。

　　设置深度：在拉伸的属性管理器中，需要指定拉伸的深度。可以选择拉伸的起始面和终止面，或者输入一个固定深度值。

　　终止条件：设置拉伸的终止条件，如通过第二方向拉伸到特定面或到特定距离等。

　　4）确定拉伸方向

　　拉伸方向：需要指定拉伸的方向，通常是沿着 Z 轴或其他定义的轴。

　　反向拉伸：如果有需要，选择反向拉伸，以改变拉伸的方向。

　　5）完成拉伸操作

　　确认拉伸：在设置好所有参数后，点击"确定"按钮来完成拉伸操作。

　　检查结果：生成的拉伸曲面会在图形区域显示，设计者需要检查其形状和尺寸是否符合设计要求。

　　4. 拉伸曲面的参数设置

　　1）设置拉伸深度

　　拉伸深度是定义拉伸曲面厚度的关键参数。在 SolidWorks 中，需要将拉伸深度设置为一个具体数值，或者选择拉伸到第二方向。

　　固定深度：直接在属性管理器中输入一个数值来设置拉伸深度。例如，如果设计要求一个产品的外壳厚度为 5 mm，则在拉伸深度中输入 5 mm。

拉伸到第二方向：也可以选择拉伸到一个特定的第二方向，如到另一个平面或到最近点等。这在创建复杂形状时非常有用，例如，当需要拉伸曲面以适应另一特征或模型的轮廓时。方向 1 设置为 60 mm，方向 2 设置为 49 mm，如图 6-8 所示。

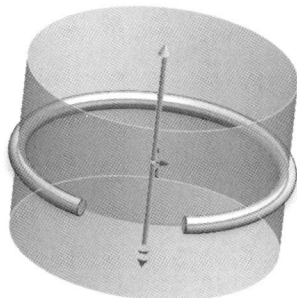

图 6-8 拉伸参数设置

2）确定拉伸方向

拉伸方向决定了拉伸曲面的生成方向，它通常与草图平面垂直。

通过精确设置拉伸深度和方向，在 SolidWorks 中创建出符合设计要求的拉伸曲面，为后续的设计和工程分析打下坚实的基础。拉伸曲面效果如图 6-9 所示。

图 6-9 拉伸曲面效果

四、投影曲线

在 SolidWorks 中绘制旋钮零件的拉伸曲面，投影曲线是将二维草图曲线投影到三维表面上的一项重要功能，尤其适用于复杂曲面建模。以下是详细的操作步骤。

（1）选择基准面。选择一个合适的基准面作为绘制草图的基础平面。通常可以选择前视基准面、上视基准面或右视基准面。例如，绘制紧箍的草图时，可以选择前视基准面（见图 6-10）作为起始平面，便于后续操作。

（2）绘制草图。在选定的基准面上，使用草图工具绘制所需的轮廓。例如，绘制一个圆形或椭圆形作为紧箍的轮廓，并添加适当的尺寸和约束以确保草图的准确性。如果需要更复杂的形状，可以结合阿基米德螺线（见图 6-11）等工具进行绘制。

（3）编辑草图。如果需要调整草图的形状或尺寸，可以回到草图阶段进行修改。修改后，更新特征以反映这些变化。确保草图完全定义，即没有未解决的几何关系，这对于后续的投影操作至关重要。

（4）添加几何约束。为了使紧箍环绕曲线美观且符合设计要求，需要对每个圆弧进行几何约束，比如相切等。在 SolidWorks 中，也可以添加圆角的边缘，并指定圆角的大小，以优化曲线的过渡效果。

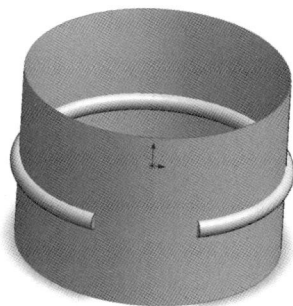

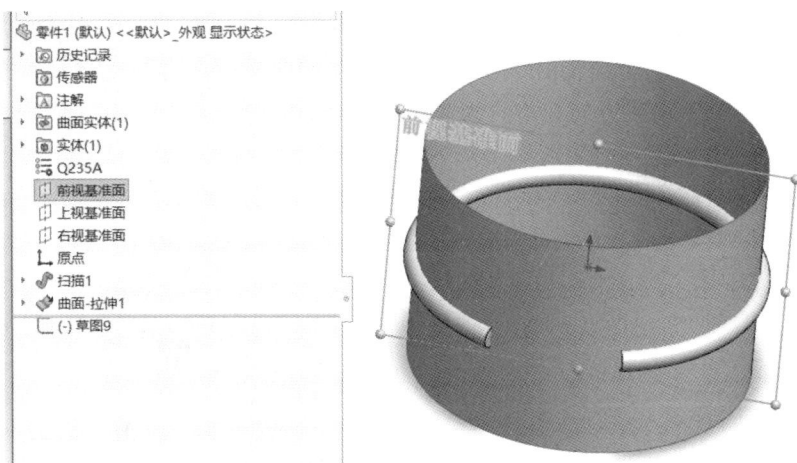

图 6-10　前视基准面

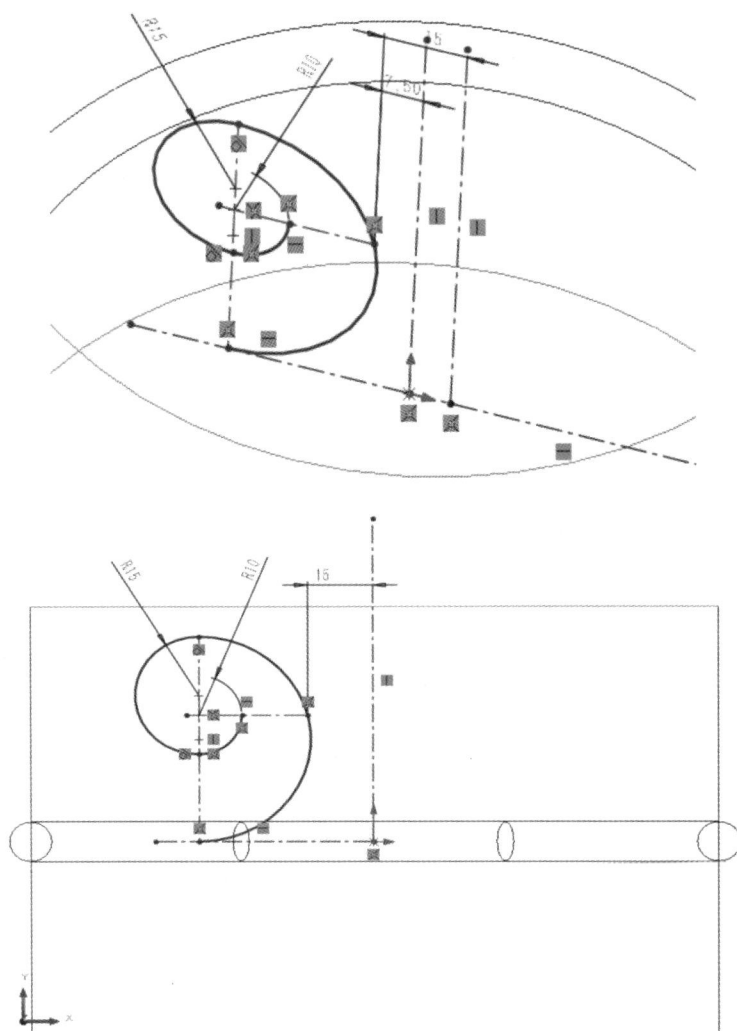

图 6-11　阿基米德螺线

（5）选择投影曲线（见图 6-12）。选择已经创建的曲线，这可以是草图中的曲线，也可以是 3D 草图中的曲线，还可以是导入的曲线。确保选择的曲线是需要投影到目标表面上的部分。

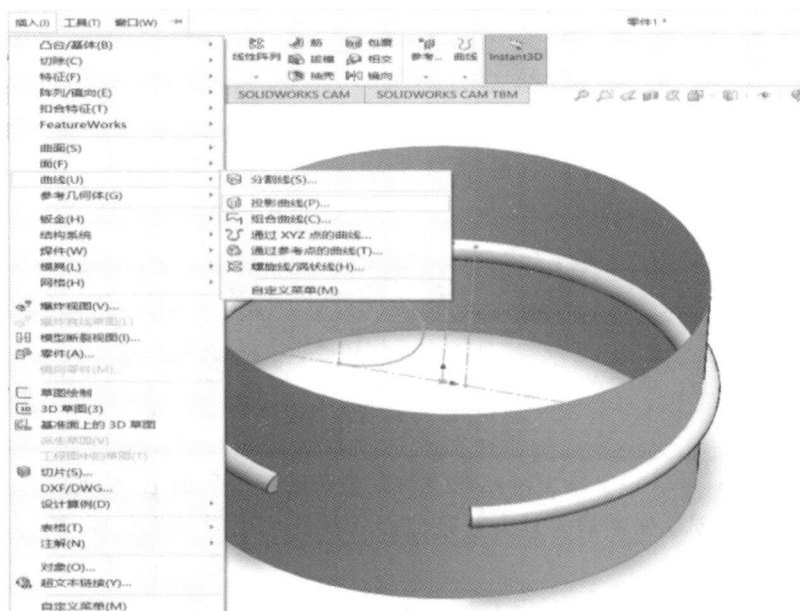

图 6-12　选择投影曲线

（6）选择表面。选择曲线所要投影到的表面，这可以是任何类型的表面，例如平面、曲面或已有的 3D 模型的一部分。在图 6-13 所示的"投影曲线"对话框中选择"面上草图"，再点选投影面。

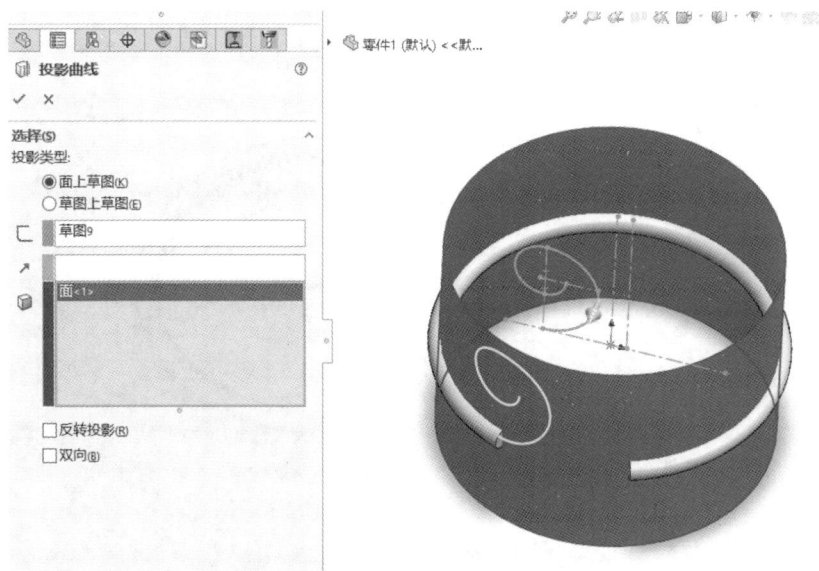

图 6-13　"投影曲线"对话框

（7）执行投影操作。选择"投影曲线"工具后，软件会提示你选择要投影的曲线和目标表面。依次选择曲线和目标表面后，点击"确定"按钮完成投影操作。软件将根据所选的曲线和表面生成投影曲线（见图 6-14），为后续的建模操作奠定基础。

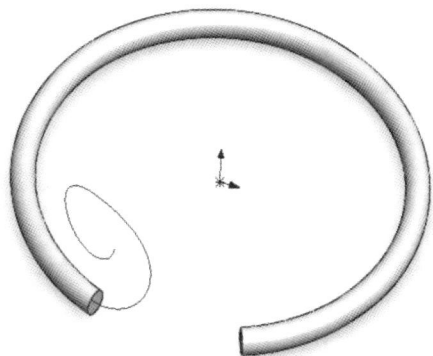

图 6-14　生成投影曲线

通过以上步骤，可以将二维草图曲线投影到复杂的三维表面上，从而实现复杂的曲面建模。这一功能在创建如紧箍等具有复杂曲面特征的模型时尤为重要，能够帮助用户快速准确地完成设计。

五、扫描曲线

扫描曲线：在扫描命令的对话框中，选择想要拉伸的曲线。如果选择的是多条曲线，则可以在 SolidWorks 中设置这些曲线的拉伸方式，例如合并拉伸还是分别拉伸。设置圆形轮廓为 10 mm，如图 6-15 所示。

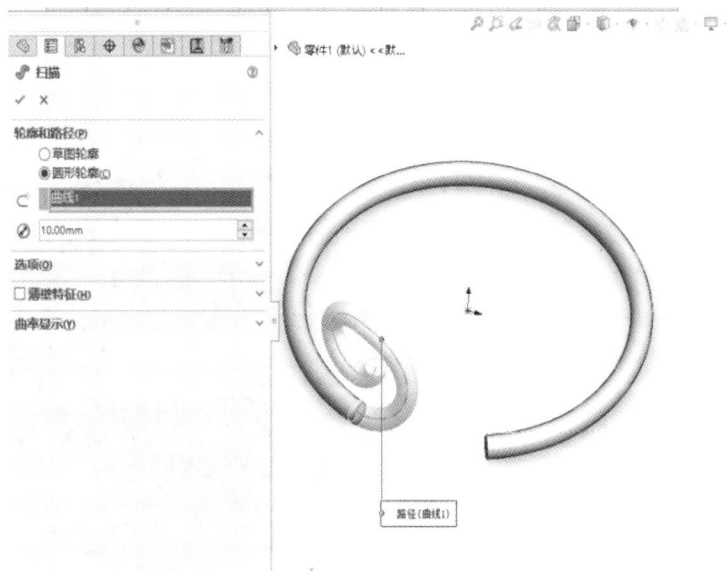

图 6-15　设置圆形轮廓

镜像:通过基准面选择需要镜像的特征(见图 6-16),进行镜像后,快速生成另一半,大大缩短建模时间。

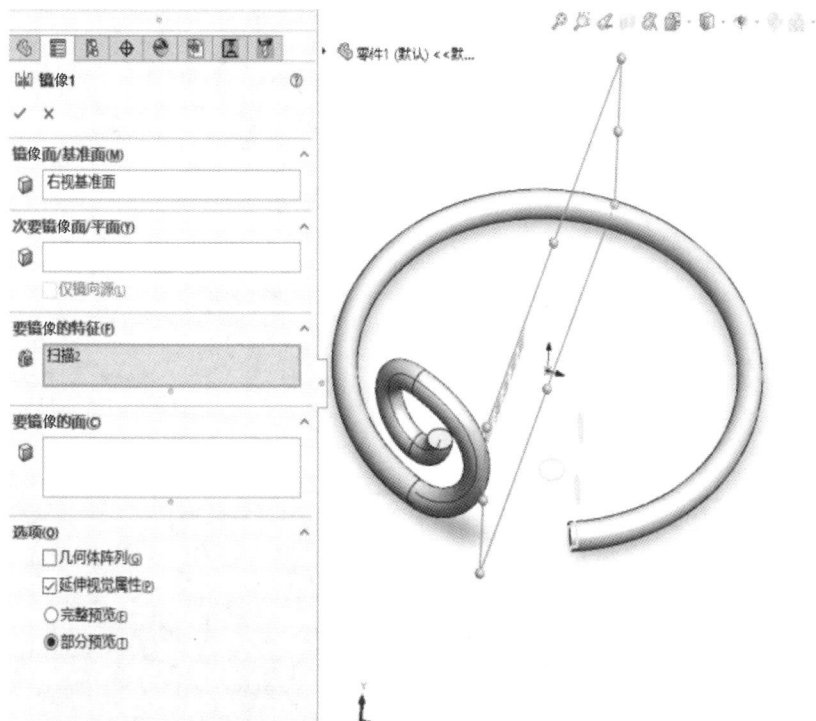

图 6-16　镜像特征

修改和编辑:拉伸完成后,可以对生成的实体进行修改和编辑,比如添加圆角、倒角等。紧箍未倒圆和倒圆效果分别如图 6-17、图 6-18 所示。

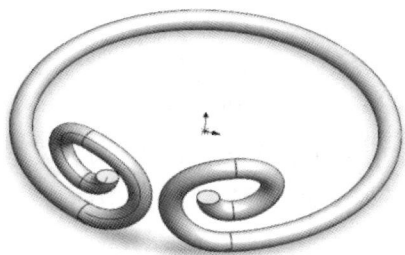

图 6-17　紧箍未倒圆

图 6-18　紧箍倒圆

六、渲染

SolidWorks 软件提供了强大的渲染功能,允许创建逼真的 3D 模型图像,这对于设计验证、演示和营销材料的制作非常有帮助。以下是使用 SolidWorks 进行渲染的基本步骤。

(1)选择模型:打开想要渲染的 SolidWorks 模型。接着,鼠标右键单击模型,选择"外观"→"材料",打开"材料"对话框,如图 6-19 所示。在材料库中选择合适的材料,并调整参数以优化效果。若需实现平滑的过渡效果,可使用"渐变"或"纹理映射"功能。完成设置后保存模型,以便后续渲染调用。

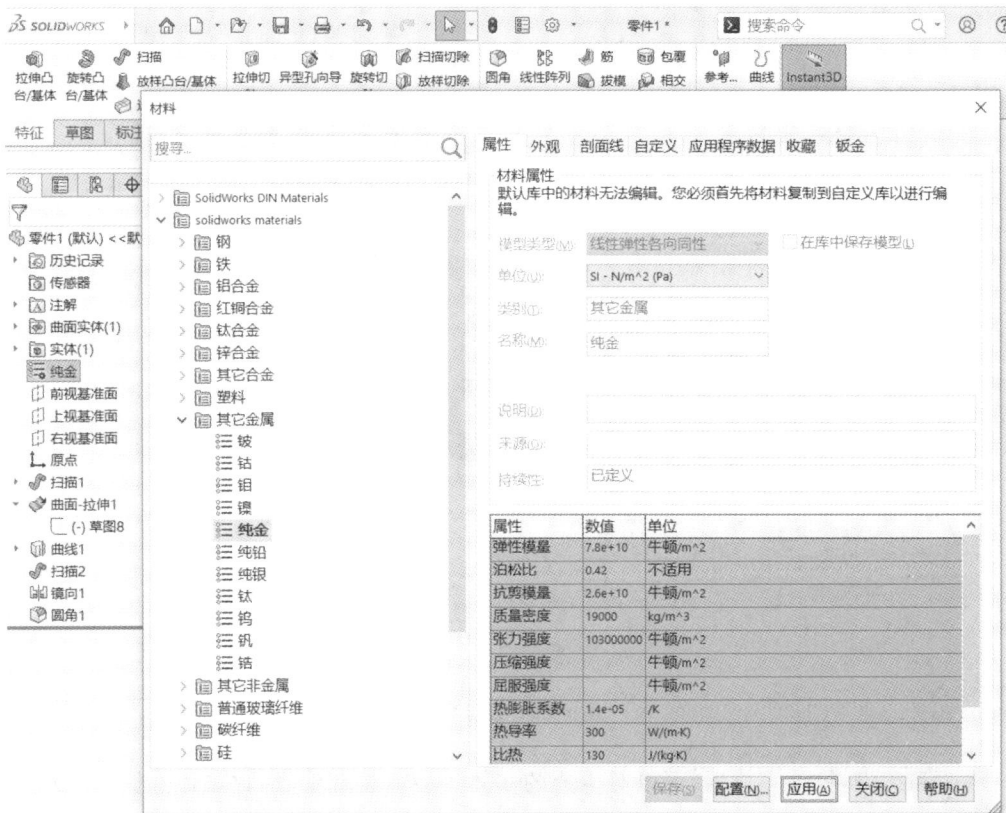

图 6-19 "材料"对话框

(2) 打开 PhotoView 360:PhotoView 360 是 SolidWorks 的渲染插件,提供了高级的渲染工具。在 SolidWorks 中,通常可以通过"工具"菜单找到并启动 PhotoView 360。

(3) 应用材质:在 PhotoView 360 中,可以为模型的不同部分应用不同的材质。材质可以是金属、塑料、木材等,每种材质都有其特定的属性,如颜色、光泽度、反射率等。外观/颜色布置如图 6-20 所示。

(4) 设置光源:逼真的渲染需要合适的光源。在软件中可以添加不同类型的光源,如点光源、聚光灯或无限远光源,并调整它们的布景、强度和颜色等。布景设置如图 6-21 所示。

(5) 调整相机:调整相机的位置和视角,以确定渲染图像的视点和方向。

(6) 使用环境:可以设置环境,如背景图像或颜色,以及反射和折射的环境效果。

(7) 细节增强:使用 PhotoView 360 的高级功能,如全局光照、阴影和反射,来增强渲染的细节和真实感。

(8) 渲染设置:在渲染之前,可以设置渲染的质量,包括分辨率、抗锯齿选项和渲染

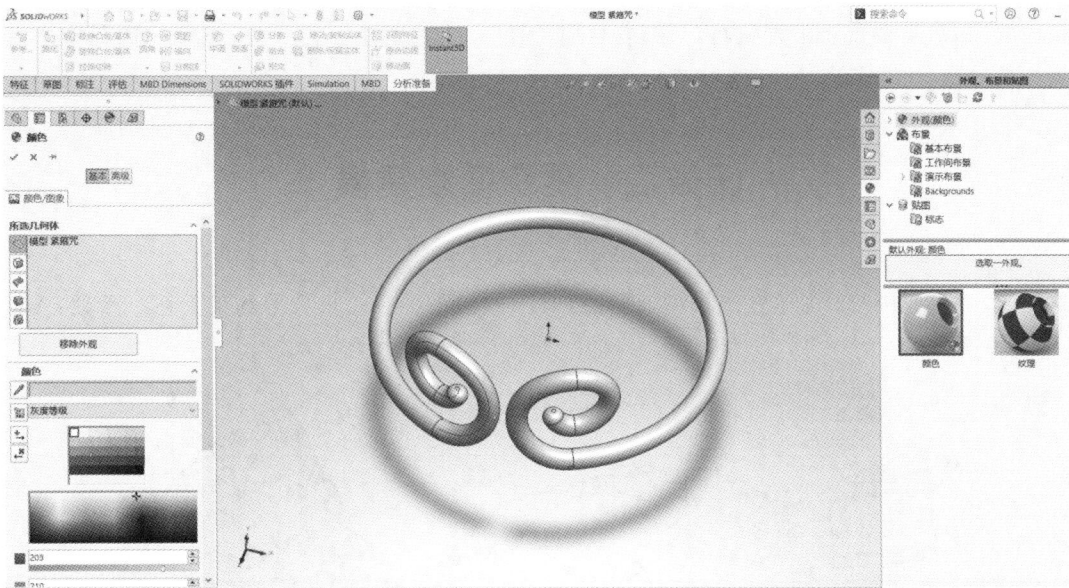

图 6-20　外观/颜色布置

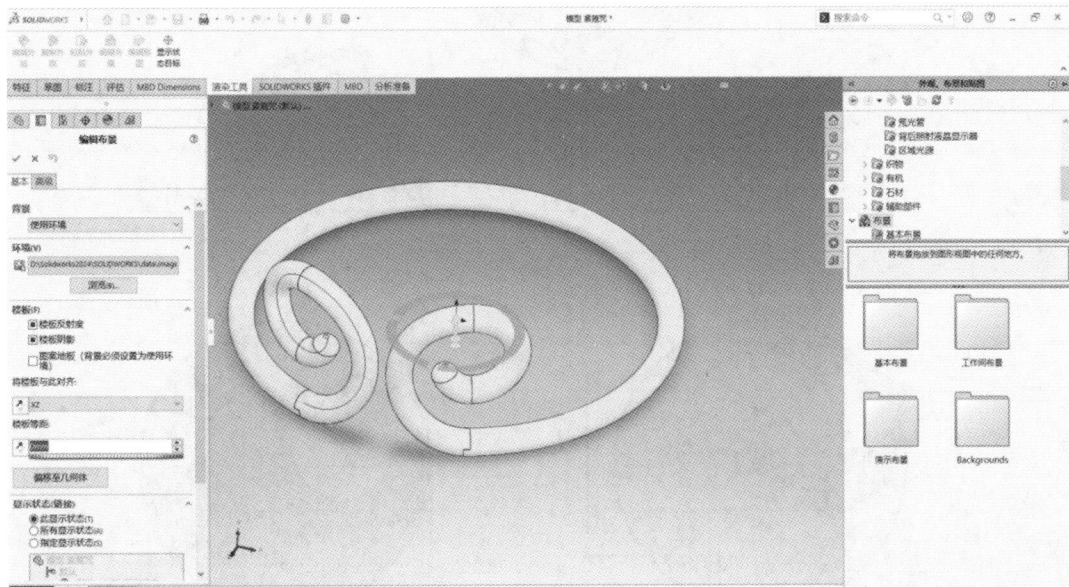

图 6-21　布景设置

时间。

（9）开始渲染：完成渲染设置后，点击"渲染"按钮开始渲染。渲染时间可能会根据模型的复杂性和设置的质量而有所不同。

（10）后处理：渲染完成后，可以使用 PhotoView 360 的后处理工具进一步编辑图像，如调整亮度、对比度、饱和度等。

（11）保存和分享：最后，保存渲染图像，并根据需要进行分享或打印。

需要注意,渲染设置越逼真,软件运行将会越卡顿,因此应合理设置渲染照片及效果。在比赛中,渲染侧重于附着材料,会结合材质特性,以上色为主。需注意,渲染在比赛单个模块中的分数比值不高。

任务二　复杂模型建模

(1)参照图 6-22 构建三维模型,请注意其中的偏距、同心、重合等约束关系。参数:$A=55$,$B=87$,$C=37$,$D=43$,$E=5.9$,$F=119$。

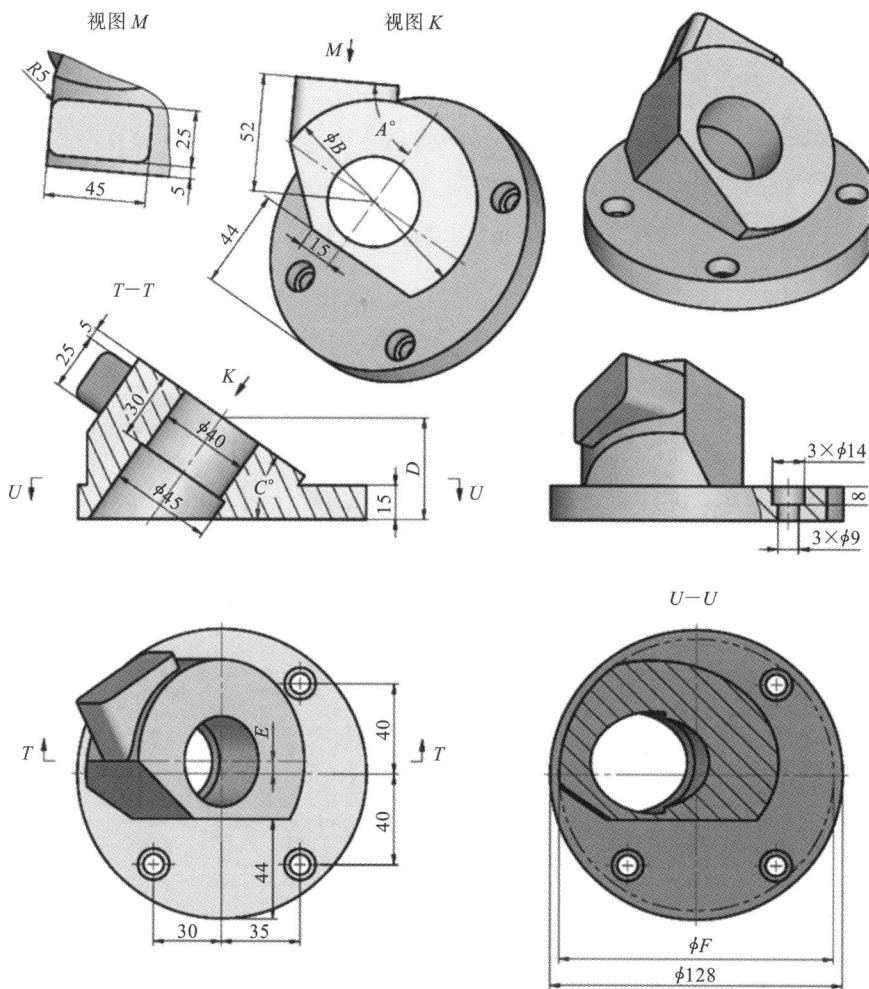

图 6-22　复杂模型 1

(2)参照图 6-23 构建三维模型,注意其中的同心、阵列等几何关系。参数:$A=92$,$B=14$,$C=72$,$D=44$,$E=76$,$F=132$。

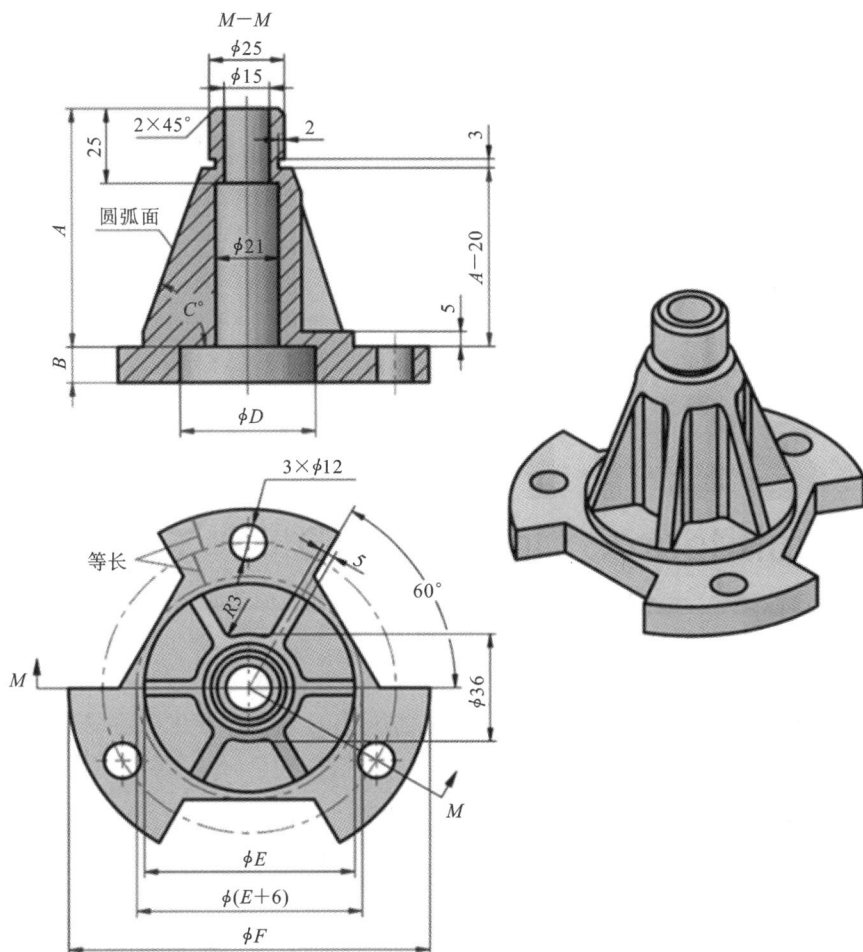

图 6-23　复杂模型 2

项目小结

知识归纳：

本项目专注于曲面拉伸与渲染技能的培养。学习目标包括理解曲面建模过程，以及掌握拉伸曲面、投影曲线等的典型应用和渲染设置。

本项目强调工科精神，包括实践性、创新性、精确性、系统性、效率性、安全性、可持续性、团队合作等，这些精神在工程设计和制造过程中至关重要。

本项目通过"紧箍"模型的创建，详细介绍了新建零件、绘制基本形状、拉伸曲面、投影曲线和扫描曲线等操作步骤。学生通过这些步骤，理解了从草图绘制到三维建模的转换，以及如何应用 SolidWorks 的高级功能进行复杂模型的构建。

此外，本项目鼓励学生通过复杂模型建模练习来提升动手建模能力，并参与竞赛模型训练，以提高解决实际问题的能力。

复习和讨论问题：

（1）曲面建模过程的理解：讨论在 SolidWorks 中进行曲面建模的基本步骤，包括草图绘制、拉伸曲面定义、参数设置等,并解释为何这些步骤对于创建准确的三维模型至关重要。

（2）拉伸曲面的应用场景:描述拉伸曲面在产品设计、零件制造和复杂几何形状创建中的应用,并讨论如何根据设计需求选择合适的应用场景。

（3）投影曲线的绘制与编辑:解释在 SolidWorks 中绘制和编辑投影曲线的过程,包括选择基准面、绘制草图、添加几何约束等,并讨论这一功能在模型构建中的重要性。

（4）扫描曲线的高级技巧:讨论使用扫描曲线工具创建复杂三维形状的方法,包括选择曲线、设置拉伸方式等,并解释如何利用这一工具提高设计效率。

（5）渲染技术在产品设计中的角色:分析渲染在产品设计中的作用,包括如何使用 PhotoView 360 插件进行材质应用、光源设置、相机视角调整等,以及渲染对于设计验证和营销材料制作的重要性。

技能训练

一、任务布置与要求

1. 任务布置

学生根据课程内容提升复杂模型的动手建模能力,参考往届比赛建模题型进行训练。

2. 任务要求

在进行零部件分析、拆解的过程中,首先应独立思考、独立完成任务,之后再与组员探讨分析。

二、任务实施与记录

1. 任务实施

（1）确定组长与副组长,组长负责指导组员解决任务实施过程中遇到的困难,副组长负责记录。

（2）分析并讨论建模过程及容易出错的步骤,学会提前规划。

2. 任务单

根据任务完成过程中的实际情况,认真填写任务单,如表 6-1 所示。

三、成果提交与展示

各小组组长按小组成员编号从小到大的顺序提交成果并展示。

四、任务评价与分析

在展示成果的过程中,认真听取老师的评价与分析,并由副组长在任务单中做好记录。

表 6-1　任务单

任务名称		小组编号	
日期		时间	
组长		副组长	
小组成员			

任务讨论及方案说明

存在问题与解决措施

成果形式与规格说明

完成任务（评价）得分	

任务完成情况分析	
优点	不足

五、课后巩固与提高

课后练习：利用 SolidWorks 软件进行建模练习，加深对课堂内容的理解。

竞赛模型训练：参与竞赛模型的训练，这有助于提高建模水平和解决实际问题的能力。

提交作业：完成建模后，拍照并提交到超星或微助教等在线平台，确保按时完成作业。

反馈与改进：根据老师的反馈，不断提升自己的建模技能。

团队合作：与同学合作，共同完成复杂的建模任务，提高团队协作能力。

定期复习：定期复习课堂所学，确保知识掌握牢固。

探索新功能：探索 SolidWorks 的新功能和新工具，拓宽设计视野。

参与讨论：加入学习小组或论坛，与他人讨论问题，共同进步。

参考文献 CANKAOWENXIAN

[1] 朱金凤.云端＋协同——达索系统 SOLIDWORKS 创新日推出新产品 SOLIDWORKS 2024[J].电气时代,2023(11):10-11.

[2] 姜利华.计算机三维软件课程的教学实践[J].电子技术,2021,50(1):68-69.

[3] 路沙.打造国产三维 CAD 软件发展的"高铁模式"[N].中国信息化周报,2024-01-29 (020).

[4] 张植盛.基于 SolidWorks 三维设计软件的钢筋 BIM 下料计算[J].科技与创新,2023 (14):93-96.

[5] 李琪山.基于 SolidWorks 平台的管片车结构受力分析研究[J].今日制造与升级,2023 (6):30-32.

[6] 吴进.基于 SolidWorks 三维软件的工程图学教学实践[J].电子技术,2023,52(1): 154-156.

[7] 孙一斌.三维仿真软件在工业机器人建模中的课程设计[J].中国教育技术装备,2022 (8):41-43.

[8] 李成,赵亮,张凯,等.三维设计软件在工程设计中的必要性[J].玻璃,2022,49(7): 49-53.

[9] 潘少瑛.基于机械设计基础课程的三维 SolidWorks 软件课程教学探索[J].工程技术研究,2022,7(11):182-184.

[10] 范瑜珍,叶文卿,徐淑云.一种夹菜喂汤失能护理机构:CN220637931U[P].2024-03-22.

[11] 周苏洁.基于"赛教融合"的三维软件建模课程教学改革与实践——以无人机三维软件建模为例[J].电脑知识与技术,2022,18(7):175-176,180.

[12] 成大先.机械设计手册[M].北京:化学工业出版社,2002.